人人伽利略系列 20

數學的世界

從快樂學習中
增強科學與數學實力

人 人 出 版

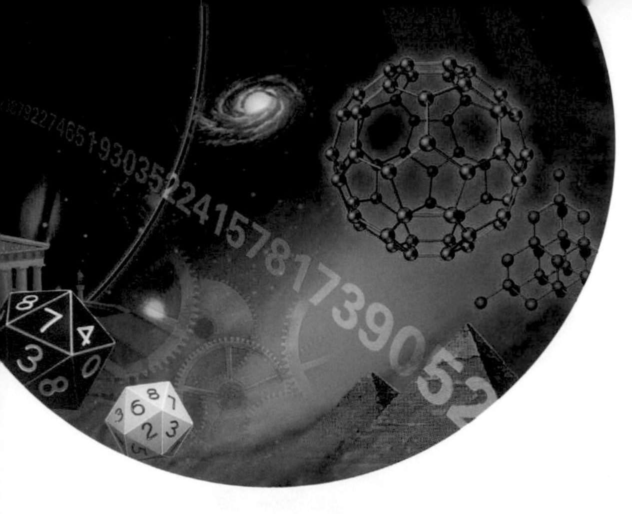

人人伽利略系列 20

從快樂學習中增強科學與數學實力

數學的世界

1 加強數學實力的關鍵字 基礎篇

撰文 芳澤光雄

2 加強數學實力的關鍵字 進階篇

協助 瀨山士郎

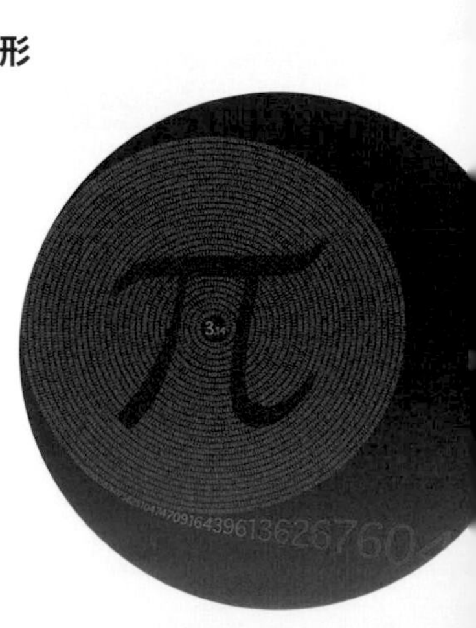

3 創造數學的天才

撰文 永野裕之／中村亨

4 挑戰有趣的數學題

監修／撰文 馬淵浩一　協助 塚田芳晴　撰文 佐藤健一

挑戰數學史上的未解難題

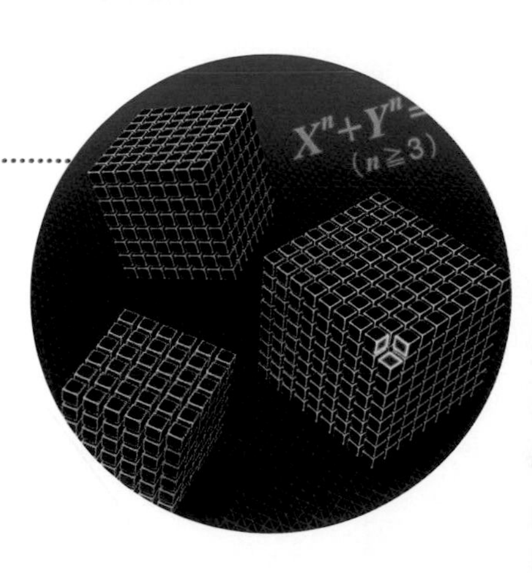

協助 小山信也　撰文 中村 亨

1 加強數學實力的關鍵字

基礎篇

你覺得數學和日常生活沒有關係嗎？其實，數學並非都在計算跟背公式。數學是建立科學思維的基礎，而我們的生活處處是數學。我們甚至可以說，如果沒有數學，就沒有現在的生活。第1章先來介紹加強數學實力的基礎關鍵字。

撰文（30～35頁） 芳澤光雄

實數

填滿數線所必需的「實數」

我們在日常生活中使用「數字」有如家常便飯。它是人類積年累月累積出，由許多個數中所產生的抽象概念。我們都知道，猴子等動物能夠學會某種程度的算術。但是，能將「數字」發揮得淋漓盡致的生物，就只有人類而已。

一般認為，過去發明數字的古代人是用手指和身體來數數的。之後，人類才想到要將記號刻在木頭和骨頭上的數字「加以保存」。在大約3萬年前的遺跡裡也找到證據。早期的數字記錄方式是：「1」就刻一個記號，「2」就刻兩個記號。那時還沒有現今使用的數字符號，也就是說，還沒有所謂「數字」這個東西。

現在普遍地認為，最早的「數字」是出現於距今約4000年前的古埃及和美索不達米亞古文明。除此之外，古馬雅文明和古中國也都分別地獨創了數字。

「有理數」包括「正整數」與「由正整數形成的分數」

在遇到「沒有答案的問題」時，人們就會產生新的數學概念。數字中起源最早的是「正整數」（natural number）。所謂正整數，是計算物品個數時所使用的數字，如1顆蘋果、2隻羊、3棵梅花樹等情況。

「2」雖然稱作正整數，但「2」本身並非實際存在於自然界。實際存在於自然界的，是「2顆蘋果」和「2隻羊」。在比較這兩者並且思考其共通點時，人的腦中會浮現出「2」這個正整數。

正整數和正整數彼此相加，答案一定會是正整數。正整數和正整數彼此相乘，也一定會得到正整數。然而，當正整數和正整數彼此相除時，有時候會出現非正整數的答案。例如，「6÷3」的答案是「2」，可以在正整數之中找到，但是「1÷3」的答案在正整數中卻找不到。

因此古代人針對「1÷3的答案」，給予了「三分之一」的名稱，並將它當作數來處理。這就是「分數」（fraction）的誕生。

正整數和由正整數形成的分數合稱為（正的）「有理數」（rational number）。使用有理數不僅可以用數字顯示東西的「個數」，還可以表示長度、重量、體積等「量度」。

接受「無理數」，成全了「實數」

西元前6世紀的畢達哥拉斯（Pythagoras，前570～前495）認為：所有的數皆為有理數，不能寫成有理數的數並不存在。然而，畢達哥拉斯的徒弟希帕索斯（Hippasus，前530～前450）卻發現了「絕對無法寫成有理數的量值」。

這個量值隱藏在「正方形的對角線」上。根據畢達哥拉斯

主要的古文明數字

	1	2	3	4	5	6	7	8	9
美索不達米亞									
埃及	I	II	III	IIII					
中國	I	II	III	IIII	IIIII	⊥	╥		
馬雅	•	••	•••	••••	—				

所證明而成立的「畢氏定理」（Pythagoras theorem，也稱為商高定理），正方形的邊長為 1 時，對角線的長為「平方後為 2 的數」，也就是「2 的平方根」（$\sqrt{2}$＝1.414……）。可是希帕索斯卻發現$\sqrt{2}$並不是有理數。

其他徒弟對這項違反畢達哥拉斯學說的發現感到很吃驚。據說，為了隱瞞這項發現，這些弟子就把希帕索斯溺死了。

像$\sqrt{2}$一樣不屬於有理數的數，稱為「無理數」（irrational number）。3 的平方根（$\sqrt{3}$＝1.732……）、5的平方根（$\sqrt{5}$＝2.236……）以及自古希臘時代就發現的圓周率（Pi，圓的周長和直徑的比率。π ＝3.141……）等，都屬於無理數，即無法寫成屬於正整數的分數。

古希臘人面對無理數雖然不知所措，但最終還是承認無理數是數的一種。他們將有理數和無理數歸納成「實數」（real number），此外也納入零和負數，這些數整體合稱為實數。因此，實數就可以填滿代表數值的「數線」（number line）了。

無限不循環小數$\sqrt{2}$ ＝ 1.414……

小數位為無限重複的小數稱為「循環小數」（repeating decimal），如$\frac{1}{3}$＝0.33333……。另一方面，$\sqrt{2}$寫成小數時，會得到前述的1.41421356……，小數位永無止盡。而且，這個小數沒有循環的部分（非循環小數）。這類的數因為無法寫成屬於正整數的分數，所以不屬於有理數，而是無理數。

60	100

實數

無理數

$\sqrt{2}$, π, e

有理數

$\frac{1}{2}$ $\frac{3}{5}$

0.25

正整數

1, 2, 3……

同屬於實數的數

實數之中，正整數的起源最早。接著，來自正整數比值的有理數才加入實數。比如0.333……等小數位會無限循環的小數，或$\frac{1}{3}$等可以寫成正整數的分數，都屬於有理數。之後，再加入無法寫成正整數比值的無理數，就形成了實數。

在很久之前，「0」不被當成數字

現在我們使用的「0」具有多重意義。例如代表「無」的0，力平衡的0，代表座標軸原點的0，代表基準值的0，代表位數上沒有數字符號的0（空位的0），還有數字的0。

我們現在自然地使用這些0，不過0的歷史演變非常特殊。它和1～9的數字不一樣，在以前並不被視為「正規的數字」。不僅如此，許多古代文明甚至沒有0。

一般認為所謂的數字，是為了計算東西的「個數」而產生的。但是，我們並不會說「0個蘋果」。想到這裡，就會覺得和其他1～9的數字相比，0是很神奇的。

以前，0並不被視為「數字」。這裡所說的「數字」概念，指的是用於運算加法和乘法等的數字，不能只想成「個數」。如果侷限在「個數」，就會走入「因為0個沒有意義，所以0不是數字」的窠臼。

「0－4＝0」？「1÷0」為？

0的概念讓歐洲人感到困惑。據說，連著名的數學家帕斯卡（Blaise Pascal，1623～1662）也認為「0減4還是0」。因為0是什麼都沒有的「無」，所以無法減去任何數。

0的除法更難處理。先假設$1\div0=a$。那$1=a\times0=0$，就會得到「1和0相等」的怪誕結果。將上述的1置換成其他的數字，仍然是一樣的結果，結論會變成「0和所有數字皆相等」的矛盾答案。

如此一來，0在某種意義上具有崩解數學合理性的力量。因此，現代數學禁止運算0的除法。

馬雅文明、美索不達米亞文明的零符號

使用零符號最大的好處之一，就是可以用較少種類的符號寫出較大的數字。例如在以漢字代表數字時，除了一到九之外，還會用到十、百、千，甚至用到萬、兆、億、京……等單位，每四位數要用掉一個新的中文字。

另一方面，在埃及，10是代表「腳鐐」的符號，100是「繩子」（捲尺），1000是「荷花的莖和葉」等，每一個位數

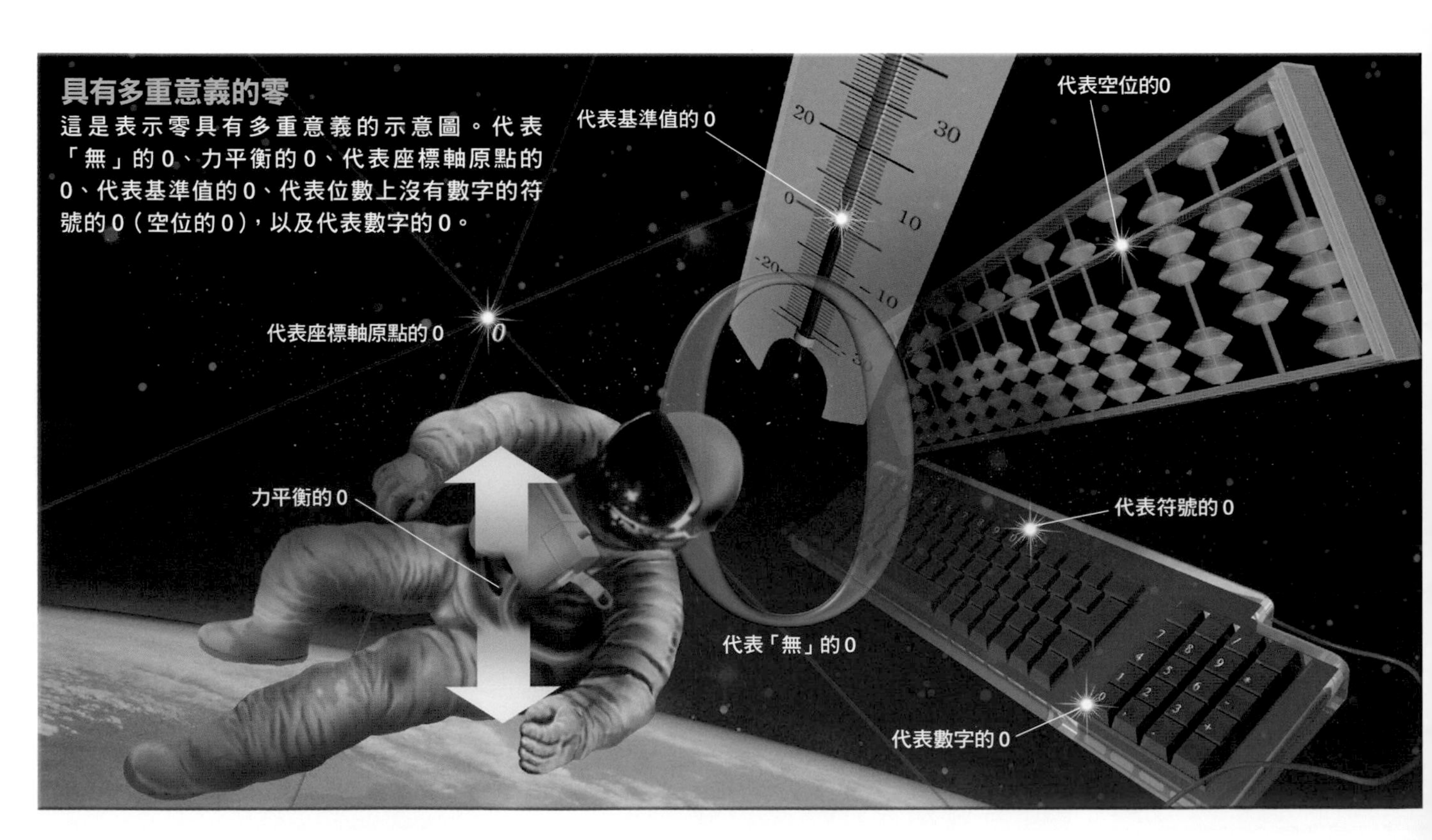

具有多重意義的零
這是表示零具有多重意義的示意圖。代表「無」的0、力平衡的0、代表座標軸原點的0、代表基準值的0、代表位數上沒有數字的符號的0（空位的0），以及代表數字的0。

用不同的符號。在希臘不只10（ι）有符號，連20（κ）、30（λ）、40（μ）也都有不同的符號，而且100（ρ）、200（σ）、300（τ）、400（υ）等也都有不同符號，符號的種類就更多了。

但若使用了0，就會變成10,000、100,000,000、1,000,000,000,000……，即使不創造新符號，也能寫出更大的數字。用0～9十個數字就能寫出所有的數了。這種數字表現法稱為「進位記數法」（radix），且代表位數上沒有數值的「0」就發揮了很重要的作用。

零的進位記數法，過去曾使用於馬雅文明（西元前6世紀）和美索不達米亞文明（西元前3世紀）。此外，馬雅也會使用表情符號當數字。例如，零是「手靠在下巴下方的表情」。

雖然兩大文明發明了劃時代的記數法，但零終究只是代表空位的「符號」，似乎沒有用於計算（例如0+a）。現在認為，古代文明很可能是使用類似算盤的算板和算籌（排列木片來做計算的道具）來做而計算，數字主要是用來紀錄。零沒有用來計算，所以無法晉升為「正規的數字」。

印度數學透過伊斯蘭教文化圈傳至歐洲

一般認為，使用0～9數字的記數法起源於印度。算術數字稱為阿拉伯數字，是因為含有0的印度記數法透過阿拉伯的伊斯蘭教文化圈，再經由西班牙和義大利傳遍至整個歐洲。

發現屬於「數字」的0

在一些文明中，0是「進位符號」。但是0沒有突破原本的框架：代表沒有數字或沒有單位。比較廣為接受的說法認為，最早把零看作正規「數字」的是印度。所謂「把零看作正規的數字」，是指把零用於加減乘除的運算。

定義零為數字，在數學史的發展上極為重要。如果沒有數字的零，就無法進行計算，比如$a^0=1$，也無法計算$(x-3)(x+2)=0 \rightarrow x=3,-2$等算式。

印度使用黑色圓形的「點」（·）做為零的符號。文獻上最早把零看作正規數字的，是西元550年左右的天文學書籍《五大曆數全書彙編》。太陽在天球（celestial sphere）上的運動約為每天60分（1度），但隨著季節變換，會有些許的變動。其變動是以「$60 \pm a$分」來表示。不過，在剛好60分的時期，則習慣以「60－0」來表示。由此可見，至少在6世紀中葉，印度已經有了零是數字的看法。

定義零為數字的發明者是個謎

那麼，為何數字的零能誕生於印度呢？印度已有代表位數上沒有1～9等數字符號（過渡符號）的0，以及盛行紙筆計算的時空背景。印度紙筆計算的方式是用粉筆在木板或皮革上書寫，或是灑上沙子或粉末再用手指或棍棒來書寫。舉例來說，要用紙筆運算「15+23+40=78」時，第一位為5+3+0，就會發現必須要做零的加法。一般認為這是把零看作數字的起因之一。

究竟是哪個印度人發現了數字的零，仍在謎團之中。這一小步對人類而言，可說是非常大的一步。今天研究數學、科學，甚至宇宙的開端，都必須具備零的概念。

數值固定的常數「a」，數值會變動的變數「x」

如同 $y=ax+5b$，數學的文字題中經常會出現「x」、「y」，或「a」、「b」等文字，各代表某個數值。

「x」和「y」等英文字母排序最後的文字，主要用來代表「變數」（variable）。變數是指會隨著時間或條件改變而變動，沒有固定數值的數。

假設超市販賣一盒10顆裝的雞蛋，價格為「x」。雞蛋的價格每天變動，有時候100元，有時特價80元，價格並不固定，所以 x 是變數。假設1顆雞蛋的價格為「y」，因為一盒

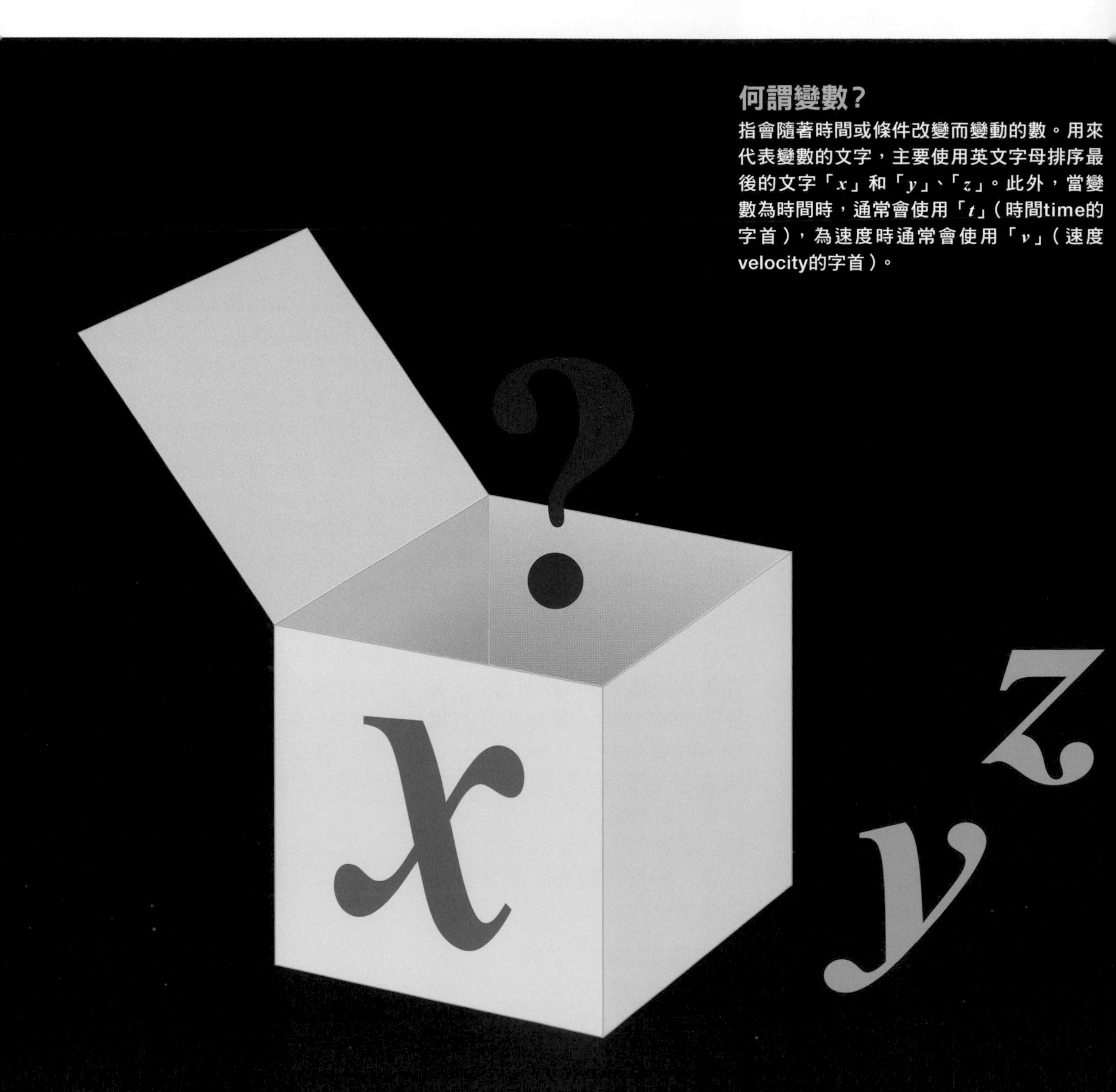

何謂變數？

指會隨著時間或條件改變而變動的數。用來代表變數的文字，主要使用英文字母排序最後的文字「x」和「y」、「z」。此外，當變數為時間時，通常會使用「t」（時間time的字首），為速度時通常會使用「v」（速度velocity的字首）。

裝了10顆，可以寫成「$y=\frac{x}{10}$」。此時y的值也會跟著變數x變動，所以是變數。

另一方面，「a」和「b」等英文字母排序最前的文字，常用來代表某個固定數值的「常數」(constant)。

又，假設某間超市提供的塑膠袋需另外付費，如果價格固定為「a」元。雞蛋一盒「x」元，買三盒的金額「y」可以寫成 $y=3x+a$。雞蛋的價格(x)是每天變動的變數，但塑膠袋的價格(a)固定不變(比如2元)，所以是常數。

此外，圓周率「π」也是常數，絕對不會改變，其數值固定為「3.14159265……」。

據說用x和y來代表變數，用a和b來代表常數的表示法是法國哲學家暨數學家笛卡兒(René Descartes，1596～1650)率先使用的。這個規則後來傳遍世界各地，變成普遍使用的表示法。不過，即使沒有按照這個表示法書寫，在數學上也不算錯。

何謂常數？

指不會隨時間或條件改變而變動，已固定為某個數值的數。主要使用英文字母排序最前的文字「a」和「b」、「c」等。此外，也有一些常數如圓周率「π」和自然對數的底數「e」等，使用特殊符號來表示。

此外，自然對數的底數「e」為「2.718281……」，是小數位無限多且不循環的無理數。為歐拉(Leonhard Euler，1707～1783，一譯為尤拉)所定義的數，據說e是取自歐拉(Euler)的字首。使用數學分析自然現象和實驗結果、經濟活動等變化時，e是具有重要功能的常數。

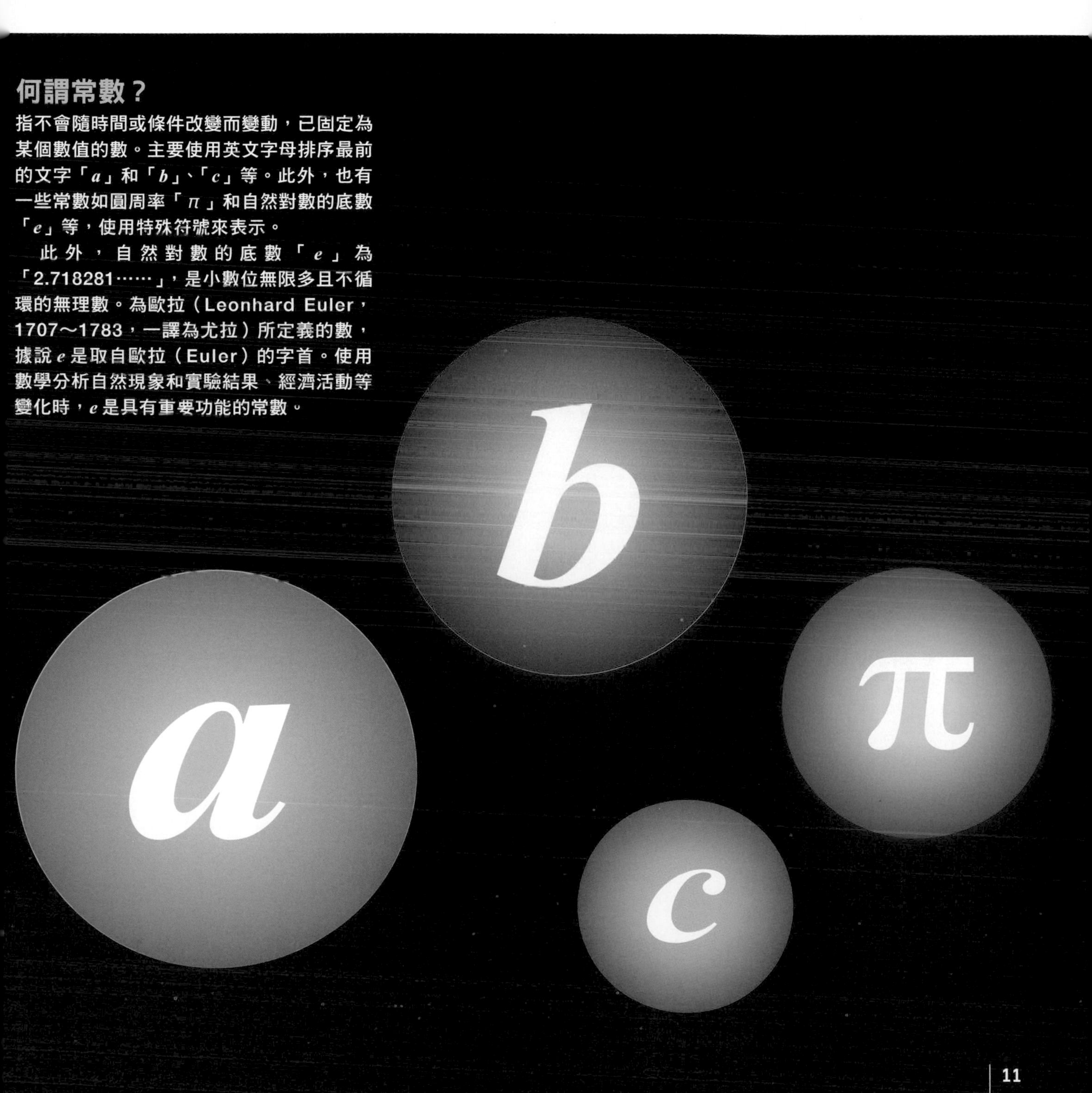

決定某個數之後，另一個數也隨之決定的「函數」

上一頁提到，假設雞蛋一盒的價格為「x」，付費塑膠袋的價格為「a」時，買3盒雞蛋的合計金額「y」可以寫成$y=3x+a$。

假設某間A超市的塑膠袋價格固定為2元。那麼在A超市買3盒雞蛋時，其合計金額y可以寫成$y=3x+2$。

假設某一天的雞蛋價格為100元（$x=100$）。那合計金額便為$y=3x+2=302$（元）。合計金額y在雞蛋價格x決定時，也跟著決定了。

像這樣兩個變數其中之一的值決定時，另一個變數的值也會跟著決定的對應關係，稱之為「函數」（function）。在「$y=3x+2$」中，變數x一旦決定，另一個變數y的值也會跟著決定，表示「y是x的函數」。

函數就像是一個神奇容器，將某一個數值代入，中間經過一些計算，就會得到結果（右頁圖）。

函數一詞誕生於17世紀

函數的英文為「function」，原本是「機能」和「作用」的意思。開始稱函數為function的人是牛頓（Isaac Newton，1642～1727）以及萊布尼茲（Gottfried Leibniz，1646～1716），據傳這兩位是微積分創始人。

y是x的函數通常會寫作「$y=f(x)$」（等號右邊讀作fx）。$f(x)$的f是取自function的字首。此時的$f(x)$代表全部的x函數，所以具體的x無論是「x」，還是「x^5+4x^2-90」或「x^{100}」都可以。另外，當$x=1$時，y值可以寫成為$y=f(1)$。

此外，「方程式」（equation）一詞很容易跟函數混淆在一起（請參閱第14頁）。雖然函數和方程式都有出現「x」和「y」，左右兩側也都有「＝」連結，但函數和方程式是兩個不一樣的東西。

如上所述，函數是兩個變數（x跟y）的對應關係。例如，超市雞蛋的例子中出現的$y=3x+2$就是函數。

另一方面，所謂方程式，是指為了求出某個條件下的未知數（例如x）而成立的數學式。以超市的雞蛋為例，買3盒雞蛋的合計金額（y）再加上買塑膠袋共為302元，為求出雞蛋價格（x）而成立的數學式為「$302=3x+2$」。這個式子屬於方程式。計算並解出x值的過程稱為「方程式求解」（$x=100$）。

以座標圖呈現函數的「樣貌」

以文字式子表示的函數是抽象的，究竟兩個變數之間有怎樣的對應關係，要把它做成圖並不容易。例如，在函數「$y=3^x-2x^2$」中，隨著x值增加，y值到底會如何變化，光看式子是無法得知的。

能將抽象的函數性質簡單呈現的工具就是「座標」（請參閱第16頁）。在有x軸和y軸的座標平面上畫出函數的圖形，x和y之間的對應關係就一目了然了。

使用座標呈現函數（數學式）的圖形（或是呈現圖形的數學式），並以數學式求解圖形問題（或是相反）的學問就是「解析幾何學」。據說創始者是笛卡兒和費馬（Pierre de Fermat，1601～1665）。

函數的示意圖

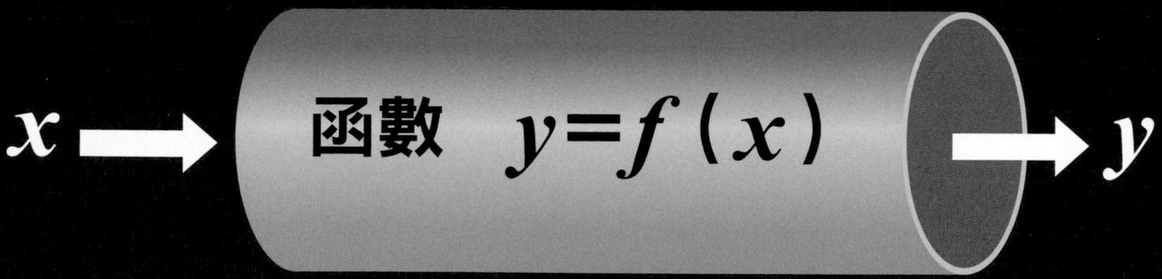

x → 函數 $y=f(x)$ → y

函數的實例

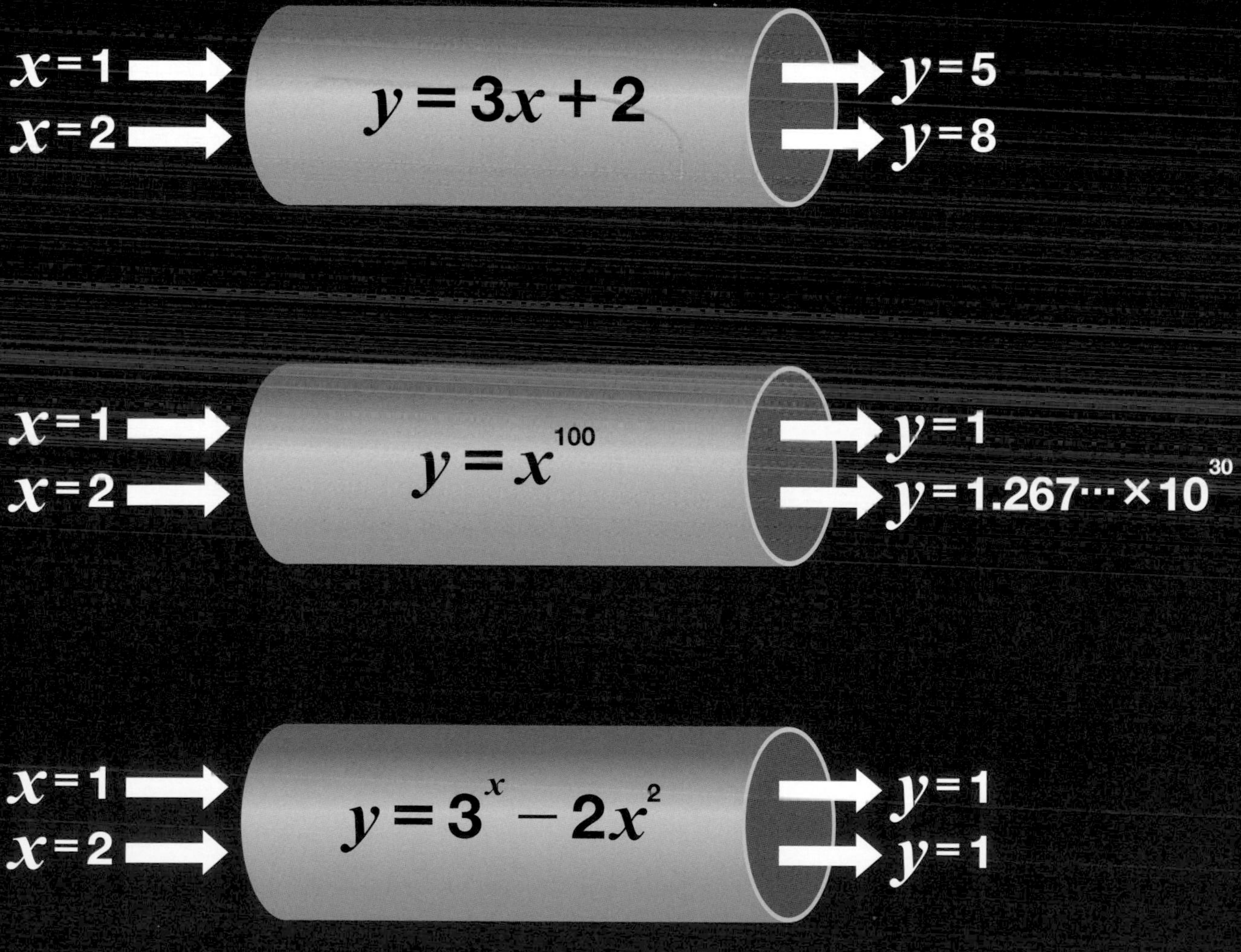

$x=1$ → $y=3x+2$ → $y=5$
$x=2$ → $y=3x+2$ → $y=8$

$x=1$ → $y=x^{100}$ → $y=1$
$x=2$ → $y=x^{100}$ → $y=1.267\cdots\times10^{30}$

$x=1$ → $y=3^{x}-2x^{2}$ → $y=1$
$x=2$ → $y=3^{x}-2x^{2}$ → $y=1$

像謎題一般的「方程式」

方程式就好比是「數學的謎題」一般。好的謎題會有答案，而好的方程式也會有「解答」。

試著解開這個謎題吧。「一個未知數加3等於5。這個未知數為？」先把題目所敘述的情況寫成數學式，這就是「方程式」。這一題可以寫成「？＋3＝5」。

此時，將「＝」的左側稱為「左邊」，右側稱為「右邊」。只要左邊和右邊有等號連結，兩邊就一定相等。如果比喻成天秤，就是兩邊剛好達到平衡的狀態。

通常，「？」的部分多以「x」等字母來表示。上述式子就會變成「$x+3=5$」。

要解這個方程式，只要將左邊和右邊同時減3就行了。因為天秤的兩邊在同時減掉一樣重的東西，仍然能保持平衡。這個作法很像將左邊＋3的符號替換並移到右邊。這項操作稱為「移項」(transposition)。寫成式子即為：

$$x=5-3$$
$$=2$$

這一題的解答為$x=2$。

這個方程式也能用下列方式解答。「試著將2代入x，$2+3=5$。因此解答為$x=2$」。但是，利用移項法解出來的第一個答案，和利用代入法解出來的第二個答案之間，卻有很大的差別。

利用移項法解出來的第一個答案，是基於「若$x+3=5$為真，則$x=2$」的理論。而利用代入法解出來的第二個答案則是基於「若$x=2$，$2+3=5$就會成立」的理論。即利用移項法求解的推論會變成：若「$x+3=5$」為真，$x=2$。

然而，利用代入法求解時，若「$x=2$」，雖然「$x+3=5$」會成立，但當x為2以外的數字時，「$x+3=5$」也可能會成立。在求解下列一元二次方程式時，這項差異會更加明顯。

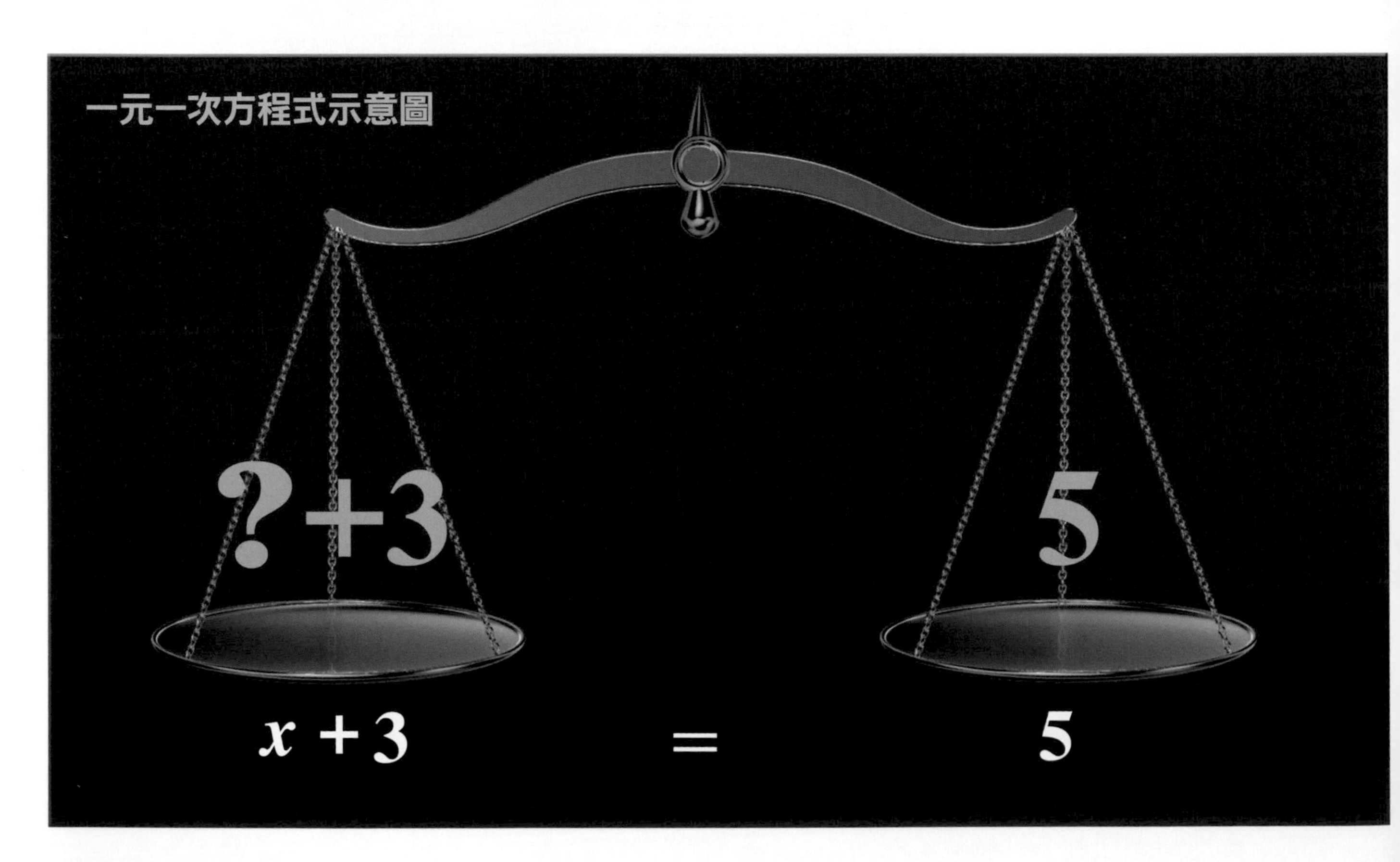

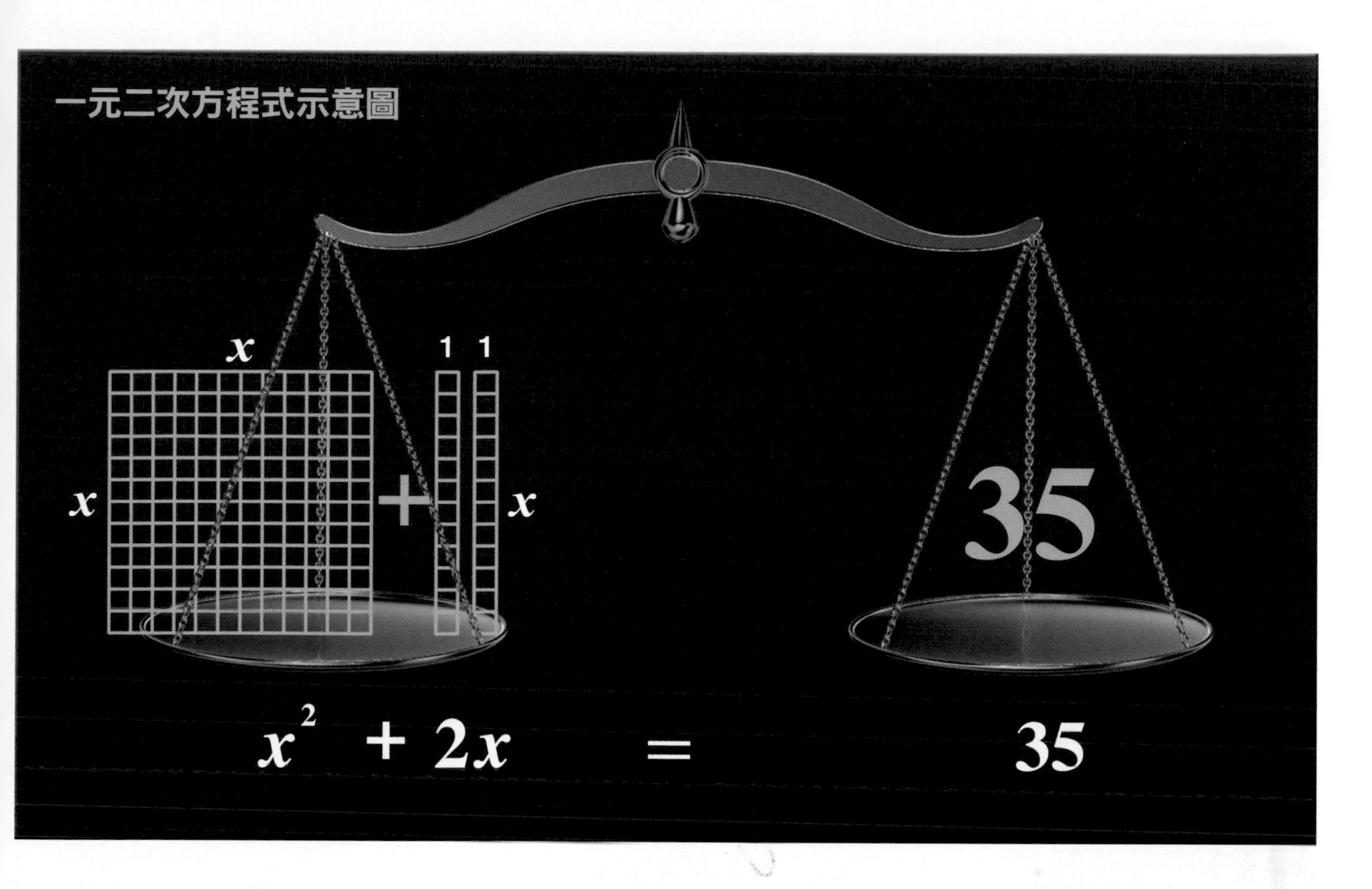

一元二次方程式的解題方法

「邊長為 x 的正方形，加上 2 個長為 x、寬為1的長方形後，總面積剛好為35。請問 x 為？」一起來想看看這道題目吧。寫成數學式是——

$x^2+2x=35$

就會變成一元二次方程式。另外，一元二次方程式透過移項和同類項合併，可改寫成下列形式。

$ax^2+bx+c=0\ (a\neq 0)$

要將上述式子轉變成這種形式，只要兩邊同時減掉35即可。於是得到

$x^2+2x-35=0$

為解出這個問題，必須將左邊做因式分解（以乘法的形式來表示），

$(x+7)(x-5)=0$

得到解答為-7和 5。但因為正方形的邊長不能為負數，所以正解是正方形的邊長為 5。

請注意，這裡運用到 0 的特性：若二數相乘等於 0，則兩數其中之一為 0。所以根據這個特性，可以肯定若 x 不為 5 也不為-7，則 $x^2+2x-35=0$ 不會成立。

若想要用代入法求這個方程式的根，先嘗試將 x 代入 -7，就會得到

$(-7)^2+2(-7)-35$

$=49-14-35=0$

所以等號成立。因此把「$x=-7$」當作解答，但一來正方形的邊長不能為 -7，二來就目前的推論看不出有沒有其他解答，於是就束手無策了。

有些式子無法像這個式子般順利做因式分解，例如，

$2x^2+5x-3=0$

這個時候要使用「一元二次方程式的公式解」。

一元二次方程式 $ax^2+bx+c=0$ 的解為

$$x=\frac{-b\pm\sqrt{b^2-4ac}}{2a}$$

運用這個公式解，這題代入 $a=2$，$b=5$，$c=-3$，會得到

$x=-3$，或 $\frac{1}{2}$

另外，一元二次方程式實數解的數量是可以判斷的，當$b^2-4ac>0$時有兩個，$b^2-4ac=0$時有一個，$b^2-4ac<0$時則為零個。

「座標」結合了數學式和圖形

所謂「座標」，是表示某地點「縱向」和「橫向」到原點的距離。和地圖的「緯度」、「經度」是同樣的意思。座標是17世紀法國數學家笛卡兒和費馬發明的。

數學上經常將原點出發的橫軸稱為「x 軸」，原點出發的縱軸稱為「y 軸」，並將 x 和 y 的值配對來標示座標。例如原點的座標，因為 x 和 y 都是零，所以可以寫作 $(x, y) = (0,0)$。

使用座標的時候，一條直線可以寫作 x 和 y 的數學式。例如，有一條直線通過 $(x,y) = (0,0)$，$(1,1)$，$(2,2)$，$(3,3)$，……。可看出各點座標上的 x 值和 y 值皆相等。這條直線通過的每個點的 x 值和 y 值皆相等，寫作「$y=x$」（如下圖中的①）。同樣地，若為通過 $(x,y)=(0,0)$，$(1,\frac{1}{3})$，$(2,\frac{2}{3})$，$(3,1)$，……的直線，可寫作「$y=\frac{1}{3}x$」（如下圖中的②）。另外，若非特殊情況，數學式一般都會寫作 $y=$……。

不僅直線，連曲線也能寫作 x 和 y 的數學式。例如，通過

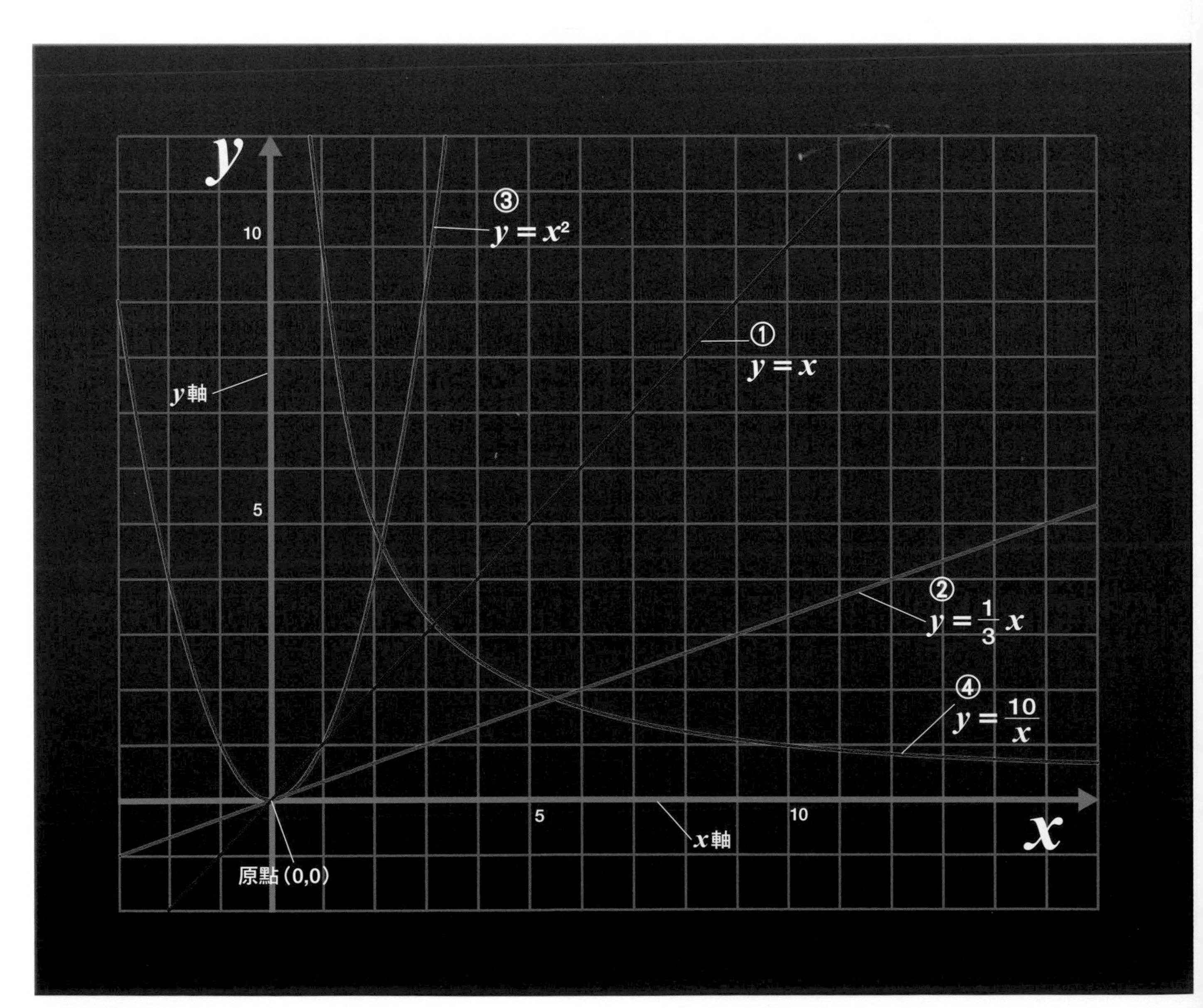

$(x, y)=(0,0)$，$(1,1)$，$(2,4)$，$(3,9)$，……的曲線，寫作「$y=x^2$」（如左頁下圖中的③）。然後，通過 $(x, y)=(1,10)$，$(2,5)$，$(4,2.5)$，$(5,2)$，……的曲線，寫作「$y=\frac{10}{x}$」（如左頁下圖中的④）。

利用座標將砲彈軌跡轉換為數學式

舉個例子，假設砲彈發射的地點為原點，x 軸為發射後的水平飛行距離，y 軸為高度，則砲彈飛行的拋物線軌跡也可寫成 x 和 y 的數學式。

觀察砲彈飛行距離和高度，假設距發射地點20公尺處的砲彈高度為19公尺。將這顆砲彈通過的地點寫成座標即為 $(x, y)=(20,19)$。假設砲彈又陸續通過水平距離40公尺、高度36公尺的地點 $(40,36)$，水平距離60公尺、高度51公尺的地點 $(60,51)$，以及水平距離80公尺，高度64公尺的地點 $(80,64)$。

在一般的拋物線關係式中，輸入（此指代入）砲彈所通過的地點（座標）並經過計算，就可以得到砲彈拋物線軌跡的數學式。

使用座標能將現實世界發生的現象寫成數學式。現實世界中的現象就能當作數學問題來探討。

假設發射地點為原點，x 軸為發射後的水平飛行距離，y 軸為高度。距離和高度的單位皆為公尺。觀察砲彈飛行距離和高度，假設砲彈通過 $(x,y)=(0,0)$，$(20,19)$，$(40,36)$，$(60,51)$，$(80,64)$……各點。砲彈的軌跡為「拋物線」。常見的拋物線數學式寫作「$y=ax^2+bx+c$」（a,b,c 為固定數值）。在一般的拋物線關係式中，代入上述的 (x,y) 值並經過計算，就會得到 $a=-\frac{1}{400}$，$b=1$，$c=0$。也就是說，這顆砲彈軌跡的數學式可以寫成「$y=-\frac{1}{400}x^2+x$」。另外，依照慣性定律，砲彈理應會持續朝發射方向筆直飛行。其軌跡可寫成圖中的「$y=x$」。

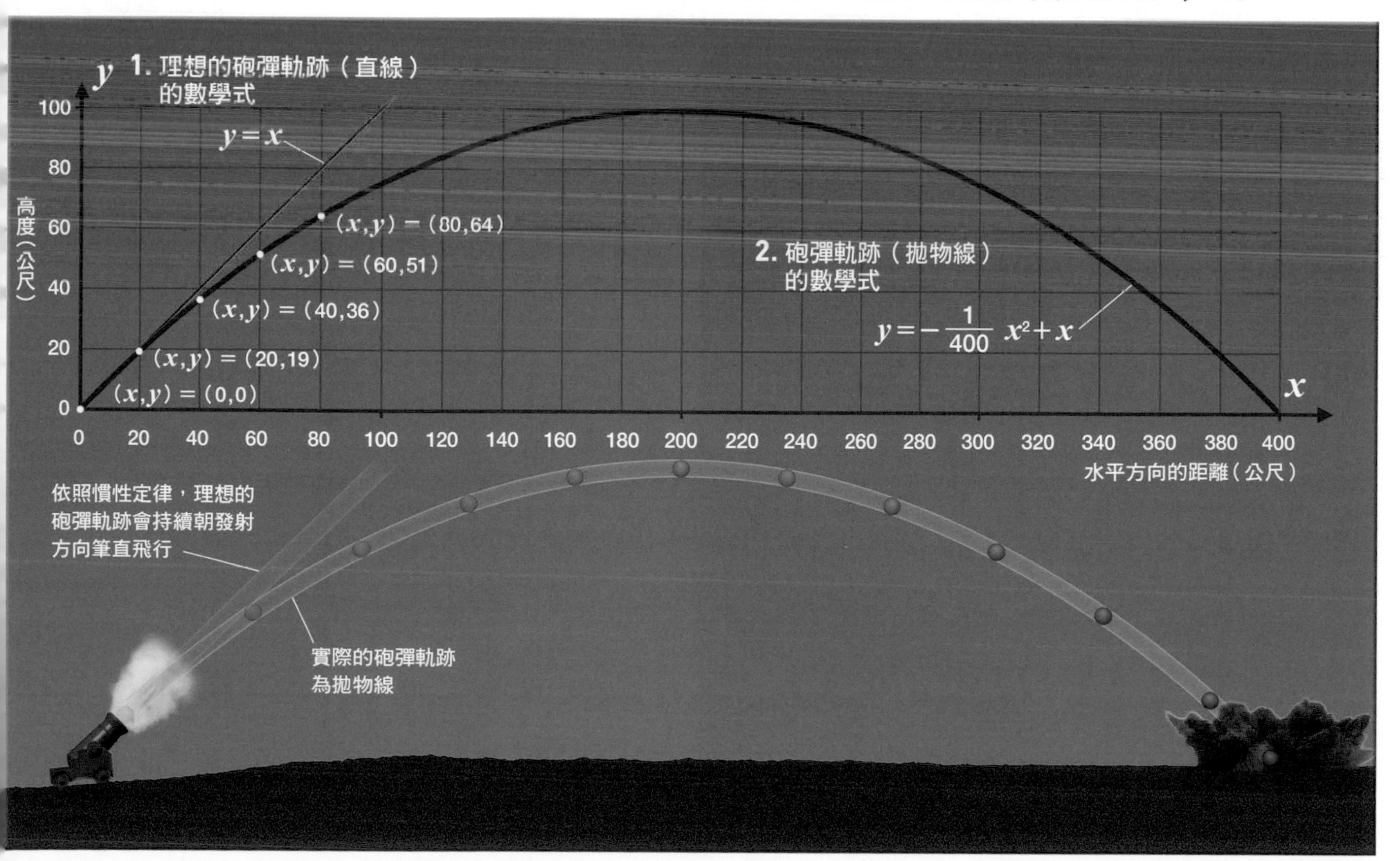

流傳2000多年的科學思維基礎

「幾何學」主要探討空間的性質或位於空間中的現象。幾何學源自進行測量時所發現的知識。因此，幾何學一詞就是來自希臘語的「測量地面」。

古埃及人和古巴比倫人早已熟知測量的基本公式，這在距今約5000年前的黏土板上也可見到。

西元前約300年，一位活躍於亞歷山大港的數學家歐幾里得（Euclid，前325～前265）將以往的數學方法整理成一門學問。他撰寫的《幾何原本》（Stoicheia）在出版後的2000年間，已經成為全世界學習科學思維的基礎，可說是僅次於聖經的暢銷書。

《幾何原本》共有13冊，其中6冊探討平面圖形，4冊探討數的性質，3冊探討立體圖形。書中和圖形有關的部分，是各地學校通用的幾何學經典教材。

數學的英文是Mathematics，來自希臘文的Mathemata，意為「應該思考的事情」。歐幾里得的《幾何原本》正是將這些應該思考的事加以統整。

《幾何原本》配有插圖，例如談到三角形和圓的性質時，就會配上相關的插圖，讓不同語言或閱讀習慣的人也能透過插圖而理解。歐幾里得幾何學可謂人類科學的財產，同時也是超越宗教、思想、人種隔閡的共通語言。

從幾個簡單的定律入門

《幾何原本》一開頭就寫了幾個定律。

〔定義〕1. 點不分大小。
2. 線是沒有寬度的長條。

3. 線的兩端是點。

………………

〔公設〕1. 任一點到點之間可形成直線。
2. 任何一段直線可無

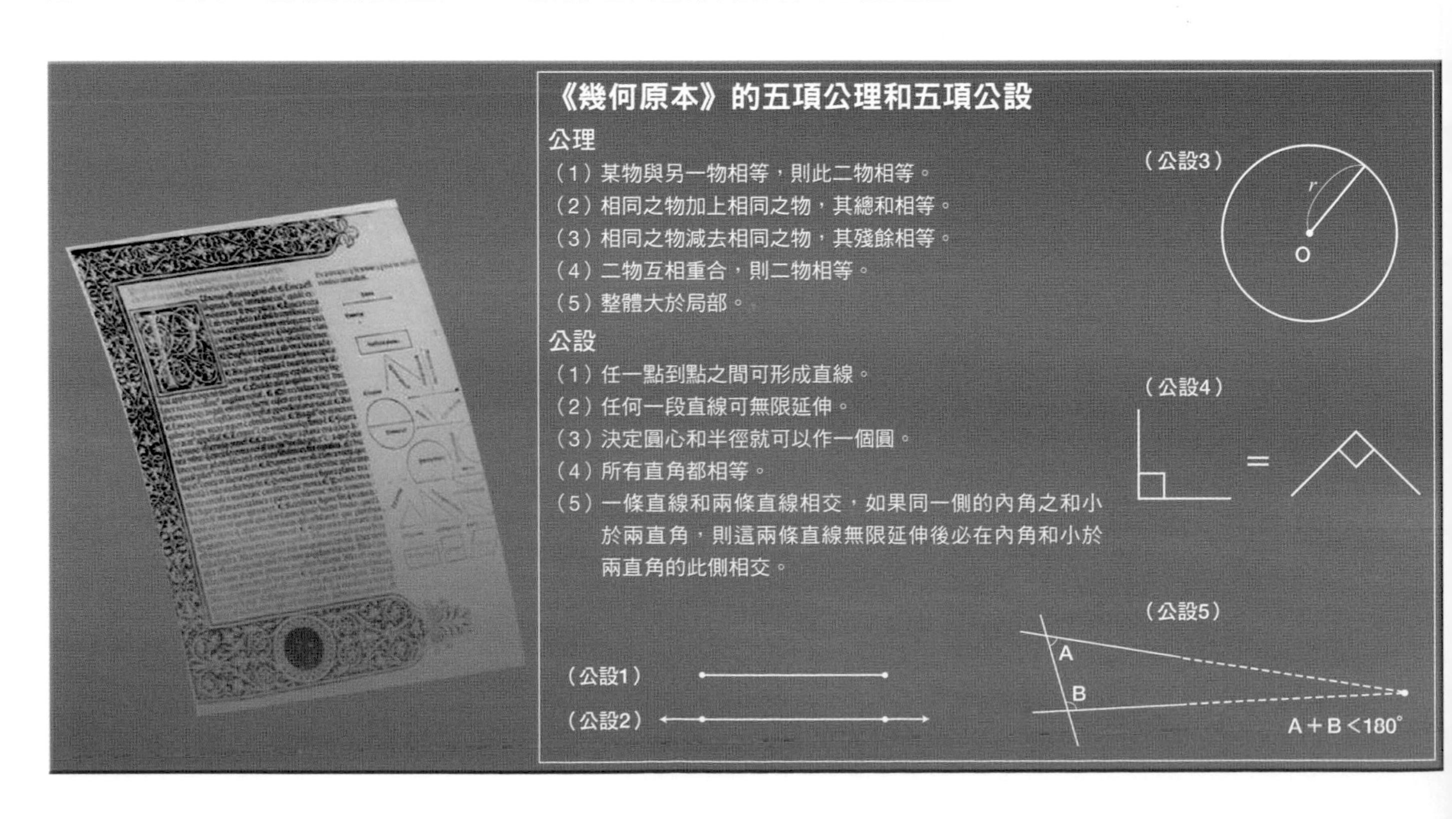

限延伸。

3. 決定圓心和半徑就可以作一個圓。

………………

這樣的編排方式能讓沒有基礎的人也能快速理解這些定律。而且，只要以此為基礎，再耐著性子遵循幾個定律進行推導，任何人都能得到相同的結論。能擁有這本書，人類真的應該感到驕傲。

我們在日常生活中有非常多利用到幾何學的機會。

學習「解惑」學問的教科書

這個問題很可能曾經在距今約5000年前的埃及和巴比倫發生過，今天可能也還有這種情形。

有兩位地主，分別為X和Y，兩個人的土地界線並不是直線，土地形狀也不規則，很難規劃使用。他們希望把界線拉直。

問題來了，究竟該怎麼辦才好？測量師重畫一條新界線，作法如下。請搭配上圖來看。

首先，把原本的界線ACB中的A和B相連。接著，畫一條和AB平行並通過最深入他人土地的C點。這條直線和X的土地的B側邊相交為D點。然後連線A和D。於是，這條線就變成新界線了。

因為是專業測量師畫的界線，所以X和Y深信不疑。但是，大概會有不少人覺得疑惑：「為什麼面積一樣？」

這邊就使用歐幾里得幾何學，舉出實際例子來說明解題方法。

歐幾里得幾何學的本質在於以定義（用語的規則）和公理、公設（為促進思考而定的規則）為出發點，進行推論並得到新結果（定理）的過程。

這樣的科學思維正是人類最重要的工具。因此歐幾里得幾何學是眾人學習的學問典範，影響深遠。

牛頓用自己發明的微積分學結合《幾何原本》，出版了《自然哲學的數學原理》一書，從這裡也可看出歐幾里得幾何學的影響力。

隱藏於多邊形和多面體中的公式

我們把多條直線所構成的圖形稱為「多邊形」（polygon）。多邊形的內部有許多角，這些角稱為「內角」（interior angle）。

至少需要三條直線，才能構成一個多邊形。最常見的例子就是大家所熟悉的「三角形」。簡單來說，三角形有許多種形狀，其中有幾種相當特殊。最有代表性的例子就是「正三角形」。

正三角形為「三邊等長的三角形」，具有三個內角角度相等的特性。每一個內角為60度，三個角總合為180度。所有三角形的內角和都是180度。這是三角形最重要的特性之一。證明的方式很簡單。如下圖所示，撕下三角形的角並重新併排，會變成一直線，即180度。

四邊形是由四條直線構成的圖形。另外，就算四邊形的其中一個頂角凹陷也沒有關係。這表示其中一個頂角大於180度。這樣的四邊形稱為「凹四邊形」。

由於三角形的內角和為180度，而四邊形的內角和為360度。因此跟證明三角形的內角和一樣，可以撕下四邊形的角，互相併排來證明，也可以畫一條線連接四邊形的對角（對角線）來證明。這樣一來，四邊形就會變成兩個併在一起的三角形。由此可知，四邊形的內角和等於三角形內角和的兩倍，也就是360度。

隱藏於多邊形內角和與外角和的公式

多邊形包含五邊形、六邊形等邊數更多的圖形，且邊數再多都能構成多邊形。這些多邊形具有與邊數相同數目的角。

問題來了，三角形的內角和為180度，四邊形為360度。那麼，「多邊形的內角和」會是多少？

前面提到，畫一條對角線可以將四邊形分割成兩個三角形，所以內角和為180度×2=360度。同樣地，畫對角線也能將多邊形分割成數個三角形，求出內角和。

但是，在邊數太多的多邊形中畫對角線，並細數分割成多少個三角形很麻煩。難道不能直接套公式嗎？四邊形可以分割成兩個三角形。五邊形可以分割成3個，六邊形分割成4個……。沒錯，多邊形可以分割成邊數減2個三角形。n 邊形的內角和公式為

180度×（n－2）

套用這個公式，就能立刻算出五邊形的內角和為540度，六邊形為720度。

那麼，「多邊形的外角（兩個邊延長所形成的角）和」

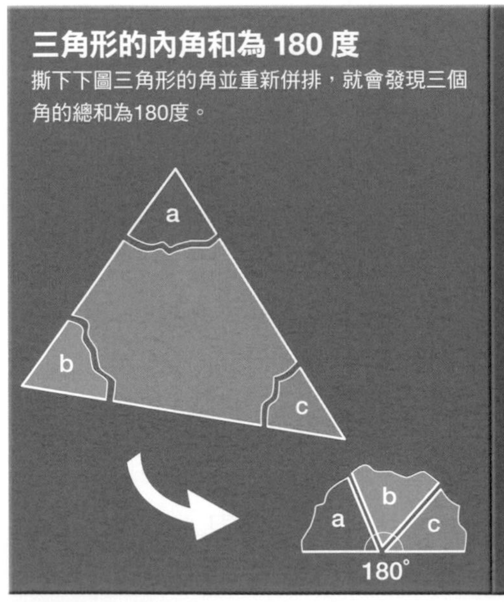

三角形的內角和為 180 度

撕下下圖三角形的角並重新併排，就會發現三個角的總和為180度。

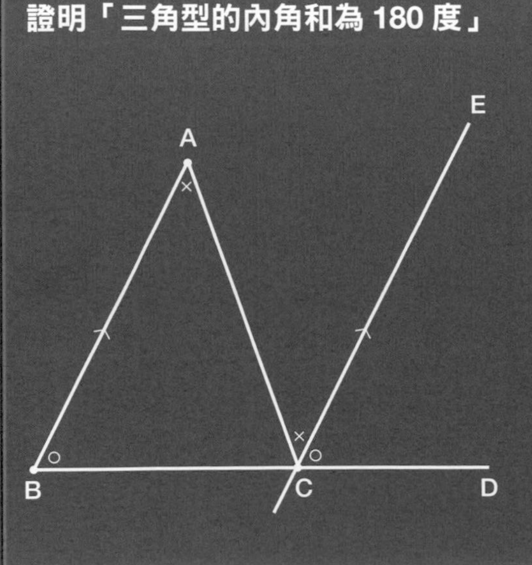

證明「三角型的內角和為 180 度」

先將△ABC的邊BC朝 C 的方向延伸，並在延長線上設一個 D 點。於是便形成了∠ACD。接著畫一條與邊AB平行且通過 C 的直線，於直線上設一個E點。然後，∠ACE和∠BAC互為內錯角，所以兩角相等，而∠ECD與∠ABC為同位角，所以兩角相等。∠ACE＋∠ECD＋∠ACB=180度，故∠BAC＋∠ABC＋∠ACB=180度。因此，三角形的內角和為180度。

※兩條直線和一條直線相交時，位於兩條直線內側且位於直線兩側的兩個角稱為內錯角（如圖中×）。而位於兩直線同側的兩個角稱為同位角（如圖中○）。若兩直線平行，則內錯角相等，同位角相等。

又是多少呢？其實不管幾邊形，外角和都是360度。雖然聽起來很不可思議，不過如下圖所示，一邊維持著外角，一邊將多邊形（圖為五邊形）向內收縮至一點，外角和剛剛好轉一圈，也就是360度。

外角和為360度也可以用計算來證明。只要內外角總和減掉內角和即可。一個內角與一個外角為180度，所以 n 邊形的內外角總和為180度 $\times n$。內角和如前述公式，為180度×（n－2）。減掉內角和會得到

180度×n－180度×（n－2）
＝180度×2＝360度

隱藏於多面體的邊、頂點與面數的公式

邊形為平面（二維）世界的圖形（平面圖形），出現在三維空間的圖形稱為「空間圖形」。空間圖形中，由平面和曲面構成的圖形是「立體」的。立體圖形中，僅由平面構成的就是「多面體」。多面體中，所有的面皆由相同的多邊形所構成的多面體稱為「正多面體」。

不論幾個邊都可以構成正多邊形。然而，現在知道的正多面體卻只有五種。這五種正多面體分別是由4個正三角形構成的「正四面體」、由6個正三角形構成的「立方體」、由8個正三角形構成的「正八面體」、由12個正五角形構成的「正十二面體」、以及由20個正三角形構成的「正二十面體」。

正多面體只有五種，據說是畢達哥拉斯所發現的。但是，距畢達哥拉斯約150年之後，柏拉圖才寫了關於正多面體的書，所以這五種正多面體也稱為「柏拉圖立體」。

正多面體的邊、頂點和面數各有多少呢？

這些數目有沒有公式呢？瑞士的數學家歐拉發現了關於多面體邊數、頂點數和面數的「歐拉多面體公式」。

這個公式為「多面體的邊數加2會等於頂點數和面數的總和」。此公式不限於正多面體，也適用於所有非凹多面體。而且，由12個正五邊形和20個正六邊形所構成的足球形圖形也適用。

證明「多邊形的外角和皆為360度」

五邊形

a b c d e

當維持多邊形的外角並向內收縮……

360度

不論幾邊形，其外角和轉一圈，即360度。

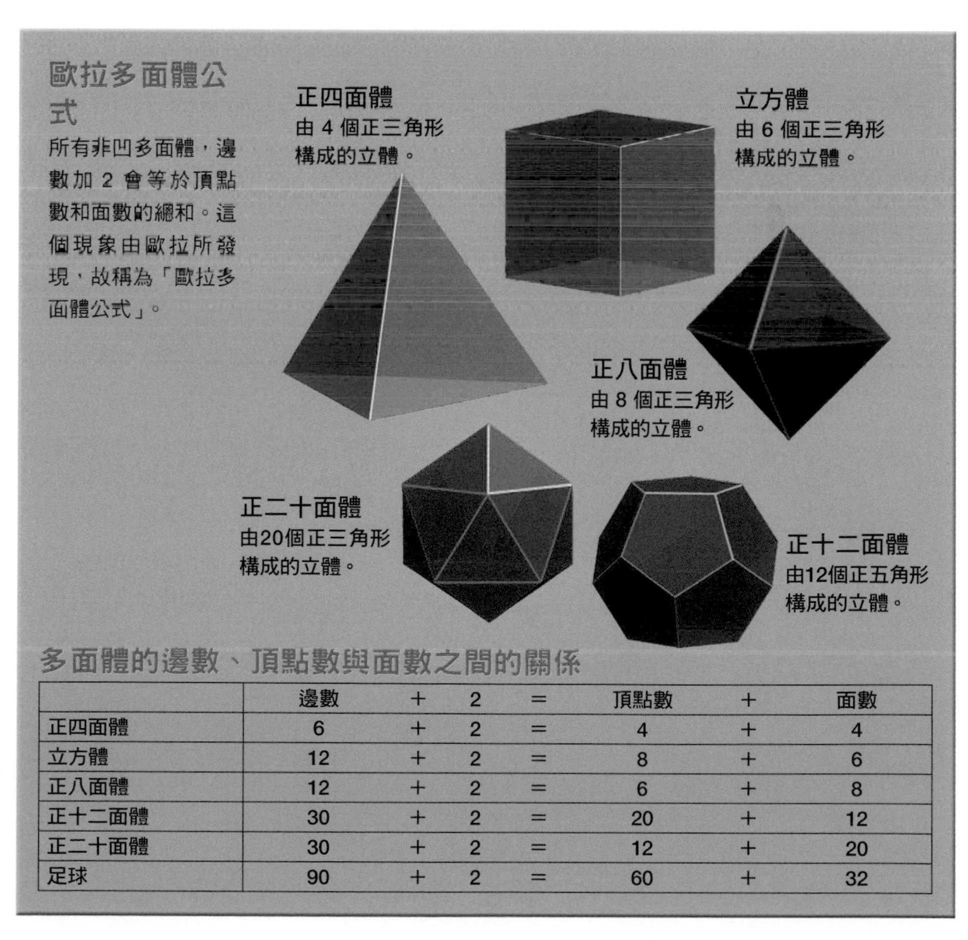

多面體的邊數、頂點數與面數之間的關係

	邊數	+	2	=	頂點數	+	面數
正四面體	6	+	2	=	4	+	4
立方體	12	+	2	=	8	+	6
正八面體	12	+	2	=	6	+	8
正十二面體	30	+	2	=	20	+	12
正二十面體	30	+	2	=	12	+	20
足球	90	+	2	=	60	+	32

已研究2000多年的「質數」

質數，是指「比 1 大的正整數中，可以被 1 和本身整除，但無法被其他正整數整除的數」。因此，質數也稱為「數的原子」。反過來說，非 1 也非質數的正整數，全都可以寫成質數的乘積。例如30為2×3×5。若不考慮相乘的順序，則表示方法只有一種。正整數中，質數以外的數稱為「合數」（composite number）。

由小至大列出質數時，其分布有規律可循嗎？其實質數的分布是不規則的，完全沒有線索。約2300年前，古希臘數學家歐幾里得的《幾何原本》也提到質數。儘管研究質數的歷史這麼久，但至今仍無法完全找出質數的規律性。

能找出質數的唯一可靠方法為「埃拉托斯特尼篩法」（sieve of Eratosthenes）。一般認為這個方法是由古希臘的數學家埃拉托斯特尼（Eratosthenes，前275～前194）發明的。

這個方法是要先把 2 以上的數排列出來（由於無法排列到無限大，所以暫列到100）。然後將開頭的 2 放著不動，去除 2 以外的所有2的倍數。留下來的數之中，2 的下一個是 3。所以，3 放著不動，去除3以外的所有 3 的倍數。接著，留下來的數其開頭是 5，所以……以此類推。留到最後的數就是質數。

這個方法雖然是土法煉鋼，但仍是目前為止找出質數最好的方法。

極大質數難以判定

將某個數寫成質數的乘積，稱為「質因數分解」（prime factorization）。質因數分解是要找出能整除某數的質數。意即將某數分解成「原子」。首先用小的質數來除，若除不盡，就再換成大一點的質數，尋找能將其整除的質數。

比較小的數用這個方法沒有問題，但當數愈來愈大時，做起質因數分解就會變得非常困難。因為用小質數通常無法除盡，一定要使用大質數才行。要找出大質數，一般只能使用埃拉托斯特尼篩法。當數字非常大的時候，即使用電腦運算，也很花時間。

質因數分解的難處應用在現

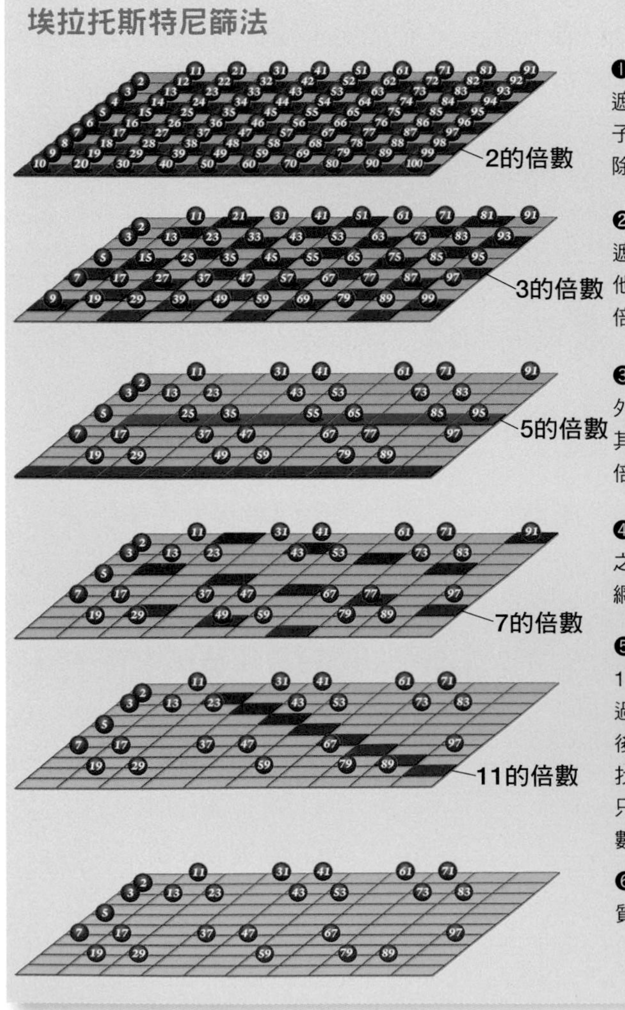

代社會不可或缺的「RSA加密法」（RSA security）。RSA加密法是以兩個極大質數的乘積作為「鑰匙」，將重要資料加密的技術。若不知道鑰匙是哪兩個質數的乘積，就沒辦法破解加密資料。由於極大數無法在短時間內進行質因數分解，所以只有知道原本是哪兩個質數的人才能破解。

RSA加密法已經廣泛應用，例如在網路商店上安全傳輸信用卡號碼的機制。極大質數可說是現代社會的靠山。

證明質數為無限多個

歐幾里得於大約2300年前所著的《幾何原本》中證明了質數為無限多個，其證明如下。

＜證明＞

使用所有不同的質數 q_1, q_2, q_3，……q_n，可形成以下的整數N。

$$N = q_1 \times q_2 \times q_3 \times \cdots\cdots \times q_n + 1$$

整數N無法被$q_1, q_2, q_3 \cdots\cdots q_n$中任何一個質數所整除，因為任意質數雖然可以整除 $q_1 \times q_2 \times q_3 \times \cdots\cdots \times q_n$ 的部分，卻還是會留下1（最小的質數為2）。

因此，N為異於 $q_1, q_2, q_3 \cdots\cdots q_n$ 的質數，而且一定能被異於 $q_1, q_2, q_3 \cdots\cdots q_n$ 的質數整除。故 q_1, q_2, q_3，……q_n 之外有個新質數為 q_{n+1}。

重複上述的操作，就會得到一個個新質數 $q_{n+2}, q_{n+3}, q_{n+4} \cdots\cdots$ 意即質數有無限多個。

質數有無限多個嗎？

目前所知最大的質數為2018年發現的2400萬位數以上的超級極大數。這麼大的數是如何判定為質數的？

其實，這個特殊質數稱為「梅森質數」（Mersenne prime），在沒有使用埃拉托斯特尼篩法的情況下，就能判定它是質數。儘管如此，使用電腦來判定還是需要很長的時間去計算。另外，寫成「2^n-1」的數稱為「梅森數」（mersenne prime），當梅森數為質數時便稱為梅森質數。

那麼，究竟之後還會發現多少極大質數呢？有人說「已經沒有更大的質數了」，最大的質數真的已經出現了嗎？

答案早已寫在2300年前歐幾里得的《幾何原本》。已發現的質數之後，一定還會出現更大的質數。不論到多大的數，質數都沒有盡頭。「質數有無限多個」（其證明如上欄）。

懸宕160年的未解難題

質數有無限多個，卻無法預測什麼時候會發現下一個。不過，目前已知數字愈大，質數出現的頻率會愈來愈低。

那麼，質數究竟按什麼比例在減少呢？最早研究這個問題的人，是知名的德國天才數學家高斯（Karl Friedrich Gauß，1777～1855）。

高斯在15歲時，將每1000個數字分為一個段落，並將其中的質數逐個數出來。高斯調查了多達幾十萬個數字後，發現一個公式：即使不從一開始的數字依序計算質數的數量，也能夠算出到某數之前的質數個數。

但是，這個公式無法預測出準確的數量。數字愈大預測會愈準，但還是無法算出正確的數量。雖說質數的分布是不規律的，不過目前已可以用簡單的公式來推估大概的數量。

高斯沒有證明這個公式是否成立，但是其他的數學家後來已用不同方式證明，現在這個公式稱為「質數定理」。另外，目前已發現另一個比高斯的公式能更準確預測質數數量的公式。

德國數學家黎曼（Bernhard Riemann，1826～1866）也是嘗試證明質數定理的人。黎曼於1859年發表一篇論文〈小於已知數的質數個數探討〉，基於某些假設證明了質數定理。這個假設稱為「黎曼猜想」（Riemann hypothesis）。若黎曼猜想為真，就能證明質數定理，不過還無法確定黎曼猜想是否為真。

黎曼猜想已經過了160多年仍未獲證明。美國的克雷數學研究所甚至提供100萬美元的獎金。這個難題至今仍令許多數學家傷透腦筋。

小數位無限多的神奇數字π

距中心點一定距離的另一個點所畫出來的軌跡便是「圓」。圓到中心點的距離稱為「半徑」，圓的周圍稱為「圓周」。此外，從圓周通過中心點至另一端圓周的距離，稱為「直徑」，即半徑距離的兩倍。

根據古代的記錄，圓的直徑若增加為2倍、3倍、4倍，其圓周也會增加2倍、3倍、4倍。圓周長除以直徑的值稱為「圓周率」。圓周率為定值，無關圓的大小。

圓周率通常以希臘字母的「π」表示。取自希臘語中代表「圓周」之意的「$\pi\varepsilon\rho\iota\mu\varepsilon\tau\rho o\sigma$」(perímetros)的字首。據說第一個使用$\pi$的人是英國數學家瓊斯（William Jones，1675～1749）。有一個圓直徑為R、半徑為r、圓周為c，這三者之間的關係可以寫成以下公式。

$$c = \pi R = 2\pi r$$

圓周率的近似值為「3.14」，實際上它是小數位無限多的數值，也就是

3.14159265358979……

而且，它不是相同數字反覆出現的「循環小數」，所以無法預測下一個出現的數字為何。但是，平常不需要用到這麼精準的數值，所以通常會使用「3.14」。

圓周率也不能用整數的比，即分數的形式來表示。這樣的數稱為「無理數」。另外，可以寫成分數的數稱為「有理數」。而且，圓周率也不為整數係數的一元一次方程式或一元二次方程式的根。這種數稱為「超越數」(transcendental number)。

圓在自然界跟日常生活中隨處可見，其中居然有這麼神奇的數字。下一篇將說明如何求出圓周率的值。

※π值的數據由日本筑波大學計算科學研究中心的高橋大介教授提供。

小數位無限多的圓周率 π

排列成圓形的圓周率 π 實際值。這個數值的小數位無限多，且不會重複出現特定數字。

如何求出圓周率近似值

圓是曲線，所以很難準確量出圓周的長度。不過，古人早已知道圓周率大約為3。如前一篇所述，圓周率是小數位無限多的數。推導出現在普遍使用的圓周率近似值3.14的人，是古希臘的阿基米德（Archimedes，前287～前212）。

阿基米德利用圓內接正多邊形和圓外切正多邊形，求出圓周率的近似值。圓周會大於圓內接正多邊形的周長，小於圓外切正多邊形的周長，所以介於兩者之間的值就是圓周率的近似值。意即其關係為內接正多邊形的周長＜圓周＜圓外切正多邊形的周長。

假設有一個圓的半徑為r，內接於該圓的正六邊形如圖1，一起來算一算這道題目。

如圖1所示，位於圓內的六個三角形皆為正三角形。因此，其外側的邊長也等於半徑r。正六邊形的邊數為6，所以周長為$6r$。內接正六邊形的周長一定會小於圓周（$2\pi r$），故

$$6r < 2\pi r$$

即

$$3 < \pi \cdots\cdots\cdots\cdots \quad (1)$$

可知π為大於3的數。

接著來看外切於圓的正六邊形。很明顯其周長大於圓周$2\pi r$，故

$$2\pi r < 6 \times \frac{2r}{\sqrt{3}}$$

得到

$$\pi < \frac{6}{\sqrt{3}} = 3.46\cdots\cdots \qquad (2)$$

可知π為小於3.46的數。

綜合（1）和（2）的結果，可知圓周率為

$$3 < \pi < 3.46\cdots\cdots$$

以正六邊形推導出來的圓周率介於3和3.46……之間，是一個相當粗略的值，不過，如果將正多邊形的邊數逐漸增加，用這個方法就能求出更準確的值。

阿基米德使用正十二邊形、正二十四邊形、正三十六邊形……來取代正六邊形，他將正多邊形的邊數逐漸增加，最後使用正九十六邊形來進行計算。以正九十六邊形進行同樣的計算，會得到

$$3 + \frac{10}{71} < \pi < 3 + \frac{1}{7}$$

換算成小數，會得到

$$3.1408\cdots\cdots < \pi < 3.1428\cdots\cdots$$

如此一來，阿基米德已經算出現今所使用的圓周率近似值3.14。而且，圓周率π還可

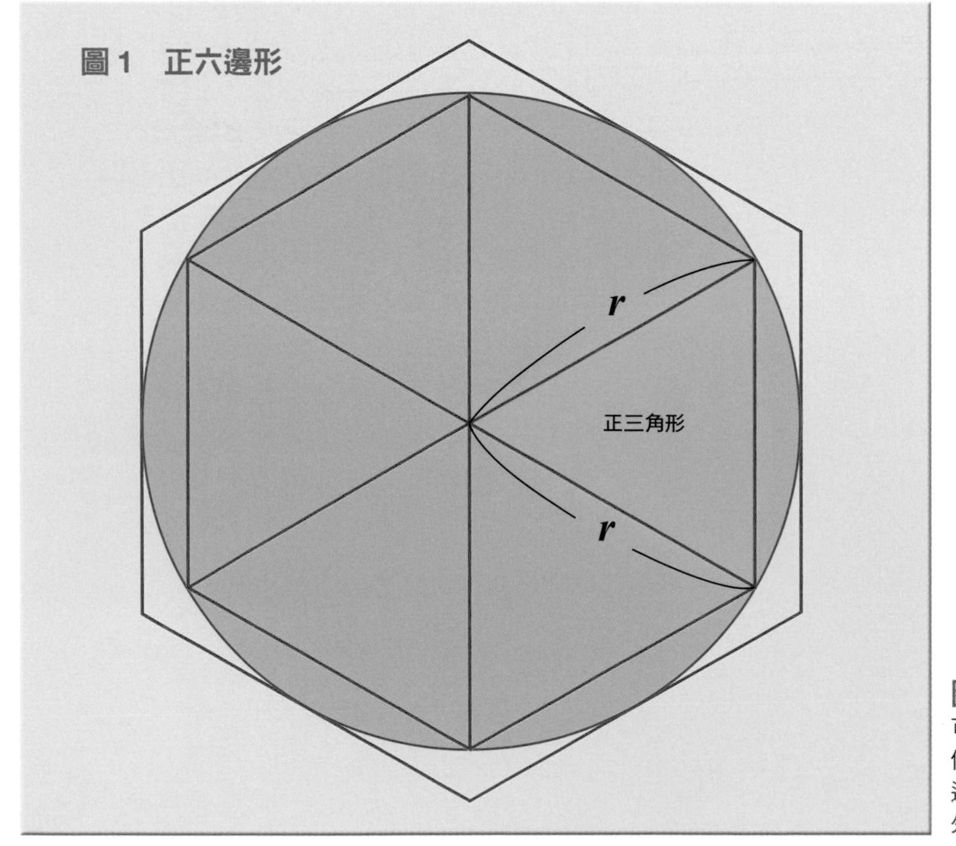

圖1　利用正多邊形求圓周率
可使用正多邊形求出π值。在圓的內側和外側分別畫出內接正六邊形和外切正六邊形，這三者的周長關係為內接正多邊形＜圓＜圓外切正多邊形，邊數愈則多愈接近圓形。

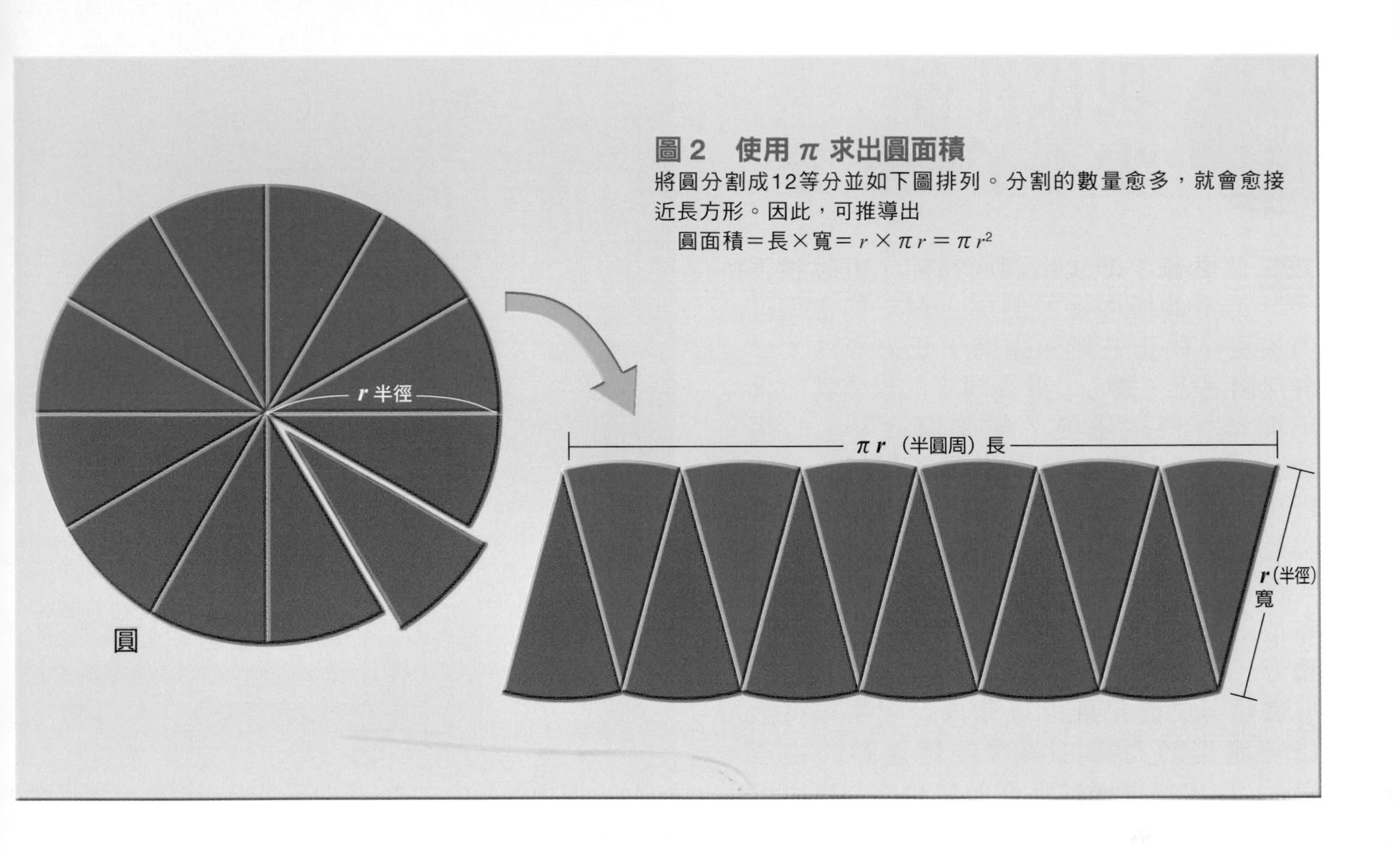

圖 2　使用 π 求出圓面積
將圓分割成12等分並如下圖排列。分割的數量愈多，就會愈接近長方形。因此，可推導出
圓面積＝長×寬＝$r \times \pi r = \pi r^2$

以用於計算圓面積、球體體積和球體表面積。在此說明如何算出圓面積。

將圓切割成小塊並重新排列（圖 2），可知寬為圓的半徑，長為圓周的一半，且很接近長方形。於是，

半徑 r 的圓面積 m＝長×寬＝$r \times \pi r = \pi r^2$

另外，球體體積及球體表面積的公式如下：

半徑 r 的球體體積$V=\frac{4}{3}\pi r^3$

半徑 r 的球體表面積$S=4\pi r^2$

圓周率的計算至今尚未停止

荷蘭的科伊倫（Ludolph van Ceulen，1539～1610）使用阿基米德的方法求圓周率，他增加多邊形的邊數，最多以正2^{62}邊形（461京1686兆184億2738萬7904邊形）求到小數點以下第35位。π 在荷蘭也因此被稱為「魯道夫數（Ludolphine number）」。圓周率自阿基米德時代起經歷了2000年才求到小數點後第35位。

順便一提，日本的數學家關孝和（Seki Takakazu，1640～1708）雖不及魯道夫求得多，但他也以正 2^{17}邊形（13萬1072邊形）求到小數點後第10位。

到了17世紀，英國的牛頓和日耳曼的萊布尼茲發明微積分，可以更有效率地計算出圓周率的小數位數。

透過微積分，1706年夏普（Abraham Sharp，1653～1742）求到第71位。之後到了18世紀末，維加男爵（Jurij Vega，1754～1802）求到第136位，19世紀的尚克斯（William Shanks，1812～1882）求到第527位。自從發明了微積分後，圓周率的小數位數快速增加，但是手算已很難再算出更多的位數了。

到了20世紀，出現計算機以及電腦，小數位數暴增。1947年使用計算機可求到第819位。1949年，美國的韋斯納（George Reitwiesner）使用電腦求到第2037位。

其後，隨著電腦計算能力的進步，位數屢有增加。現在，使用電腦已能算到小數點以下第22兆位。

現代社會少不了微積分

要怎麼樣才能求出圓面積呢？假設將正方形的紙內接於圓周，剩下的空間再內接更小的正方形。這時，正方形的大小會無限逼近「零」，重複同樣的操作就能求出面積。使用這種「無限逼近零」的手法，求出曲線所包圍的面積或切線（跟圓僅有一個交點的直線），或是圖形中最大值和最小值的數學，就是「微積分」。

微積分的發明人為牛頓與萊布尼茲。萊布尼茲和牛頓幾乎是在同時各自獨創了微積分。

微積分的應用範圍非常廣泛，牛頓將微積分應用於力學（解釋物體運動的物理學）。現代物理學的各個領域也充分應用了微積分。

以建築物設計為例，若不事先計算好承載荷重和強度，就無法保證安全性，這裡就會用到微積分。我們甚至可以說，現代社會是靠微積分撐起來的。

建設高速公路時的道路設計也會用到微積分。當急轉汽車方向盤時，車子的行進方向會迅速改變。如果平穩地轉方向盤，行進方向也會平穩改變。更不用說，一定是穩定改變行進方向的駕駛方式會開得比較輕鬆。

使用微積分，能反向求出適合緩慢轉動方向盤的彎道曲線。在這種設計的彎道上轉彎時，就不需要急著操作方向盤，每個人都能輕鬆駕駛。微積分設計出來的這條曲線稱為「羊角螺線」（cornu spirals），又稱為「歐拉螺線」（Euler spiral）。

微積分也能運用在經濟方面。想分析現代複雜的經濟系統，微積分等數學方法已經成為不可或缺的工具了。

微積分也活用在高速公路的道路設計

A.若彎道的曲線為圓弧形，駕駛人以固定速度進入彎道時，要將方向盤一口氣轉到某個角度，過彎時維持方向盤的角度，通過彎道後再將方向盤一口氣回正。由於方向盤的操作集中在彎道開頭和結尾，所以會急轉方向盤，水平方向加速度（G）也會驟變，乘坐舒適性很差。

B.若將彎道曲線作成羊角螺線，駕駛人以固定速度進入彎道時，可以慢慢轉動方向盤，過彎後緩慢回正。方向盤的操作很平穩，所以駕駛得輕鬆，乘坐舒適性也比較好。方向盤的回轉速度會對應到汽車水平方向加速度的大小。所謂羊角螺線，是以固定水平方向加速度（方向盤的回轉速度）形成的運動軌跡曲線。

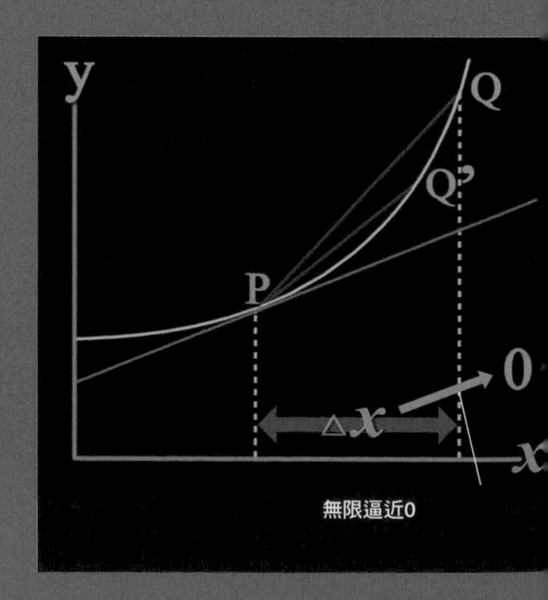

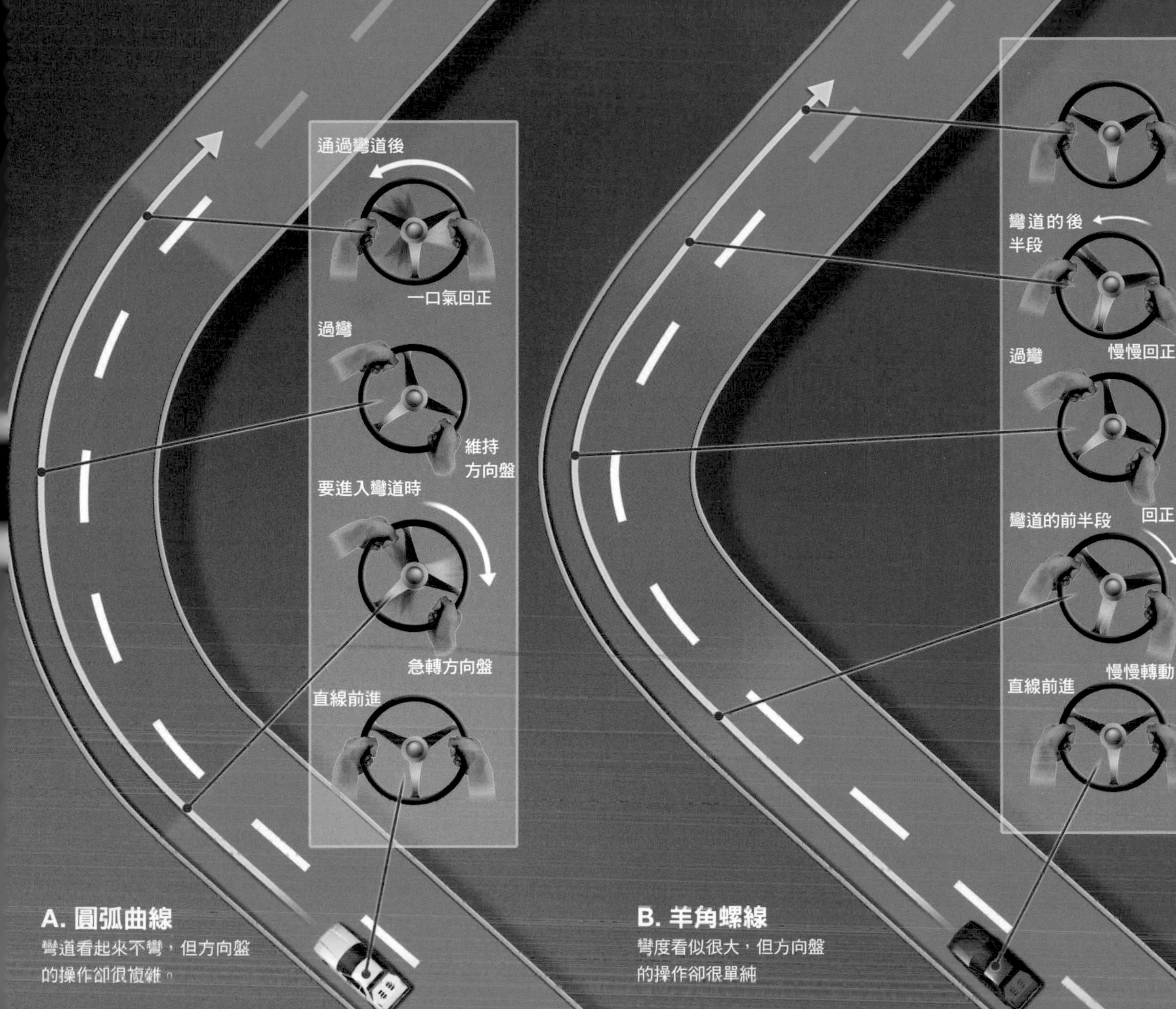

A. 圓弧曲線

彎道看起來不彎，但方向盤的操作卻很複雜。

B. 羊角螺線

彎度看似很大，但方向盤的操作卻很單純

微分（求曲線上切線的方程式）

求通過左邊曲線上 P 切點的切線方程式，方法如下。假設曲線上有一 Q 點，與 P 點的水平距離為 Δx，先連接直線PQ。將Q點沿著曲線無限逼近P點（設為Q' 點），也就是 Δx 無限逼近0，PQ就會形成切線。

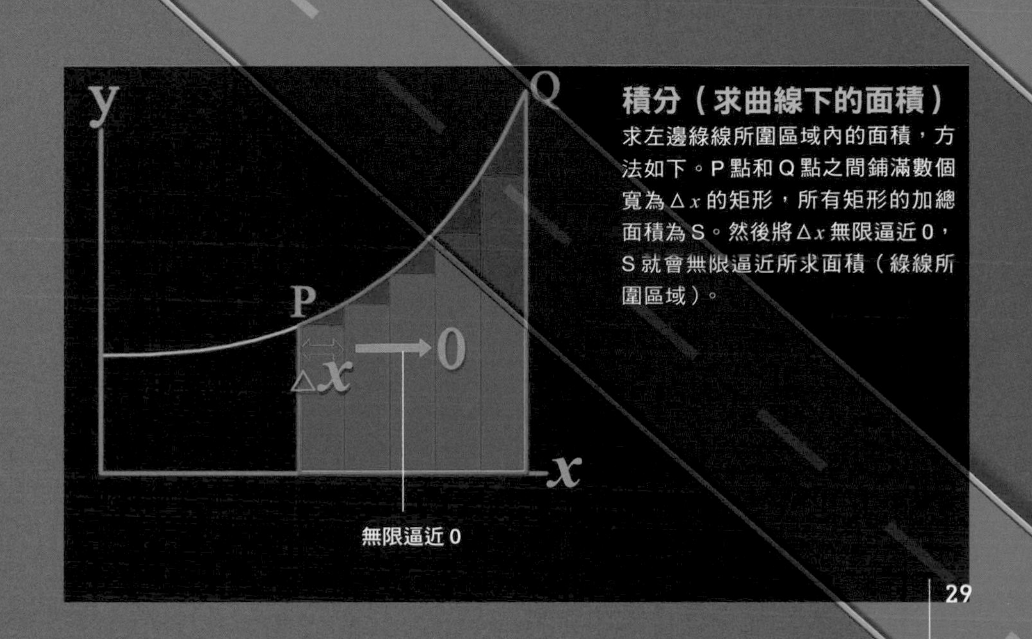

積分（求曲線下的面積）

求左邊綠線所圍區域內的面積，方法如下。P 點和 Q 點之間鋪滿數個寬為 Δx 的矩形，所有矩形的加總面積為 S。然後將 Δx 無限逼近 0，S 就會無限逼近所求面積（綠線所圍區域）。

生活中派上用場的算術思維

利用算術思維，解決生活上的問題

很多人聽到「算術」一詞，就會聯想到四則運算或三角形和圓形等圖形，而且聯想的範圍有限。但數學是非常抽象的東西。數學及算術的應用層面也非常廣。2017年7月，我將這個觀念寫成《聰明人的算術思維》（日經Premiere系列）一書，現在從書中摘錄了四個關於算術概念的主題在這裡跟讀者分享。

撰文：芳澤光雄
日本櫻美林大學校長特別助理

用樹狀圖輕鬆解決排列組合問題

第一個要談的是樹狀圖的概念。今天所知最早的數字出現在西元前1萬5000年到1萬年左右舊石器時代的近東（包括北非的地中海沿岸、東阿拉伯地區、小亞細亞、巴爾幹半島等地），發現在動物的骨頭上刻了好幾條線的「記數棒」（tally）。一般認為這些刻痕和特定的「具體事物」有關，想來也是經歷許多的演變，才產生了一、二、三、四……等計數物體個數的整數（1,2,3,4,……）。

談到所謂的「數」個數，就會想起高中數學學過，排列符號「P」和組合符號「C」的公式。使用這些公式，就能快速算出排列或組合的數。

排列符號「P」的公式如下。如果從相異的 n 個物品中取出相異 r 個物品的排列，會有幾種排序結果？

$$_nP_r = n(n-1)(n-2)(n-3)\cdots(n-r+1) = \frac{n!}{(n-r)!}$$

此外，組合符號「C」的公式如下。從相異的 n 個物品中取出相異 r 個物品會有幾種組合？

$$_nC_r = \frac{n(n-1)(n-2)(n-3)\cdots(n-r+1)}{r(r-1)(r-2)(r-3)\cdots 3\times2\times1} = \frac{n!}{r!(n-r)!}$$

我在大學任教，看過大量的入學考試和期末考考卷的答案，不知道學生是忘記了最基本的用手指數一、二、三、四……，還是太依賴P和C的公式，我看過非常多錯得離譜的答案。

樹狀圖在單純計數物品個數時非常好用。例如右頁圖1的路線圖，來算算看從出發地A到目的地F有幾種不同的路線？同地點不可經過兩次。

如果用鉛筆在圖1上尋找路線，求出正解為10條應該不難。但是，重新檢查的時候，就會發現這個方法不容易判斷已數過跟還沒數過的路線。如果改用圖2的樹狀圖來數，檢查的時候比較不會混淆。

當然，用樹狀圖來計數的概念，不僅可用於算路線數量，還可用於職務分配和機率計算等，

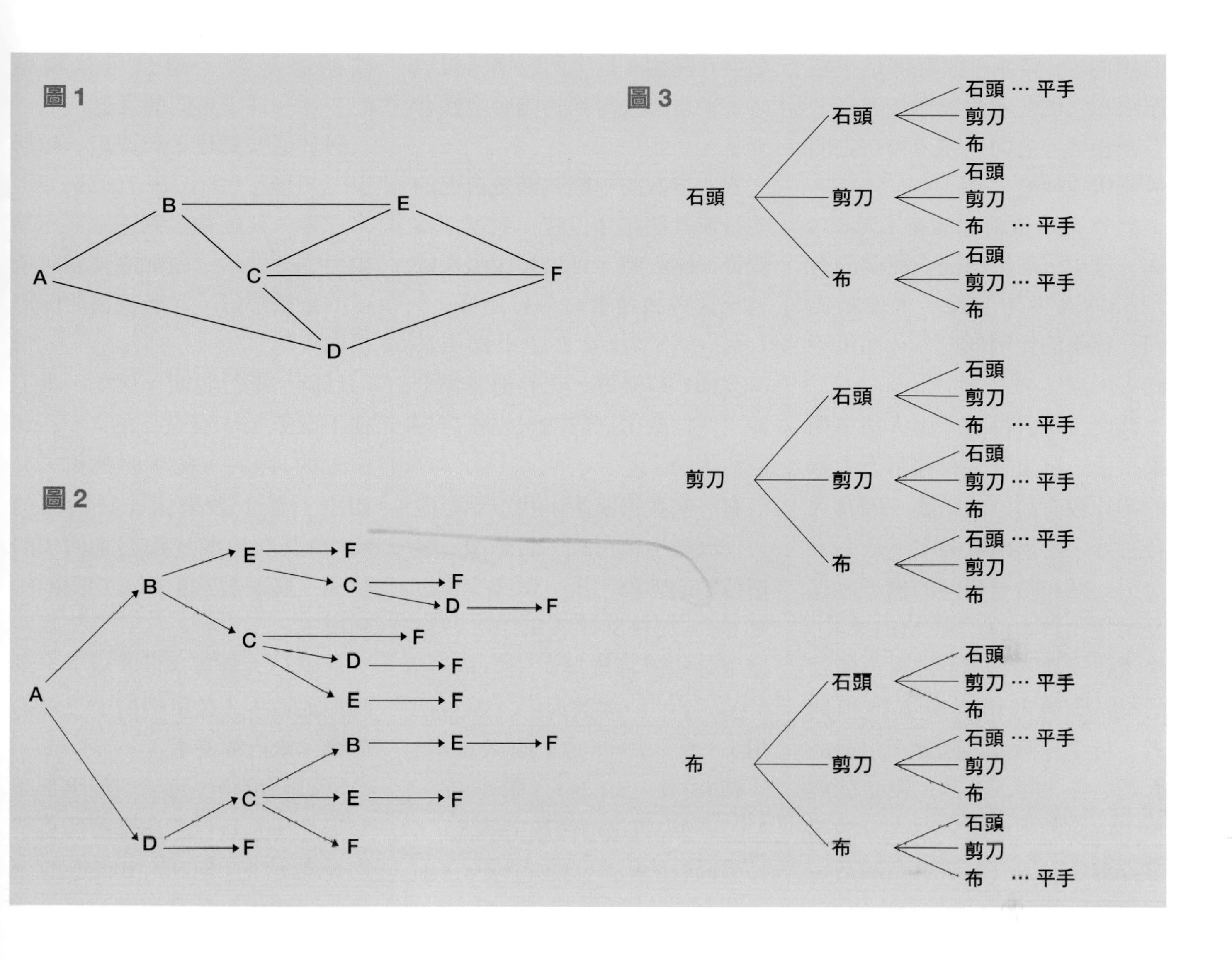

應用範圍非常廣泛。

例如，A、B、C 三人同時猜拳一次時，平手的機率為多少？不論什麼題目都依賴排列符號「P」和組合符號「C」公式的人，往往會想「算式要怎麼列」，設法想出「作法」。這個問題只要用樹狀圖來想，就可以得到 $\frac{9}{27}=\frac{1}{3}$ 的答案，如圖 3。

中樂透的方法

第二個要談的是單純的機率與統計的概念。其實，在上例計算猜拳平手的機率時，已經預設了剪刀、石頭、布出現的機率各為 $\frac{1}{3}$。預設硬幣正反面出現的機率分別各為 $\frac{1}{2}$，骰子每一面出現的機率為 $\frac{1}{6}$ 應該沒問題，但應該有人覺得很疑惑，「預設剪刀、石頭、布出現的機率分別各為 $\frac{1}{3}$ 是對的嗎？」

有一次，我分給10位大四學生每人一本筆記本，請他們紀錄猜拳的結果。在統計剪刀、石頭、布的比例時，也統計是否連續出同一種拳。

以下是725人中，每人各猜拳10～20次所得到的結果。

猜拳次數總計 1 萬1567次，其中石頭為4054次，剪刀為3664次，布為3849次。因此，人普遍會出石頭而少出剪刀，所以得到猜拳要出布比較有利的結論。

關於這份數據，心理學上的解釋是「當人有戒心時，會有握拳的傾向」，另外一種解釋是「石頭跟布之間快速轉變比較容易，石頭和剪刀之間、剪刀和布之間較難快速轉變」。

此外，連猜兩次的有1萬833次，其中，連續出同一種拳的有2465次。換句話說，人連續出同一種拳的比例低於$\frac{1}{3}$，甚至不到$\frac{1}{4}$。

據此，也會得到「兩人猜拳如果平手，再來要出會輸對方上次的拳比較有利」的結論。因為人各有好，所以出現機率不是$\frac{1}{3}$。

另一個和猜拳相同的例子，就是樂透。日本的「NUMBER4」樂透，一張售價200日圓，所選的4位數號碼和開獎號碼相同者，可平分獎金。因此，中獎的人數愈多，每人分到的獎金就愈少；中獎的人愈少，每人分的獎金就愈多。另外，獎金金額為當期營業額的45%。

實際上，想研究中獎的四位數號碼和獎金金額之間的關係，考慮0到9中選四個數字且順序需一致，會發現獎金金額的理論值應為

200（日圓）×10×10×10×10×0.45
＝90（萬日圓）

但是，獲得的獎金顯然常常不符合理論值。

例如，代表2月19日的四位數號碼「0219」，開出和日期有關的四位數號碼時，平均每人得到的獎金金額會變少。相反地，像9697或8775，中獎號碼有重複數字且僅由5以上的數字所組成時，平均每人得到的獎金金額會變多。

當四位數的中獎號碼是自己的生日或其他紀念日時，大家都會覺得很開心吧。可以想像這樣的情況會導致選號時偏好選擇0、1、2、3、4。當然這不僅限於NUMBER4樂透，在其他各種要使用四位數密碼的情況也會有相同的趨勢。

有一次我去演講，我跟聽眾說「什麼數字都可以，請想像一組四位數的號碼。第一個數字可以是0」。從得到的答案中，我把聽眾分成三種族群：「偏好使用0、1、2、3、4的人」、「偏好使用5、6、7、8、9的人」、及「從0、1、2、3、4跟5、6、7、8、9中各選兩個數字的人」。結果偏好使用0、1、2、3、4的人明顯比偏好使用5、6、7、8、9的人多。不管在哪一場演講都有同樣的傾向。

論證「疊羅漢」的危險度

接著要談的是力的加總概念。起因是2016年日本發生了多起小學運動會上因「疊羅漢」導致意外的報導，引起大眾熱議，民間也出現「已經報導了很多骨折的案例，所以應該立刻中止」、「但可以鍛鍊小朋友的心智，所以不該中止」、「如果減少疊羅漢的疊層數，還是可以繼續吧」……等等不同的意見。

對於這些意見，只要用「帕斯卡三角形」（Pascal's triangle）來思考，就能夠找到答案。所謂帕斯卡三角形，是如右頁圖4所示的整數陣形，和疊羅漢的陣形很像。

以圖4進行說明，例如，由上往下數來第5層左2的4，為其左上的1跟右上的3的總和。又如由上往下數來第5層中間的6，為其左上的3跟右上的3的總和。其他數字也都是相同的排列模式。

實際15人疊羅漢的5層金字塔陣形如圖5。套用帕斯卡三角形的概念來計算看看。

假設15位學生每人的體重都是32公斤，且每位學生都將體重平均分配於自己左下和右下的學生，請問由上數來第二層以下的人承受了多少重量？第二層以下的每個人承受了其左上跟右上之人的重量總和。而且每個人將施加於自己的重量加上自己體重32公斤總和的一半，再施加於自己左下跟右下的人。

算出來的結果如圖6，顯示了第二層以下的每個人所承受的重量。值得注意的是最下層中間的人所承受的重量為100公斤。經過一番計算之後，就會知道必須要謹慎處理疊羅漢的問題。

另外，其計算方式如下。第三層左邊的人所承受的重量

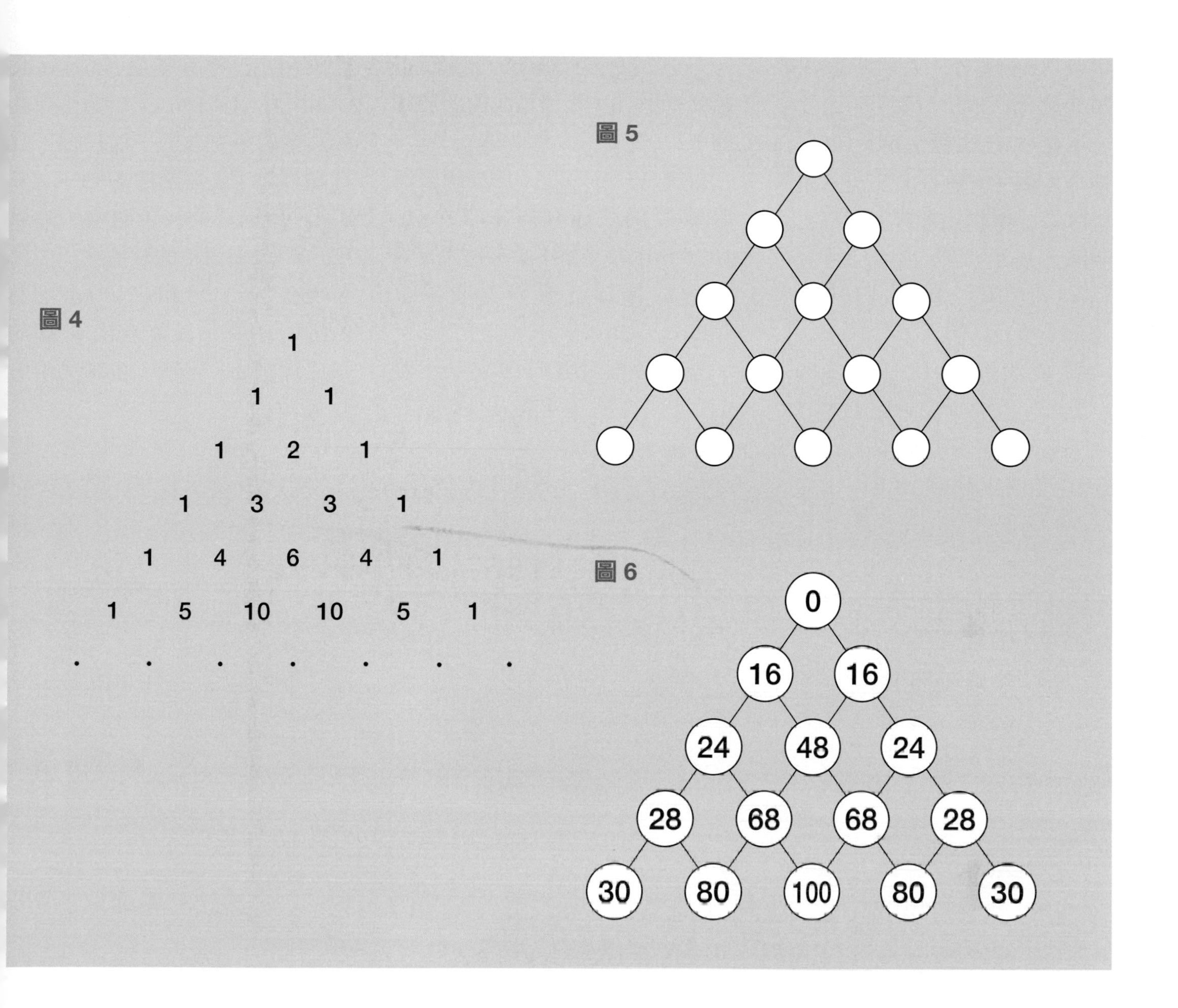

＝（第二層左邊的人所承受的重量＋第二層左邊的人的體重）÷2＝（16＋32）÷2＝24

第三層中間的人所承受的重量＝（第二層左邊的人所承受的重量＋第二層左邊的人的體重）÷2＋（第二層右邊的人所承受的重量＋第二層右邊的人的體重）÷2

＝（16＋32）÷2＋（16＋32）÷2＝24＋24＝48

如何以客觀數值表示「差距」

最後要談的是貧富差距問題中經常用到的「基尼係數」（Gini index）概念。我先來解釋基尼係數的具體概念。假設有A跟B兩個國家，各有三名國民，每位國民的年收入由低至高排列如下（單位為萬元）。

（A）300，900，1200。

（B）200，200，2000。

兩國的國民平均年收入都是800萬元，但B國的貧富差距看起來比A國還大。

A國年收入最低之人的年收入為300萬元，而年收入最低之兩人的年收入為1200萬元，然後年收入最低之三人的年收入為2400萬元。

現在於 xy 座標平面上作圖。x 軸為人數，y 軸為上述每人累計年收入。所以，A 國取得以下三個點。

A（1,300），B（2,1200），C（3,2400）。

接著設原點（0,0）為 O，（3,0）為 H，直線OC、CH及折線O－A－B－C 所構成的圖形如圖 7。

折線O－A－B－C是美國經濟學家勞倫茨（Max Lorenz，1876～1959）於1905年所發表的，故稱為「勞倫茨曲線」（lorenz curve）。

基尼係數發表於1936年，是義大利統計學家基尼（Corrado Gini，1884～1965）以勞倫茨曲線為基礎所定義的一種指標，為直線OC與勞倫茨曲線 O－A－B－C 所構成的灰色面積，除以三角形OCH面積的數值。

現在令（1,0）和（2,0）分別為 P 點和 Q 點，就能求出 A 國的基尼係數 g。另外，在算式中，

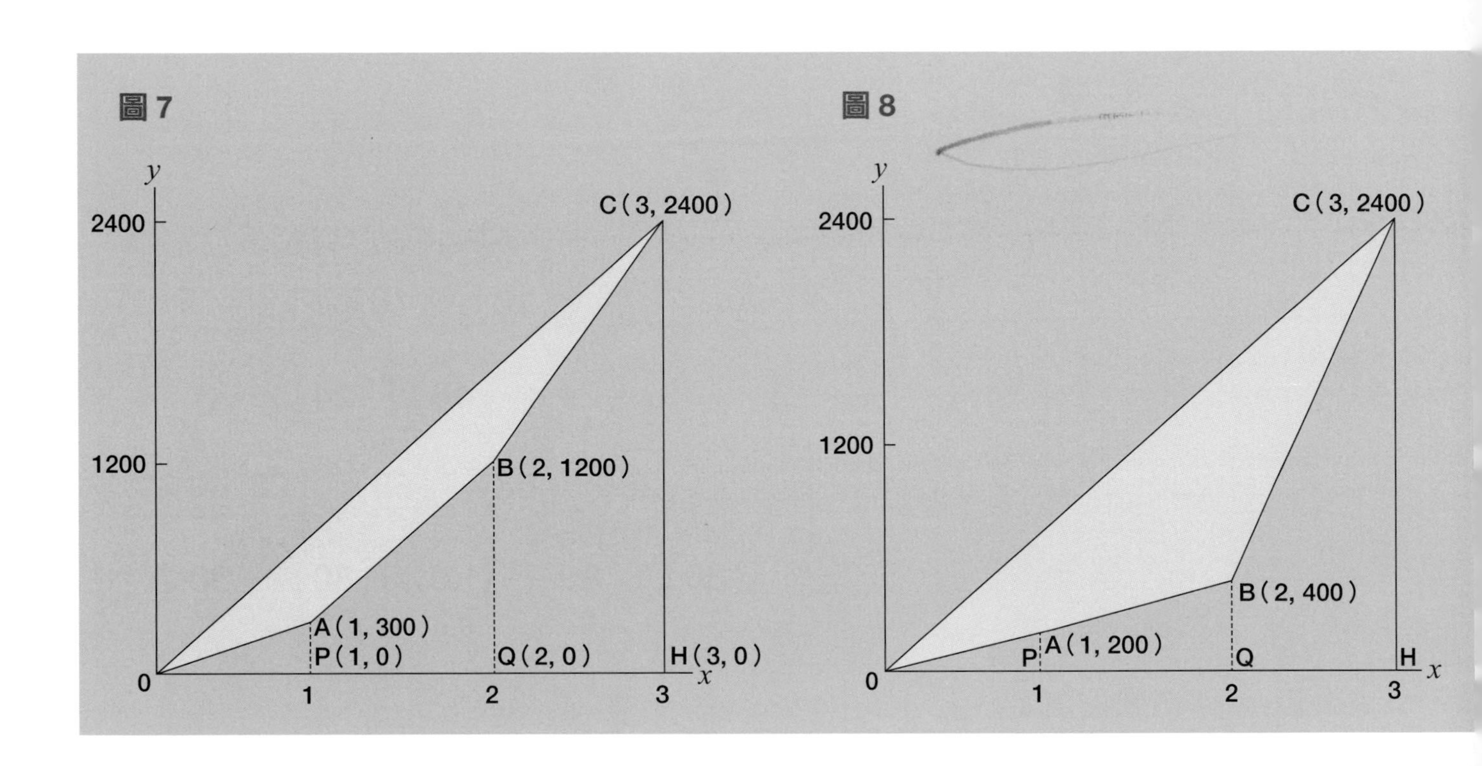

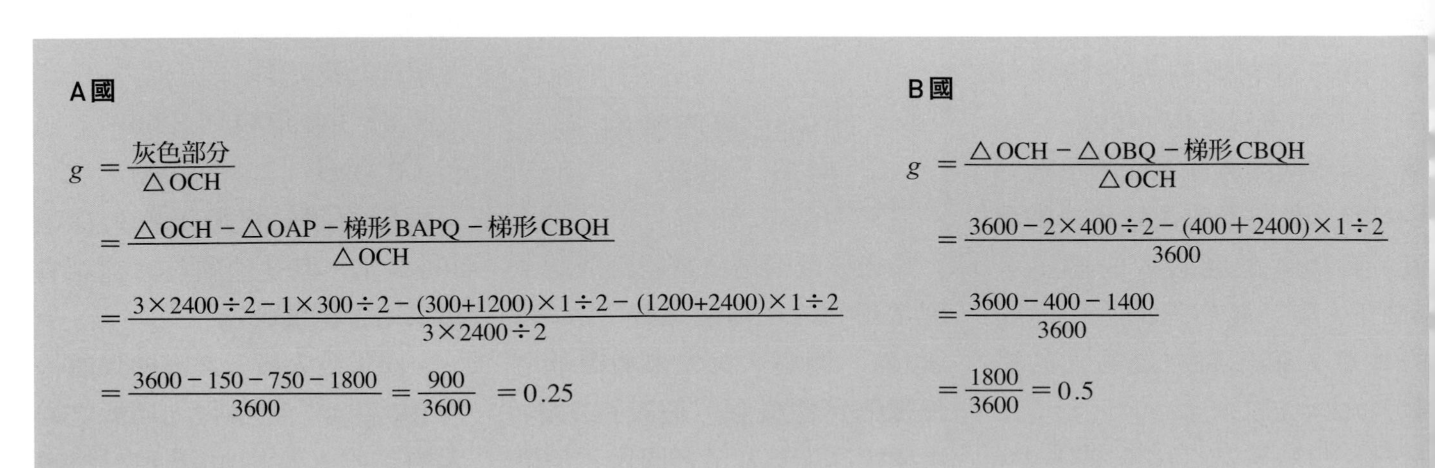

A國

$$g=\frac{\text{灰色部分}}{\triangle OCH}$$

$$=\frac{\triangle OCH-\triangle OAP-\text{梯形}BAPQ-\text{梯形}CBQH}{\triangle OCH}$$

$$=\frac{3\times2400\div2-1\times300\div2-(300+1200)\times1\div2-(1200+2400)\times1\div2}{3\times2400\div2}$$

$$=\frac{3600-150-750-1800}{3600}=\frac{900}{3600}=0.25$$

B國

$$g=\frac{\triangle OCH-\triangle OBQ-\text{梯形}CBQH}{\triangle OCH}$$

$$=\frac{3600-2\times400\div2-(400+2400)\times1\div2}{3600}$$

$$=\frac{3600-400-1400}{3600}$$

$$=\frac{1800}{3600}=0.5$$

各圖形代表各自的面積。

A 國基尼係數 g 的計算如左頁下方算式。

接著，B 國的圖跟A國的圖 7 一樣，以圖 8 表示，其基尼係數 g 的計算亦如左頁下方算式。

根據以上結果，得知 A 國的基尼係數為0.25，而 B 國的基尼係數為0.5，大於A國。意思是 B 國的灰色面積大於 A 國，所以貧富差距較大。

以上是以三個取樣數據來解釋基尼係數，一般的數據也適用。

基尼係數主要用於探討貧富差距，也能應用於其他領域。以下舉幾個例子。

① 調查每年全校學生成績的基尼係數，能作為了解學生學習力變化的參考。

② 調查一個組織內薪資制度的基尼係數，能作為改進薪資制度，提高員工士氣的參考。

③ 調查餐廳菜單價格的基尼係數，能作為增加營業額的參考。

我舉出例 ① 的簡單具體範例給大家作參考（實際上的人數會更多）。

分別於2000年和2010年隨機選出五位國小六年級的學生，進行同一道數學題目的考試，滿分為10分。各年的考試結果由低到高排列如下。

2000年：4分，5分，7分，9分，10分

2010年：2分，2分，4分，10分，10分

2000年的成績從最低分起逐個累加，會在 xy 座標平面上得到五個點。

A（1,4），B（2,9），C（3,16），D（4,25），E（5,35）

此處的「成績差距係數」即基尼係數，參考上方圖 9 計算會得到

成績差距係數=灰色面積÷三角形OEH的面積≒0.194

同樣地，計算2010年的成績差距係數會得到

成績差距係數≒0.514

像這樣透過客觀的數字，發表意見時會更有說服力。

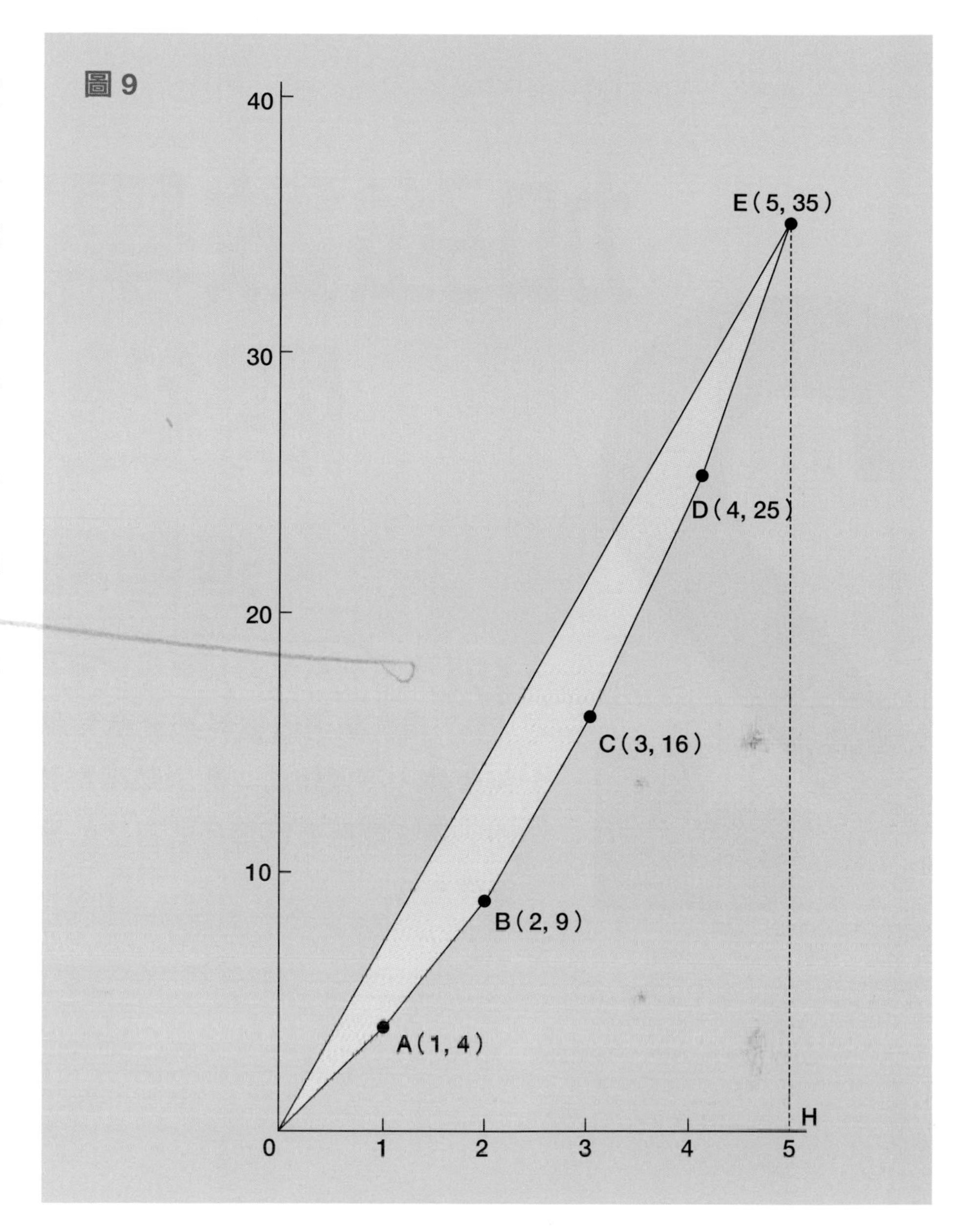

2 加強數學實力的關鍵字

進階篇

很多人對數學的刻板印象都是「數學很難懂」。但是，數學的世界其實很有意思，了解愈多會覺得愈有趣。不僅如此，數學知識對我們的生活也有很多幫助。第 2 章將會講解各式各樣的關鍵字，認識數學的深度與奧妙。

協助（62～63頁）　瀨山士郎
撰文（64～65頁）　瀨山士郎

代入角度就可得到數值的「三角函數」

眾所周知，數學的世界中有好幾樣必須要知道的方便「工具」。「三角函數」(trigonometric functions)即為其中一個代表。

首先解釋何謂「函數」。所謂「函數」，可比喻為「代入某數後，會給出一個定值的機器」。機器中代入的位置設為 x，則「$2x$」便是一個很標準的函數。當這個函數代入3(即 x 代入3)時，就會得到數值6。

同上，「三角函數」也是代入某數後，會根據代入的數值給出一個定值的機器。但不同的是，三角函數代入的「某數」大多以角度來表示。例如45度或60度等。

三角函數中有一個函數為「sin」(sine)。這個sin函數代入18度或30度時，分別會得到sin 18° 和sin 30°。問題來了，sin 18° 和sin 30° 的定值究竟是多少呢？

此時，正如三角函數之名，要登場的是三角形。以一個角A為30°，角B為直角的直角三角形為例來說明。三角形的內角和為180°，所以角C必為180度-30度=60度，形成一個三角形的形狀(圖1)。

請看圖1，邊AB稱為「底邊」，邊BC稱為「高」，邊AC稱為「斜邊」。這個三角形不論什麼大小，都互為相似三角形，所以當高和斜邊的比值($\frac{BC}{AC}$)固定時，三角形ABC的形狀只會根據角A的大小來決定，而非三角形多大。

例如角A為30°時，三角形ABC為正三角形的一半，所以 $\frac{BC}{AC}=\frac{1}{2}$。角A為45°時，三角形ABC為等腰直角三角形，若AB=1，則BC也為1，依畢式定理，$AC=\sqrt{2}$，故 $\frac{BC}{AC}=\frac{1}{\sqrt{2}}=\frac{\sqrt{2}}{2}$。

這個「高和斜邊的比值」正是sin函數的「sin」所換算出來的數值。所以 $\sin 30^\circ=\frac{1}{2}$，$\sin 45^\circ=\frac{\sqrt{2}}{2}$。

另外，「底邊和斜邊的比值($\frac{AB}{AC}$)」稱為「cos」(cosine)的三角函數。如同sin的換算，$\cos 30^\circ=\frac{\sqrt{3}}{2}$，$\cos 45^\circ=\frac{\sqrt{2}}{2}$。sin、cos和「tan」(tangent，高和底邊的比值 $\frac{BC}{AB}$)並列為最具代表性的三角函數。

直角三角形中的三角函數定義sin和cos的角度僅限0°～90°。三角形不論多大，邊長的比值仍不變，所以若斜邊AC的長設為1，sin的值會剛好是BC的長，而cos的值也剛好會是AB的長。於是，想像一條長為1的直線AC，以A為圓心畫一個圓(圖2)。

設A為原點，如圖標示出 x 軸和 y 軸。x 軸和直線AC所形成的夾角為 θ。C到 x 軸的垂直線於 x 軸上的交點為 $\cos\theta$，又C到 y 軸的垂直線於 y 軸上的交點為 $\sin\theta$，則不論 θ 的角度為何，這兩個交點

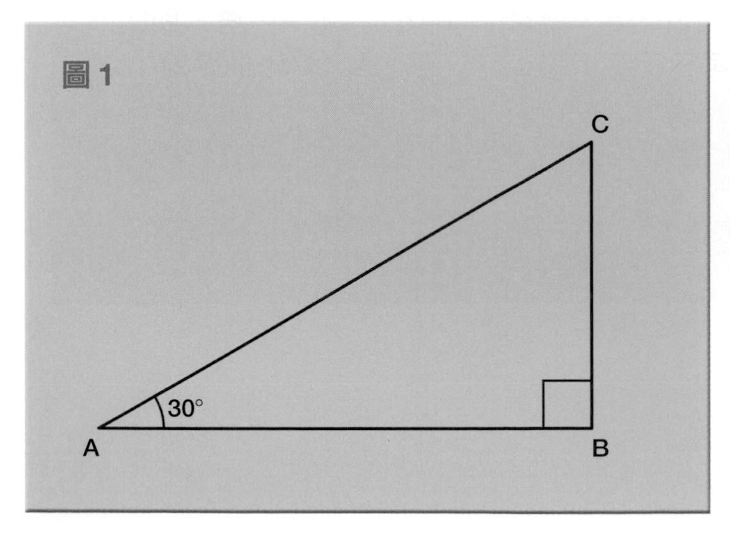

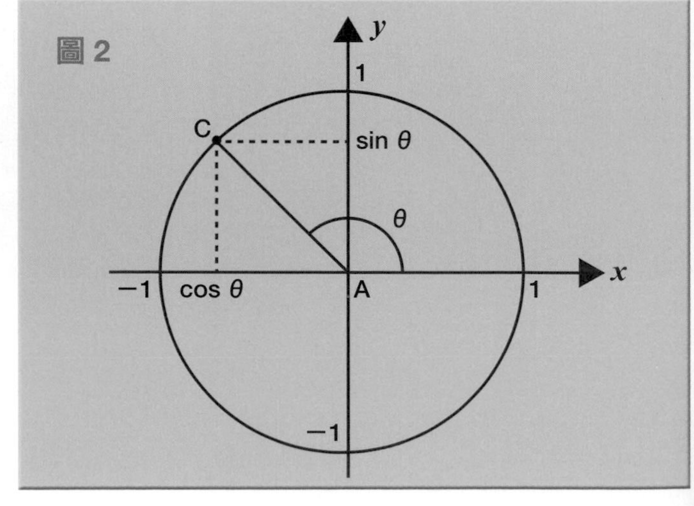

分別都是$\sin\theta$和$\cos\theta$。

從圖 2 可知，$\sin\theta$和$\cos\theta$的值會介於 -1 和 1 之間。直線AC旋轉360° 會回到原位，所以$\sin\theta$和$\cos\theta$的週期為360°，其值會在 -1 和 1 之間來回變化。

三角函數的用途

文章開頭提到三角函數是很方便的工具。這些三角函數到底有什麼用處呢？

以下列問題為例，解題時三角函數將會展現強大的威力。

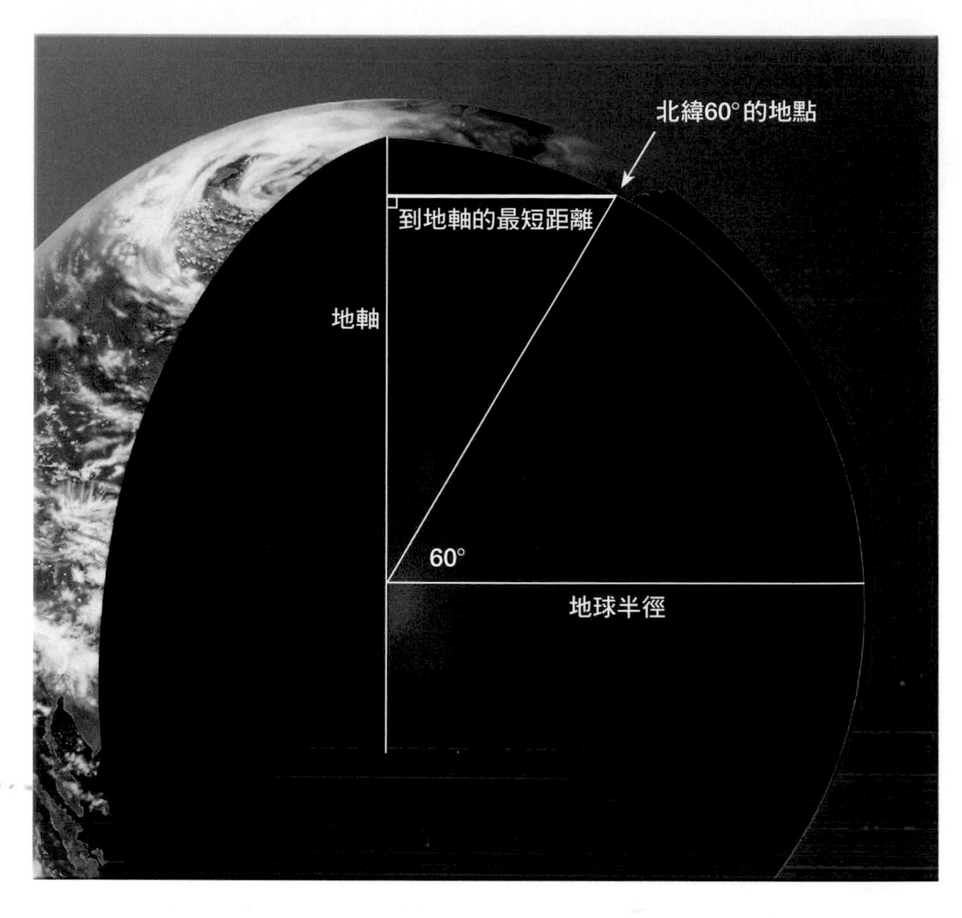

問題：

您位於北緯θ度的位置。則此處至「地球地軸」的最短距離為地球半徑的幾倍？

嚴格來說，地球並非正圓的球體，而是略為橢圓，不過為簡化計算，此處假設地球為正圓球體。所謂地軸是連接北極和南極的直線，會貫穿地球的中心點。

其實這題的答案為「$\cos\theta$倍」。假設您位於「北緯 0 度」，即位於赤道上，則您至地軸的最短距離為地球半徑的$\cos 0° = 1$倍。若位在北緯60°，則答案為$\cos 60° = \frac{1}{2}$倍。位於北緯90°（即北極點），則為$\cos 90° = 0$倍。北極點是位於地軸上的一點，所以到地軸的最短距離當然是0，的確符合真實情況。

另外，位於北海道最北邊的稚內為北緯45°，到地軸的距離為到地心的$\cos 45° = 0.707$倍。比北海道更北端的聖彼得堡和挪威首都奧斯陸、芬蘭首都赫爾辛基都位在北緯60° 左右，所以這些地方到地軸的距離皆為地球半徑的一半。

三角函數還有一項很強的「和角公式」（trigonometric identities）。如果分別知道兩個角度的sin值和cos值，便可以輕鬆地算出兩個角度相加後的sin值和cos值。公式如下，證明在此省略。

$$\sin(a+b) = \sin(a)\cdot\cos(b) + \cos(a)\cdot\sin(b)$$

$$\cos(a+b) = \cos(a)\cdot\cos(b) - \sin(a)\cdot\sin(b)$$

例如

$\sin 45° = \cos 45° = \frac{\sqrt{2}}{2}$，$\sin 30° = \frac{1}{2}$，$\cos 30° = \frac{\sqrt{3}}{2}$

則可計算出

$$\sin 75° = \sin(45° + 30°) = \frac{\sqrt{2}}{2}\cdot\frac{\sqrt{3}}{2} + \frac{\sqrt{2}}{2}\cdot\frac{1}{2} = \frac{(\sqrt{6}+\sqrt{2})}{4}，$$

$$\cos 75° = \cos(45° + 30°) = \frac{\sqrt{2}}{2}\cdot\frac{\sqrt{3}}{2} - \frac{\sqrt{2}}{2}\cdot\frac{1}{2} = \frac{(\sqrt{6}-\sqrt{2})}{4}$$

可知從北緯75°（北極圈）到地軸的距離為地球半徑的$\frac{(\sqrt{6}-\sqrt{2})}{4} = 0.2588$……倍，即超過地球半徑四分之一的距離。

無止盡的無限，無限接近的極限

「無限」（infinity）一詞來自拉丁文的否定字首「in」與代表界限的「finis」。一般指集合中所含的數或物體的個數多到數不盡的情況。

但是，被稱為無限的東西不只一種。例如空間的遼闊無邊，時間的永恆流動等等。另外還有無限小的概念，也就是極小的局部或者是極短時間內也存在無限多個位置或瞬間，此外，還有很多種無限，包括無限小數和無限數列、無限集合等等。

這些無限的概念自古希臘以來已被很多哲學家和數學家所討論，賦予各種不同的解釋。那是一個人類無法體驗的世界，人們對它感到畏懼與神祕。

現代數學會剖析這神祕的世界，透過「極限」的概念將無限的世界科學化。數學上所謂的極限，是指無限接近某數值的意思。

三角形兩邊的和會等於第三邊？

一般認為，三角形ABC三個邊的關係為

$AB+AC>BC$

代表著「要從B前往C時，與其繞路經由A走過去，不如直接從B走到C還比較近」。然而，三角形的兩邊和卻看似好像等於第三邊。

令正三角形ABC中，取邊AB的中間點（此處稱為中點）為A_1，邊AC的中點為A_2，邊BC的中點為M_1，將這些點連線，會得到

$AB+AC=BA_1+A_1M_1+M_1A_2+A_2C$，表示這些折線的總長度會等於AB＋AC。若無止盡地重複這些操作，折線的總長度會不斷接近BC的長度。因此，

$AB+AC=BC$

看似會成立。但是，這是因為現實上辦不到「無止盡地接近」所產生的誤解。

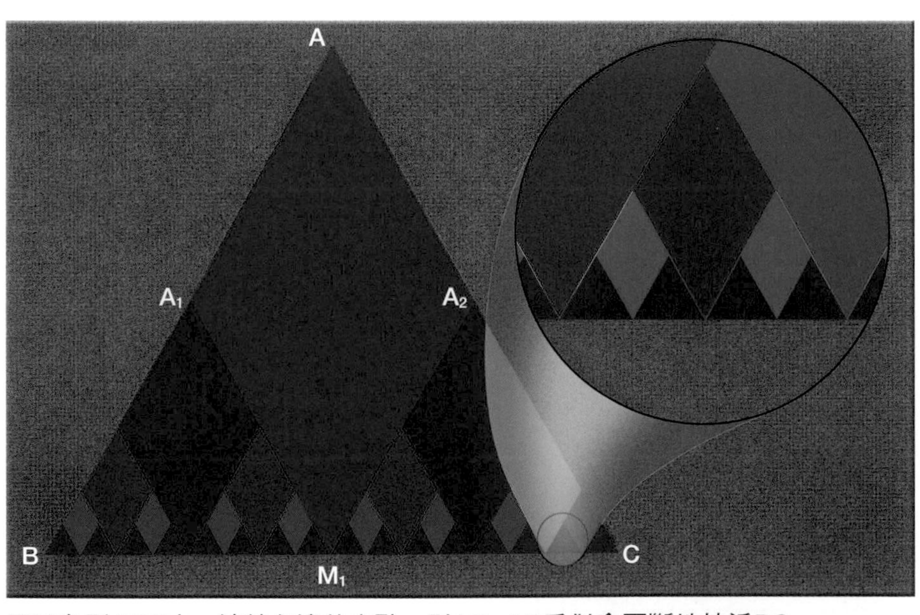

正三角形ABC中，連線各邊的中點，則AB+AC看似會不斷地接近BC。

整體會等於局部？

大於0的整數稱為正整數。現在有一個正整數的集合為

$N=\{1,2,3,4,5,6,7\}$

其中一部分，為偶數的集合

$M=\{2,4,6\}$

N含有七個數，M含有三個數。這時可以很肯定地說「整體大於局部」。

然而，假設「整體」為所有正整數，那將「局部」的偶數或奇數集合中所含的數排列出來時，會得到

正整數＝$\{1,2,3,4,\cdots,100,101,\cdots\cdots\}$

偶數＝$\{2,4,6,8,\cdots,200,202,\cdots\cdots\}$

奇數＝$\{1,3,5,7,\cdots,199,201,\cdots\cdots\}$

可發現數字會一對一對應且數列無止盡。也就是說，正整數整體的局部，即偶數或奇數的個數，會等於正整數整體數字

的個數。

因此，「整體會等於局部」的理論便成立。

上述集合裡的個數，可以數出1、2、3、4⋯⋯，數到無限多個，其數量寫作$\aleph_0$（阿列夫數），意為「可數無限」。$\aleph_0$來自希伯來語的第一個字母（類似英語的A），使用這個符號代表正整數或偶數、奇數的個數皆為$\aleph_0$。此外，所有整數（包括負數）和有理數（可寫成分數的數）的整體個數也都為$\aleph_0$。

無限的算術規則如下，

$\aleph_0+\aleph_0=\aleph_0$，$\aleph_0\times\aleph_0=\aleph_0$

意即

$a+a=2a$，$a\times a=a^2$

等計算方式在無限的世界中是不成立的。

射出的箭絕不會射中目標？

接著來認識古希臘哲學家芝諾（Zeno of Elea，前490～前430）最知名的悖論（paradox）。以下問題和有理數的存在也有關係。

假設從A處瞄準B處射出一支箭。這支箭一定會通過AB的中點P_1（當然也會通過中點以外的點，不過此時只著重在中點就好），表示這支箭也會通過P_1B的中點P_2及P_2B的中點P_3。飛行路徑上可以訂出一個接著一個的中點。因此，箭一定會通過無限多個中點，所以最終不管飛多久，都永遠飛不到B處。

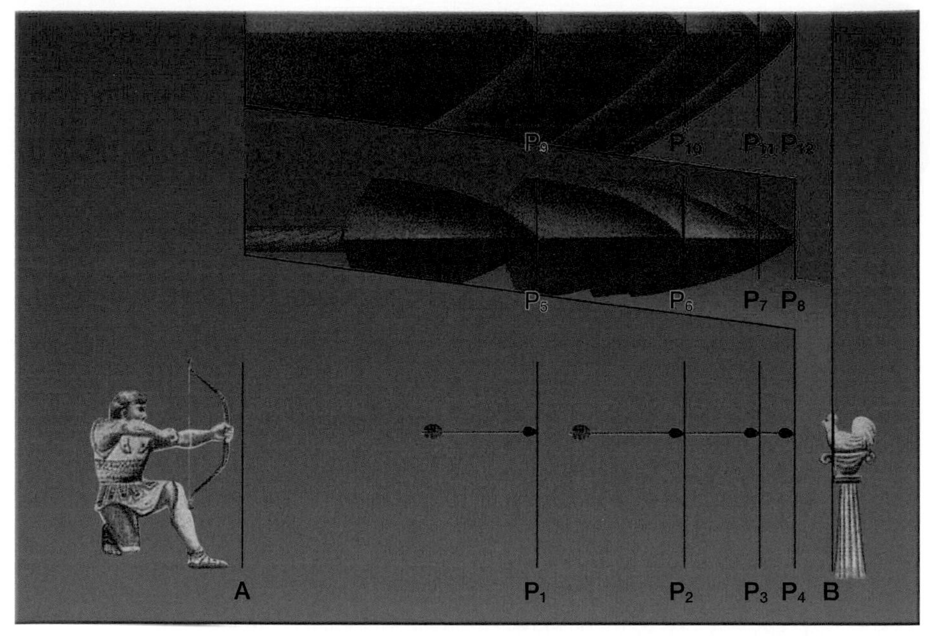

從A處向B處射出的箭，一定會通過無限個中點，所以，不管飛多久都飛不到B處？

將上題代入數字來思考。AB間的長度設定為1，則A到P_1為$\frac{1}{2}$，P_1到P_2為$\frac{1}{4}$，P_2到P_3為$\frac{1}{8}$，P_3到P_4為$\frac{1}{16}$，P_4到P_5為$\frac{1}{32}$，⋯⋯等無數多個點，第n個中點P_n可寫成分數（有理數）$\frac{1}{2^n}$。這些有理數為無限多個，每一段直線都對應到AB的幾等分之一的點。而直線可以分成無限多等分，所以最終箭無法飛到B處。以上就是悖論的內容。不過，現在認為這是基於無限相加等於無限大所產生的誤解。

無理數代表「有理數的極限」

有一個等腰直角三角形，假設兩股邊長為1，則斜邊的長為$\sqrt{2}$（2的平方根）。其值為

1 , 1.4 , 1.41 , 1.414 , 1.4142 , 1.41421,⋯⋯

是用有理數的值不斷逼近實際數值的無理數。意即無理數代表「有理數的極限」。

這麼一來，無理數可寫成無限多位小數（無限小數）。但是，當使用極限的概念時，連有理數都能寫成無限小數。例如

$0.9999999999\cdots\cdots=0.\dot{9}=1$，0.9,0.99,0.999,0.9999,⋯⋯

這個數有無限多個9，最後可以視為逐漸接近1。這代表有理數和無理數都可以寫成無限小數。

但是，數線上有理數已定位於某點，而$\sqrt{2}$和圓周率等無理數則無法精準定位於某點。因此，在無限的世界中，為了要簡化數值，就必須要有極限的概念。

平方後會變負數的數，稱為虛數

歐洲在17世紀以前還沒有「負數」的概念，例如「7-9」的減法，在當時算不出答案。之後，歐洲引進了起源於6世紀印度的「0」，並於17世紀時接受了負數的概念，可以算出「7-9」的答案為「-2」。如此一來，實數經四則運算後的答案都會落在實數的範圍裡了（其中不包括0的除法）。

但是，有些問題只用實數是求不出答案的。例如，「有兩個數，相加為10，相乘為40。請問這兩個數分別為何？」

一開始先考慮5和5的組合。這二者相加為10，但相乘卻為25，所以不符合條件。因此接下來要找的是「比5大x」跟「比5小x」且相乘會等於40的兩個數。這二個數可寫成$5+x$和$5-x$。使用國中所學的公式$(a+b)(a-b)=a^2-b^2$，會得到$(5+x)(5-x)=5^2-x^2=25-x^2$。

所以這題可改寫成「$25-x^2=40$，求x值」。算式整理一下，會得到「$x^2=-15$」。意即「某數的平方會等於-15」。但實數中沒有平方之後會變負數的數。因為正數平方後是正數，負數平方後也是正數。因此，這題的答案絕對不在實數的範圍內。以國中的數學程度來解這道題，回答「無解」就是正確答案了。

使用「平方後會變負數」的數，就能找到解答

不過，1545年出版的《大術》（Ars Magna）中，早已記載了上述問題的具體解法。《大術》的作者是一位米蘭的醫生暨數學家卡爾達諾（Girolamo Cardano，1501～1576）。

「相加等於10，且相乘等於40的兩個數為何？」原本這題是沒有答案（解答）的。但是卡爾達諾寫出來的答案是「$5+\sqrt{-15}$」與「$5-\sqrt{-15}$」。其實這本《大術》正是「平方後會變負數的數」，即「虛數」首次登場的書。而卡爾達諾在書中提出了虛數，也代表他能解答原本無解的問題。

卡爾達諾在書中表示「撇開精神上的衝擊不談，這兩個數相乘會等於40，的確能滿足條件。」但他也補充道：「這是一種詭辯。數學細算到這麼精密，也沒有實際用途。」

虛數要如何作圖？

出現於卡爾達諾書中的「負數的平方根」，並沒有馬上就為數學家接受。法國哲學家暨數學家笛卡兒稱虛數為「幻想出來的數」（法語為nombreimaginaire），帶有否定的意思。而虛數的英語imaginary number就是源自

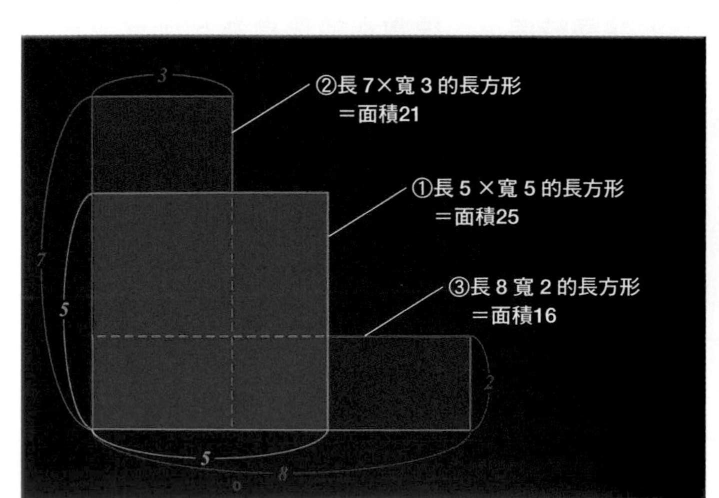

「相加為10，相乘為40的兩個數分別為何？」以四邊形的面積來想一想

一個邊長為5的正方形，面積為25（①）。如果能找到一個周長同這個正方形，且面積為40的長方形，長和寬的長度是多少？但是，同樣周長的長方形中，面積最大的是正方形。例如長7×寬3的長方形，面積為21（②），長8寬2的長方形，面積為16（③），不論哪個都小於25。據此，可知「長跟寬的長度合計為10，且面積大於25的長方形是不存在的」。也就是說，這一道題無解。

nombre imaginaire。

即使如此，瑞士的偉大數學家歐拉仍不排斥虛數，且持續鑽研。歐拉以他天才般的計算能力發現了虛數所具有的重要特性。「-1 的平方根」，即定義$\sqrt{-1}$為「虛數單位」，以imaginary的字首 i 來代表。經過了長期研究，歐拉推導出被譽為「世界上最美公式」的「歐拉恆等式 $e^{i\pi}+1=0$」。

最基本的正整數「1」、源於印度的「0」、圓周率「=3.14⋯⋯」、自然對數的底數「e=2.71⋯⋯」，這四個重要的數各有其意義，但加入了「虛數單位 i」後，只用一個簡潔的數學式，就能將這些數串連在一起。

在歐拉之後，還是有很多人不承認虛數的存在。因為正數可以想成「個數」或「線的長度」，但虛數究竟要如何畫成圖形呢？

實數中不存在「負數的平方根」。因此，數線上看似沒有虛數的安身之處。於是，丹麥的測量技師韋塞爾（Caspar Wessel，1745～1818）提出一個想法。

「如果虛數不在數線上，是不是能就把數線以外的地方，即原點往正上方延伸出去的直線想成是虛數呢？」

這個構想獲得空前的成功。如果水平的數線代表實數，而與之垂直的另一條數線則代表虛數，兩個座標軸就可形成平面。使用這個座標圖，就能畫出虛數的圖形了。

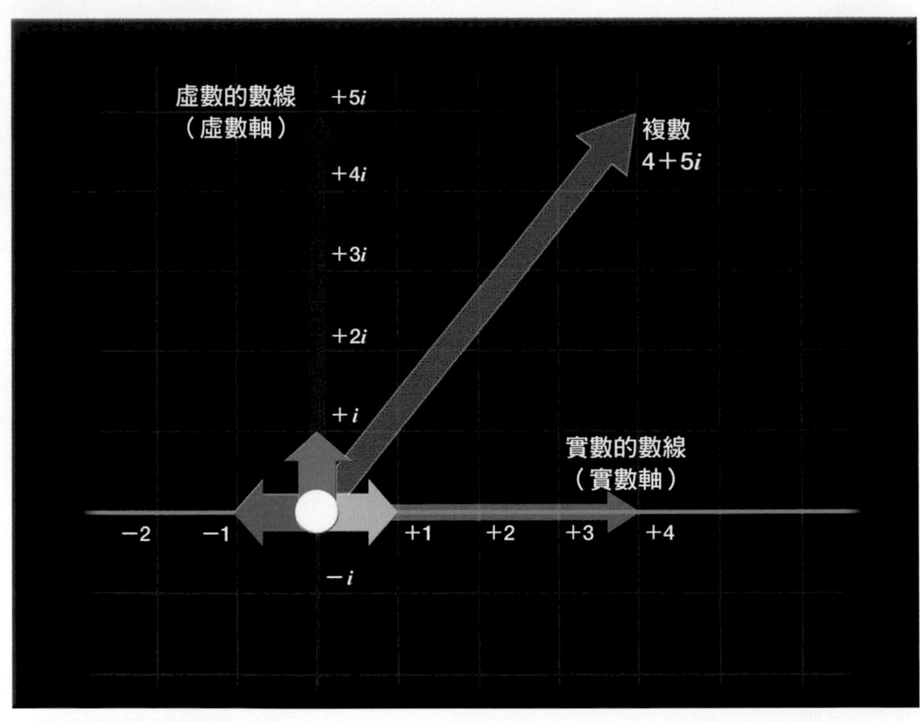

顯示複數的複數平面

複數的元素：實數與虛數相加形成的複數也能作圖。例如，實數的 4 加上虛數的 $5i$（$=5\sqrt{-1}$）等於「$4+5i$」（$=4+5\sqrt{-1}$），在實數數線（藍色）的座標為 4，虛數數線（紅色）的座標為$5i$，可以用一個點來表示。這個平面稱為「複數平面」，能於複數平面上形成一個點的數稱為複數。複數平面也有人稱為「高斯平面」（Gaussian surface），但法國稱為「阿爾岡圖」（Argand diagram）。

複數與複數平面的發明

法國會計師阿爾岡（Jean-Robert Argan，1768～1822）與德國數學家高斯約在同時各自獨立推導出相同的概念。

高斯將這個平面上的點命名為「複數」（德語為Komplex Zahl）。所謂複數（英語為complex number），是由複數的元素，也就是實數與虛數相加所形成的數。

例如，實數的4加上虛數的$5i$（$=5\sqrt{-1}$）的答案為「$4+5i$」（$=4+5\sqrt{-1}$）。這個數單憑實數的數線是無法作圖的。因此，要先準備一個如上圖之平面，以實數數線為橫軸（實數軸，藍色），以虛數數線為縱軸（虛數軸，紅色），於是，$4+5i$ 在實數上的座標為 4，在虛數上的座標為 $5i$，就可以用一個點來表示。這個高斯所發明的座標圖，稱為複數平面。

如此一來，虛數才終於被視覺化。而虛數也是現今用於物理現象和科學技術計算中不可或缺的概念。

曲面上的幾何學為非歐幾何學

自有文獻記載以來，談到幾何學就是指歐幾里得幾何學，說到培養科學思維的教科書就是指《幾何原本》。然而，卻有一群人對於歐幾里得幾何學產生疑惑。

歐幾里得幾何學的第 5 公設提到：「一條直線和兩條直線相交，若同一側的內角和小於180度，則此兩條直線會在此側相交。」

一般認為第 5 公設比其他公設還複雜，所以與其稱為公設或公理，不如說它可能是一個能夠證明的現象，於是很多人出來挑戰它。但是隨著時間過去，人們了解到它真的就是一項公設。

另一方面，來到了19世紀，羅巴切夫斯基（Nikolai Lobachevsky，1792～1856）和亞諾什（BolyaiJános，1802～1860）想出了一個跳脫這個平行線公理的世界，並創立了新的幾何學。新的幾何學認為，三角形的內角和會小於180度。

此外，德國數學家黎曼也創立了一個與羅巴切夫斯基等人之幾何學不同的新幾何學。新的幾何學認為，三角形的內角和會大於180度。

現在這些新興的幾何學均稱為「非歐幾何學」（non-Euclidean geometry）。歐幾里得幾何學是「平面上的幾何學」，而這些非歐幾何學則稱為「曲面上的幾何學」。據說現在我們所居住的宇宙空間其實是非歐幾里得空間，歐幾里得幾何學只是近似成立於這個空間而已。

自《幾何原本》發行至今已經歷2000年，人類終於能從歐幾里得幾何學向前邁進一步，同時，這也顯示出歐幾里得幾何學的偉大功能。

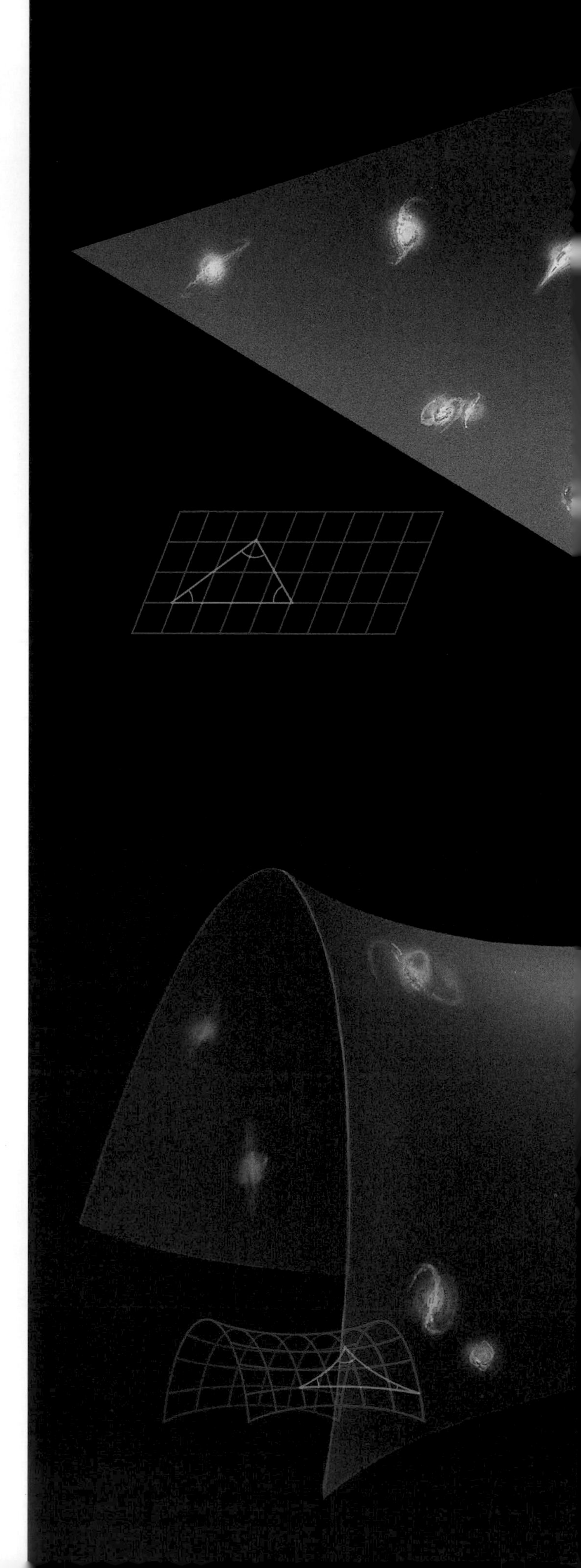

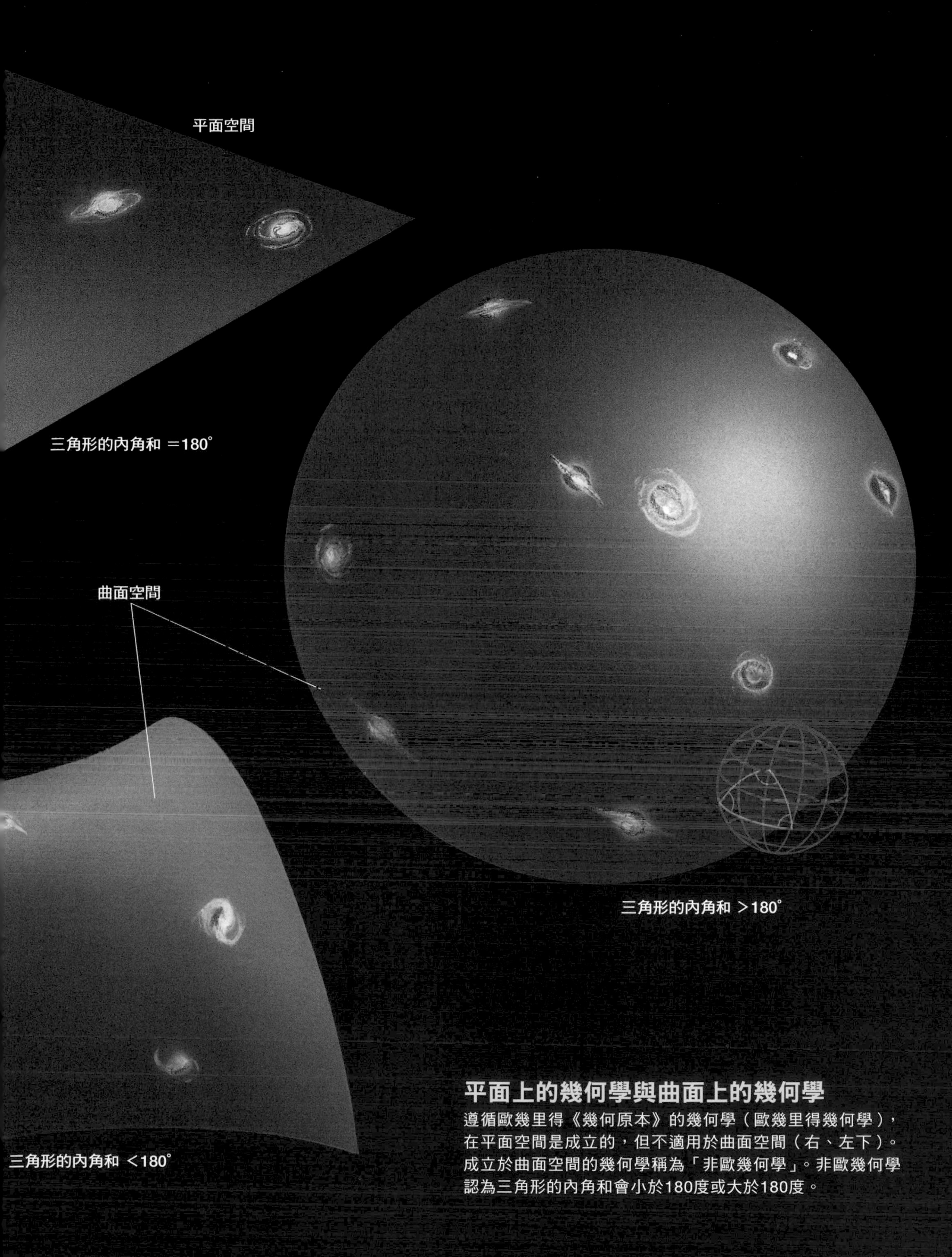

平面上的幾何學與曲面上的幾何學

遵循歐幾里得《幾何原本》的幾何學（歐幾里得幾何學），在平面空間是成立的，但不適用於曲面空間（右、左下）。成立於曲面空間的幾何學稱為「非歐幾何學」。非歐幾何學認為三角形的內角和會小於180度或大於180度。

橢圓、拋物線與雙曲線之間有密切的關係

火箭自地球上發射並墜落回到地面上，其軌跡呈「拋物線」，繞行地球時呈「橢圓」，不繞行而飛離地球時呈「雙曲線」。

火箭的飛行軌跡取決於發射時的能量。若是能量不足，會受地球引力吸引而落下。此時的軌跡為拋物線。此外，根據二度噴射時速度和角度的變化，會決定是否進入繞地球的橢圓軌道成為人造衛星，或是呈雙曲線軌跡遠離地球。

橢圓、拋物線與雙曲線之間有著如此深的關係。拋物線和橢圓的形狀差異甚大，但都和圓有很深的關係。

這項發現早已記載於西元前230年左右的希臘數學家阿波羅尼奧斯（Apollonius，前269～前190）的《圓錐曲線論》（Conics，全8冊）。橢圓和拋物線應該是古人在觀測天體運行時，讚歎於宇宙之美而發現的。

阿波羅尼奧斯在書中清楚表示，以平面截切一個圓錐所形成的截口形狀是由截平面與圓錐的相對角度來決定它是橢圓（圓）或拋物線或雙曲線。

如圖所示，以平面截切兩個上下相疊的圓錐，

1 平面不通過頂點時
- 平面只截切一個圓錐，會形成圓或是橢圓
- 平面平行於圓錐的基線（圓錐底面周長上任意一點至頂點的直線），會形成拋物線
- 平面與兩個圓錐相交，會形成雙曲線

2 平面通過頂點時
- 與圓錐相交，會形成相交的兩條直線
- 不與圓錐相交，會形成一個點

也就是說，圓錐的截口形狀可能為橢圓、拋物線、雙曲線、相交的兩條直線或一點等五種圖形。其中，以不通過頂點的平面截口曲線，其截口形狀可合稱為「圓錐曲線」。

阿波羅尼奧斯的偉大之處在於他統整了當時零散的曲線種類。像這樣放在一起觀察時，會發現圓、橢圓、拋物線、雙

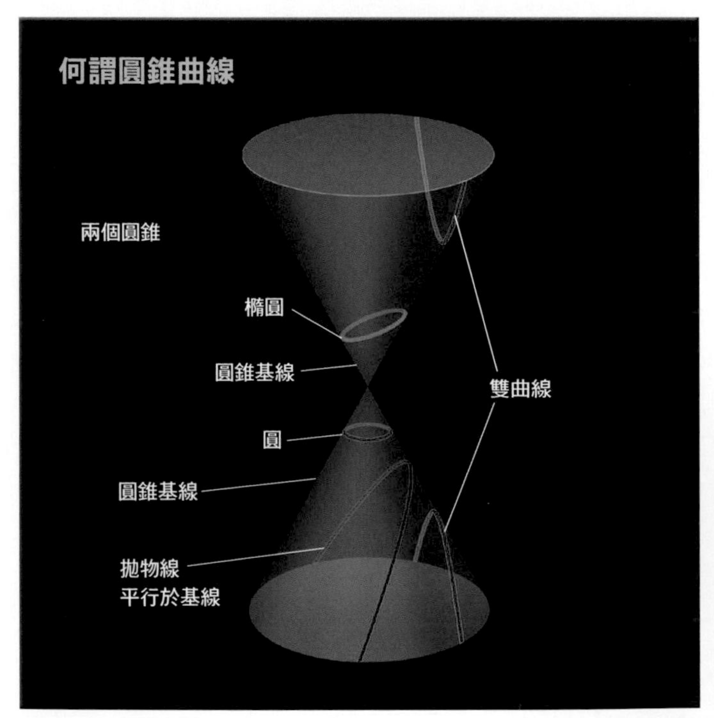

兩個相同的圓錐上下顛倒，頂點相對，形成一個立體圖形。平面平行於底面截切圓錐時，其截面會形成「圓」。平面稍微傾斜所截切出來的形狀為「橢圓」，更傾斜至與基線平行時，截切出來的形狀為「拋物線」。再更傾斜時，會同時截切上下兩個圓錐，形成一對曲線，稱為「雙曲線」。因此，以上這四種曲線合稱為圓錐曲線。

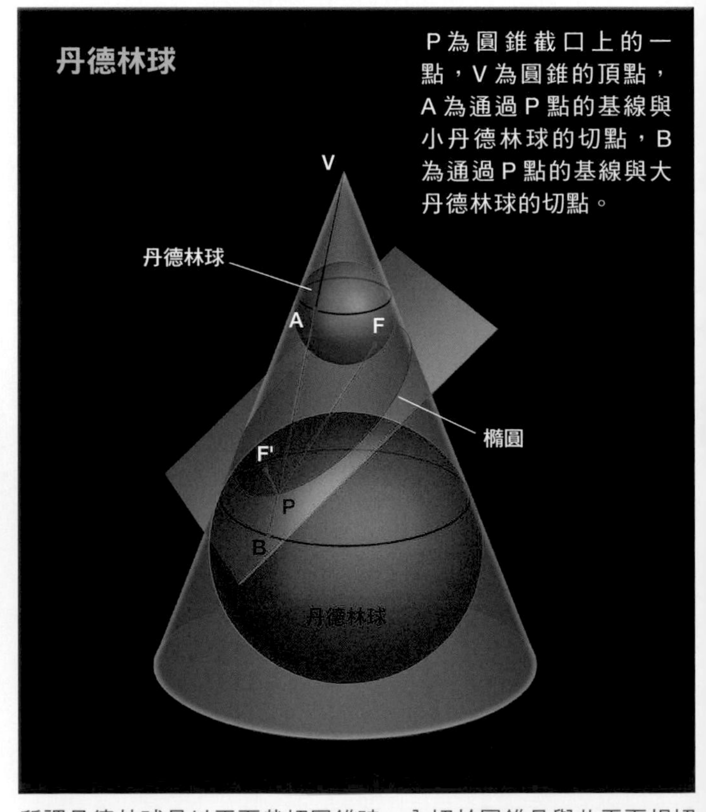

所謂丹德林球是以平面截切圓錐時，內切於圓錐且與此平面相切的兩顆球。丹德林球與平面的切點為平面截切口所形成之橢圓的兩個焦點（F, F'）。

曲線之間有好幾個共同點，自古便引起了許多人的興趣。

形狀相異的曲線可統一用「距離」定義

圓錐曲線的有趣之處就像地球上生物的分類，要追溯祖先的特徵，才能建立統一的分類方法，雖然複雜且變化甚大，但這就像從錯綜複雜的事物中發現他們的共通性一樣，都會讓人雀躍萬分。

平面截切圓錐可以很完美的證明「到兩個定點的距離之和為定值的所有點的集合會形成橢圓」。

如左頁右下圖所顯示的，有兩顆圓球（稱之為丹德林球，Dandelin's spheres）內切於圓錐並與截切此圓錐的平面相切。假設這些球與平面的切點分別為F和F'，於截口上取任意P點，則

PF＝PA，PF'＝PB

但是，A點為通過P點的圓錐基線與小丹德林球的切點，B點為通過P點的圓錐基線與大丹德林球的切點。所以P點至同一球上的兩切線相等。因此，假設圓錐的頂點為V，則

PF＋PF'＝PA＋PB＝AB＝VB－VA

這裡的VB和VA是由球的大小所決定的，所以最終PF＋PF'為定值。P點會落在其至兩定點的距離之和為定值的曲線上。同樣地，雙曲線可定義為「至兩定點的距離之差為定值的所有點的集合」，而拋物線則為「至定點與至定直線之距離相等的所有點的集合」。

通常，高中課堂上會用距離來定義橢圓和雙曲線，不過這些圖形都可以從一個圓錐圖形中定義出來，這正是數學的樂趣所在。

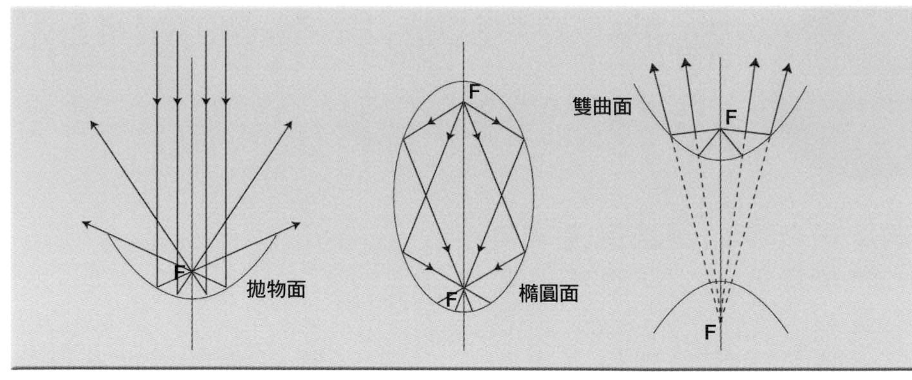

具有焦點（F）的光學特性，用途廣泛。

焦點的特性大量應用於現代社會

在橢圓、拋物線、雙曲線的定義中，出現了「定點」一詞，這個定點稱為「焦點」（focus）。其性質如下所述，可以說若沒有焦點就沒有現代社會的成立。

想像這些曲線為立體的曲面。首先，拋物面有一個焦點，從外面進來的平行線會通過這個焦點。相反地，從焦點出發的直線會經拋物線反射變成平行線。

在發射或接收平行光線及接收無線電波方面，經常會應用這個特性，例如衛星地面站的碟形天線接收人造衛星發射的無線電波，或天文觀測用的無線電波望遠鏡，又或利用太陽能源所用的聚光器和聚熱鏡板，甚至汽車的車頭燈和手電筒等等，稱之為「現代社會的焦點」也不為過。

橢圓面有兩個焦點，其中一個焦點射出的光或聲音會經由橢圓面反射而通過另一個焦點。於是光或聲音會再度經橢圓面反射而回到原先的焦點，不斷重覆。

這個特性應用於燈罩時，大量的光會集中於一點形成光源。此外，在一個天花板為橢圓形的房間裡，於一個焦點上發出聲音，則待在另一個焦點的人會聽得特別清楚。

雙曲面上，從焦點射出的光或聲音會被雙曲面反射，與從另一個焦點射出的光或聲音朝相同方向前進。這個特性大量應用在成像和聚光用的鏡頭和眼鏡。

於是，在西元前所發現的圓錐曲線，在現代發揮了很大的作用。

使用平面座標來表示橢圓、拋物線、雙曲線時，寫作

$ax^2+2hxy+by^2+2gx+2fy+c=0$

此為x、y的二元二次方程式，所以圓錐曲線也稱為「二次曲線」。根據方程式中係數的變化，可以得到圓或橢圓、拋物線、雙曲線。於是，圖形替換成二元二次方程式，便可以系統化地以此類方程式來代表這些圖形。

為幾何學帶來全新觀點的「射影幾何學」

我們所學的歐幾里得幾何學認為：「平行線不會相交」。

但是，眼睛看到的事實卻顯示「平行線會在遙遠的彼端相交」。例如，在畫畫寫生高樓大廈和直線道路時，平行線要交會在遠方，畫起來才逼真，而且照片拍攝起來也是如此。

達文西（Leonardo da Vinci，1452～1519）的透視法（遠近法）也講究如實表現。要畫出「眼睛所看到的事實」需要下不少工夫。

將空間圖形F繪於平面上時，於眼睛和圖形F之間放置一塊透明板，眼睛和F上各點連接的直線，與透明板的交點會形成圖形F'，稱為「F的投影」。研究投影特性的幾何學便是「射影幾何學」（projective geometry）。

建立射影幾何學基礎的笛沙格與帕斯卡

射影幾何學的開端為達文西的透視法和麥卡托投影法，由於文藝復興時期文化和貿易的發展與擴張，人們亟需正確的地圖和大型建築物的配置圖，因而發明了射影幾何學。

法國的笛沙格（Girard Desargues，1591～1661）想出引進無窮遠點的概念。他應用射影的概念，認為「直線是圓心在無窮遠點的圓」，且「平行線會相交於無窮遠點」。於是，笛沙格基於這些概念並整合過去的幾何學，從而建立了射影幾何學的基礎。

他的諸多研究中以「笛沙格定理」（Desargues's theorem）最為知名，為射影幾何學的核心理論。此定理認為，「兩個三角形各自對應頂點連線所形成的三條直線會相交於一點。此時，對應邊（的延長線）各自交會形成的三個點會在同一直線上，反之亦然」（如下圖）。

現在，假設光源O與平面π之間有一個三角形△ABC。當△ABC的影子投影在平面π上，形成三角形△A'B'C'時，AB（的延長線）與A'B'的交點、BC與B'C'的交點、CA與C'A'的交點會落在平面π_0與平面π的交線上（π_0與π平行時，交線為「無窮遠直線」）。

笛沙格的精彩理論，在當時並沒有受到注意，後來是經由法國的帕斯卡（Blaise Pascal，1623～1662）將之發揚光大。

帕斯卡在16歲的年紀就寫

文藝復興時期，為了如實再現物件的形象，所以發明了透視法（遠近法）。

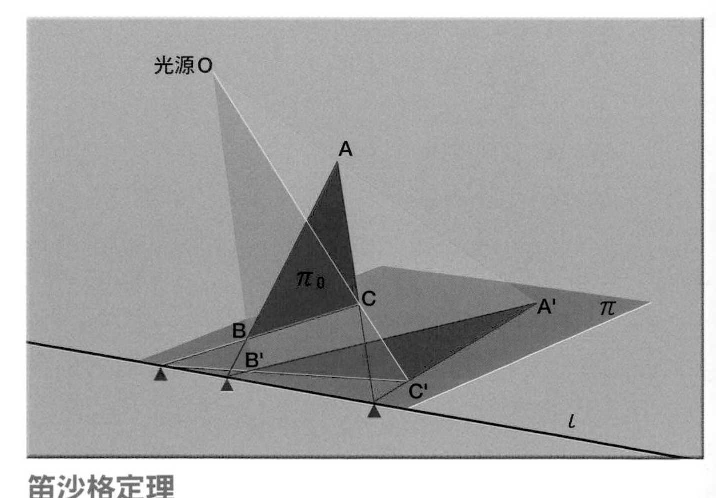

笛沙格定理

△ABC投影於平面π上的影子設為△A'B'C'，AB（的延長線）與A'B'的交點、BC與B'C'的交點、CA與C'A'的交點會落在包含△ABC的平面π_0與平面π的交線l上。

下《試論圓錐曲線》，其中便包含了著名的「帕斯卡定理」（Pascal's theorem）。「假設六邊形內接於圓錐曲線，三對對邊的交點會在一直線上。反之亦然」（如右圖）。

這個定理成為圓錐曲線特性的基礎，是承襲笛沙格定理而發展出來的理論。

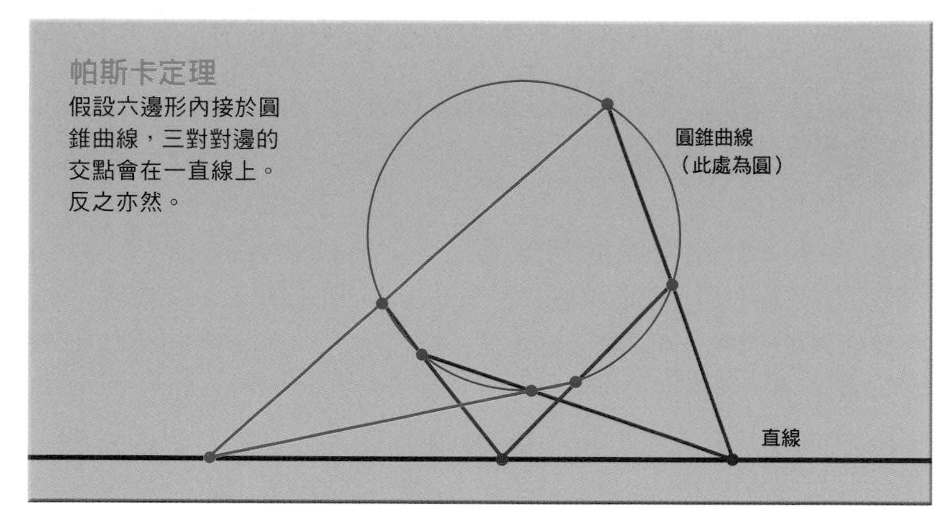

探討圓的特性便能了解圓錐曲線的特性

圓錐曲線是平面截切圓錐時所形成的「截口圖形」。意思是在一個光源前面放置一個圓所產生的投影，可看作圓錐曲線。

在此引進「無窮遠點」的觀念，則拋物線會相交於無窮遠點（∞），雙曲線會和其漸近線（很接近雙曲線，但不會跟雙曲線相切的直線）相交於無窮遠點（L∞，L'∞），可知所有曲線會形成如橢圓般封閉的曲線。

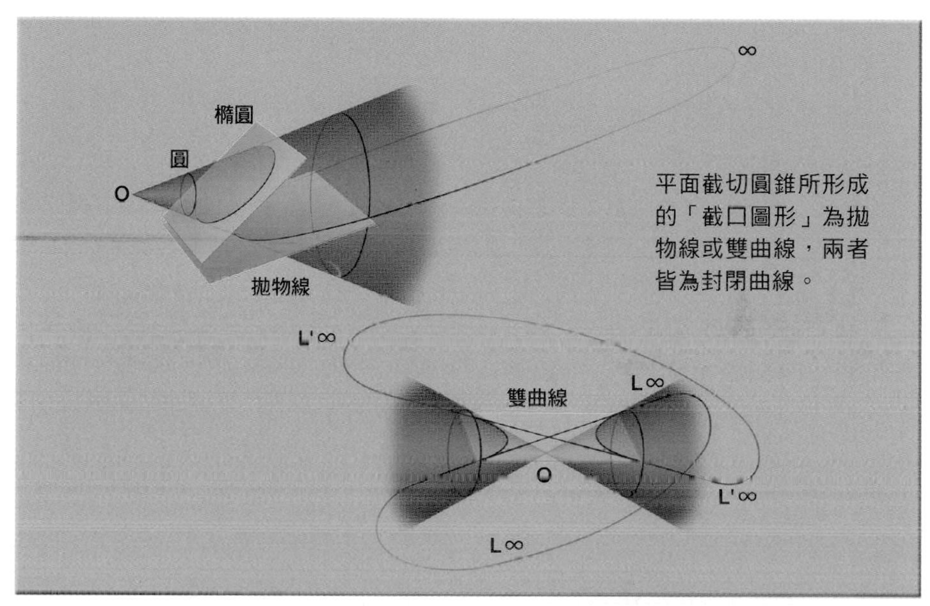

在此觀念下，帕斯卡認為不需要把圓錐曲線的特性分成橢圓、拋物線、雙曲線來看待，可以當作一種曲線來討論。

帕斯卡套用射影的觀點，表示「我所提出的圓錐曲線特性，只要回歸到原像的圓來討論即可」。

如此一來，只要證明帕斯卡定理在圓內接六邊形上成立，就能證明在所有圓錐曲線內接六邊形也成立。

在研究圓的特性時，可以預測出圓錐曲線的特性，也能夠推導出未知的圓錐曲線特性。

上述的內容是帕斯卡定理和笛沙格定理中不會因射影而改變圓錐曲線特性的一些例子。

射影幾何學為所有幾何學的通論

由笛沙格定理和帕斯卡定理所建立的射影概念，再經由發明畫法幾何學的蒙日（Gaspard Monge，1746～1818）與法國工兵軍官彭賽列（Jean-Victor Poncelet，1788～1867）的研究，終於完成了射影幾何學。

據說彭賽列在拿破崙一世遠征俄羅斯時遭到俘虜，他在戰俘營用煤炭於地板上作圖，繼續研究射影幾何學。

回國後，彭賽列整理研究成果，於1822年發表了《論圖形的射影特性》。彭賽列於書中定義射影幾何學為「透過投影來探討未知圖形特性的幾何學」。

射影幾何學可視為古典幾何學的通論。例如，歐幾里得幾何學可以解釋射影幾何學中的特殊情況。因此，射影幾何學的定理在歐幾里得幾何學中也會成立。也就是說，射影幾何學是更通用、更具有全面性的觀念。

機率源自博奕

聽到機率，您會想到什麼呢？最貼近生活的例子大概是天氣預報，或是巨額獎金的樂透吧。

所謂機率，是以數字表示某個偶發事件會發生的頻率。機率搭配分析數據的「統計」，已廣泛應用在生活之中。

人類和偶發事件打交道的歷史比想像中更久遠。至少在西元前3000年左右的古埃及文明和古印度文明就已經發明骰子，使用於祭祀和比賽。不過當時的人認為，擲骰子等偶發事件是由神的意志所決定。

固然，即使是現代的機率論（probability theory），也無法準確預測出下一次擲骰子出現的點數，這方面和古時候倒是沒有不同。話雖如此，其實偶然之中隱藏著深奧的法則。如果了解機率，就能知道如何處理無法預測的事件。

擲三顆骰子最容易出現的點數總和？

人類自古就對博奕抱持濃厚的興趣。而機率論和博奕之間，其實有很密切的關係。

17世紀，擲三顆骰子出現的點數總和問題令賭徒傷透了腦筋。他們的疑問是「三顆骰子的點數總和中，出現9點跟10點的次數，哪個比較多？」

點數總和為9的組合有(1,2,6)、(1,3,5)、(1,4,4)、(2,2,5)、(2,3,4)、(3,3,3)共6種。而點數總和為10的組合有(1,3,6)、(1,4,5)、(2,2,6)、(2,3,5)、(2,4,4)、(3,3,4)，也還是6種。這樣，擲出9點跟擲出10點的機率似乎是一樣的。

解答這個疑問的人是義大利的科學家伽利略（Galileo Galilei，1565～1642）。伽利略發現這三顆骰子應該要分開考慮。

例如點數總和為9的組合之一為(1,2,6)，加上其他排列方式(1,6,2)、(2,1,6)、(2,

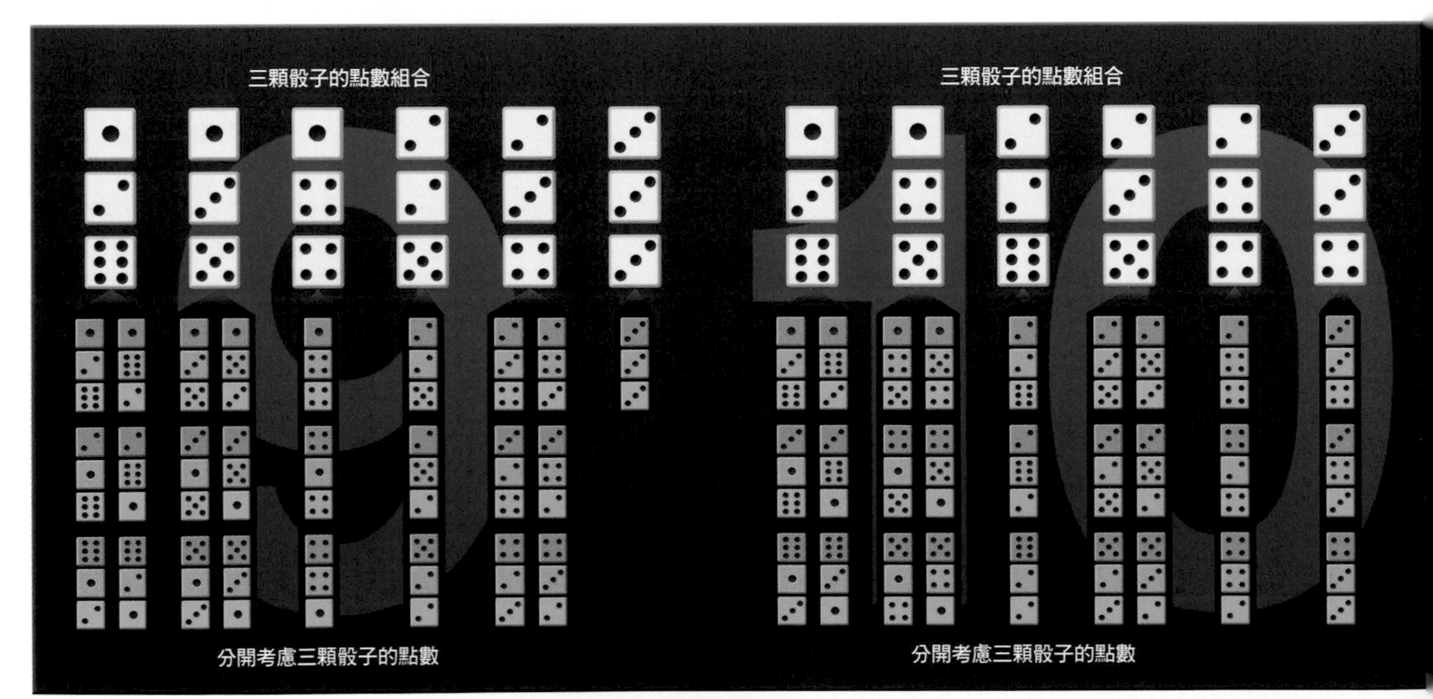

三顆骰子的點數總和中，9點跟10點哪個比較容易出現？

左邊顯示三顆骰子點數總和為9點的情況，右邊顯示三顆骰子點數總和為10點的情況。上半部是三顆骰子不分開考慮的情況，左右各為6種。而實際上，必須要像下半部一樣，三顆骰子分開考慮並使用「排列」的思維來計算。出現點數總和為9的情況有25種，點數總和為10的情況有27種。最終，得到的結論是10點比較容易出現。另外，出現點數總和為11點的情況也是27種，所以三顆骰子的點數總和中最容易出現的是10點和11點。

6,1)、(6,1,2)、(6,2,1)，共有 6 種。然而，(3,3,3) 的組合只有一種排列方式。個別分開計算時，點數總和為 9 的組合為25種，點數總和為10的組合為27種。所以說10點比 9 點要容易出現。

用現在的話來說，就是當時的賭徒不明白「排列」與「組合」的差異。所謂排列，例如將 1、2、6 排列成這樣的順序時，是考慮順序的思維。而組合，是不考慮順序的思維。在計算機率時，必須要想清楚，視題意判斷為排列或組合。

正規的機率論研究也來自博奕

在伽利略研究三顆骰子的點數總和期間，帕斯卡與費馬這兩位17世紀的法國大數學家也以書信交流了彼此對機率論的想法。正規的機率論起源於兩人的書信往來。

兩人進行意見交流的契機，仍然是博奕。當時，嗜賭的貴族梅勒騎士丟了好幾個問題給帕斯卡。梅勒的其中一個問題如下。「A 和 B 兩人打賭，先贏 3 局的人為贏家。如果在 A 贏 2 局而 B 贏 1 局的時候中止賭局，則要各退回 A、B 多少賭金才公平？」

帕斯卡與費馬的答案如下。在實際上並未發生的第四局賭注中，A 贏的機率為 $\frac{1}{2}$。這局會決定勝負，A 為贏家。此外，第四局 B 贏而第五局 A 贏的機率為 $\frac{1}{2}\times\frac{1}{2}=\frac{1}{4}$。因此在賭局中 A 先贏 3 次的機率為上述情況相加，為 $\frac{1}{2}+\frac{1}{4}=\frac{3}{4}$。另一方面，若 B 要贏 3 次，則第四局 B 一定要贏，第五局 B 也一定要贏，所以機率為 $\frac{1}{2}\times\frac{1}{2}=\frac{1}{4}$。因此，兩人的賭金總額要以3：1來分配才公平。

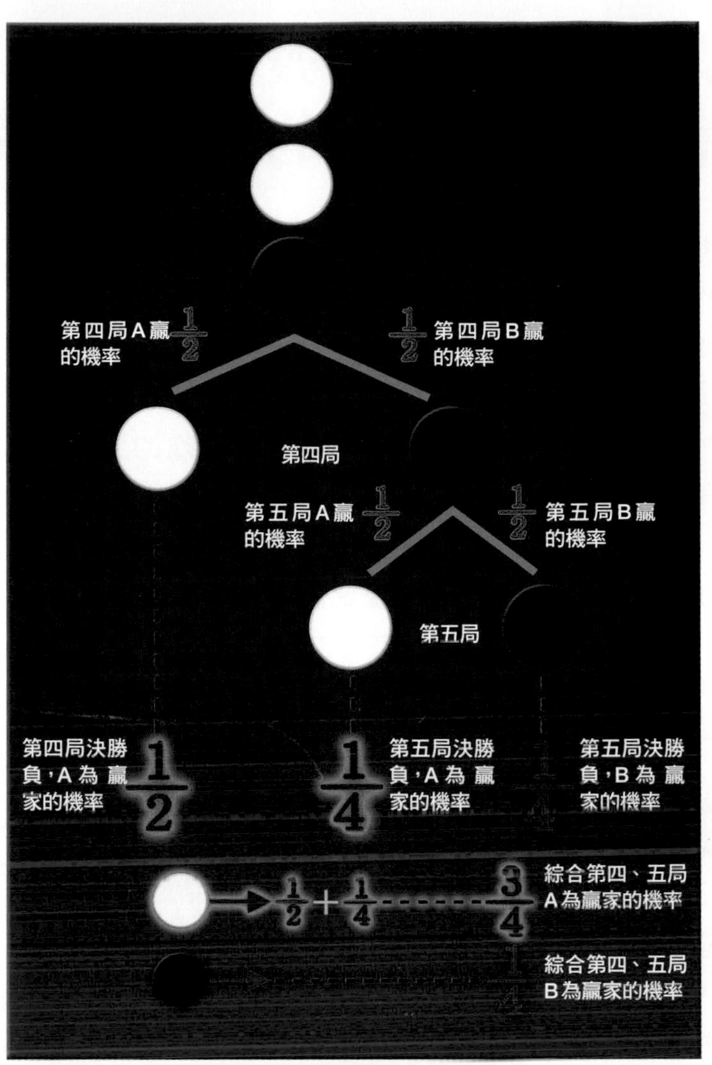

如何公平退還賭金？

在先贏 3 局的人為贏家的賭局中，已進行了 3 局，A 為 2 勝 1 敗，此時若賭局中止，則賭金要怎麼分配才公平？第四局和第五局雖然實際上沒有進行，但可以算出他們的獲勝機率。假設他們繼續賭局，則 A 為贏家的機率 $\frac{3}{4}$，B 為贏家的機率 $\frac{1}{4}$，可知在賭局中止時，A 的贏面是 B 的 3 倍。另外，圖中白色圓點代表 A 勝，黑色圓點代表 B 勝。

第四局 A 輸，然後第五局 A 贏，則A贏的機率為 $\frac{1}{2}\times\frac{1}{2}$，這樣的乘法在現代機率論中稱為「乘法原理」。就像擲骰 1 次、2 次至數次，彼此之間不會互相影響的事件連續發生時的機率，為每個事件發生時的機率相乘。

此外，A 為最終贏家的機率則依據「加法原理」(rule of sum）計算，將贏了第四局的 $\frac{1}{2}$ 與贏了第五局的 $\frac{1}{4}$ 相加。例如，骰子出現奇數點跟出現6點是不會同時發生的事件，要計算兩者其中一個事件出現的機率，只要將各自的機率相加。故出現奇數點或 6 點的機率，為 $\frac{3}{6}+\frac{1}{6}=\frac{2}{3}$。上述的乘法原理和加法原理在計算機率方面都是非常重要的概念。

機率與統計 ②

偶發事件重複發生多次，就會接近原本的發生機率

假設有一枚正反面出現機率相等的硬幣。此時，出現正面的機率為$\frac{1}{2}$，出現反面的機率也為$\frac{1}{2}$。

來做個實驗，重複擲出硬幣1000次，並紀錄正反面出現的次數。然後，從擲出1000次的結果中，隨機取樣連擲10次的結果來分析，應該會發現出現正面的機率不符合原本的$\frac{1}{2}$（＝50%）。

同樣地，從擲出1000次的結果中，隨機取樣連擲100次的結果來分析，出現正面的機率應該會比連擲10次的更接近$\frac{1}{2}$（＝50%）。接著再將取樣數量增加到連擲1000次時，機率也會比連擲100次的更接近原本的$\frac{1}{2}$（＝50%）。

如上述，某個偶發事件重複發生多次時，發生機率會愈來愈接近原本的發生機率。這種現象稱為「大數法則」（law of large numbers）。大數法則是機率論的基本法則。理論上，拋一枚硬幣無限多次，出現正或反面的機率會各為$\frac{1}{2}$（＝50%）。

不能預測的事件也能計算利弊得失

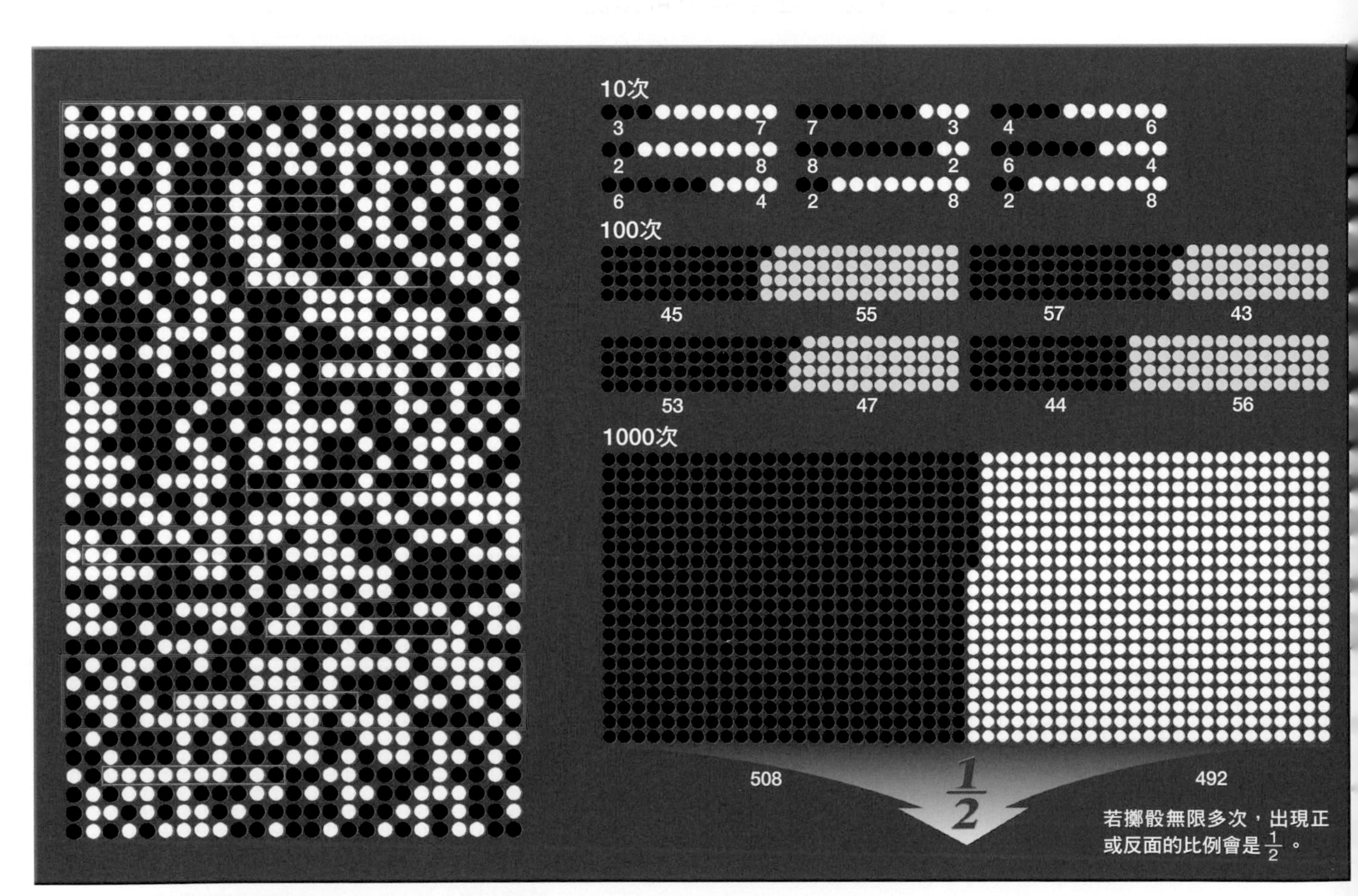

重複數次就會回到原本機率的「大數法則」

擲硬幣1000次，結果如圖中左側所示。上方由左至右依序排列，正面為黑色，反面為白色。將結果切割為10次（綠色框）、100次（紅色框），並將正反面出現的頻率重新排列於右側以方便理解。可以看出100次的結果比10次的更接近$\frac{1}{2}$。擲1000次的結果，顯示正面出現508次，反面出現492次，其機率幾乎各為$\frac{1}{2}$。像這樣，某個偶發事件以相同條件重複數次，結果會愈來愈接近此事件原本的發生機率。這種現象稱為「大數法則」。

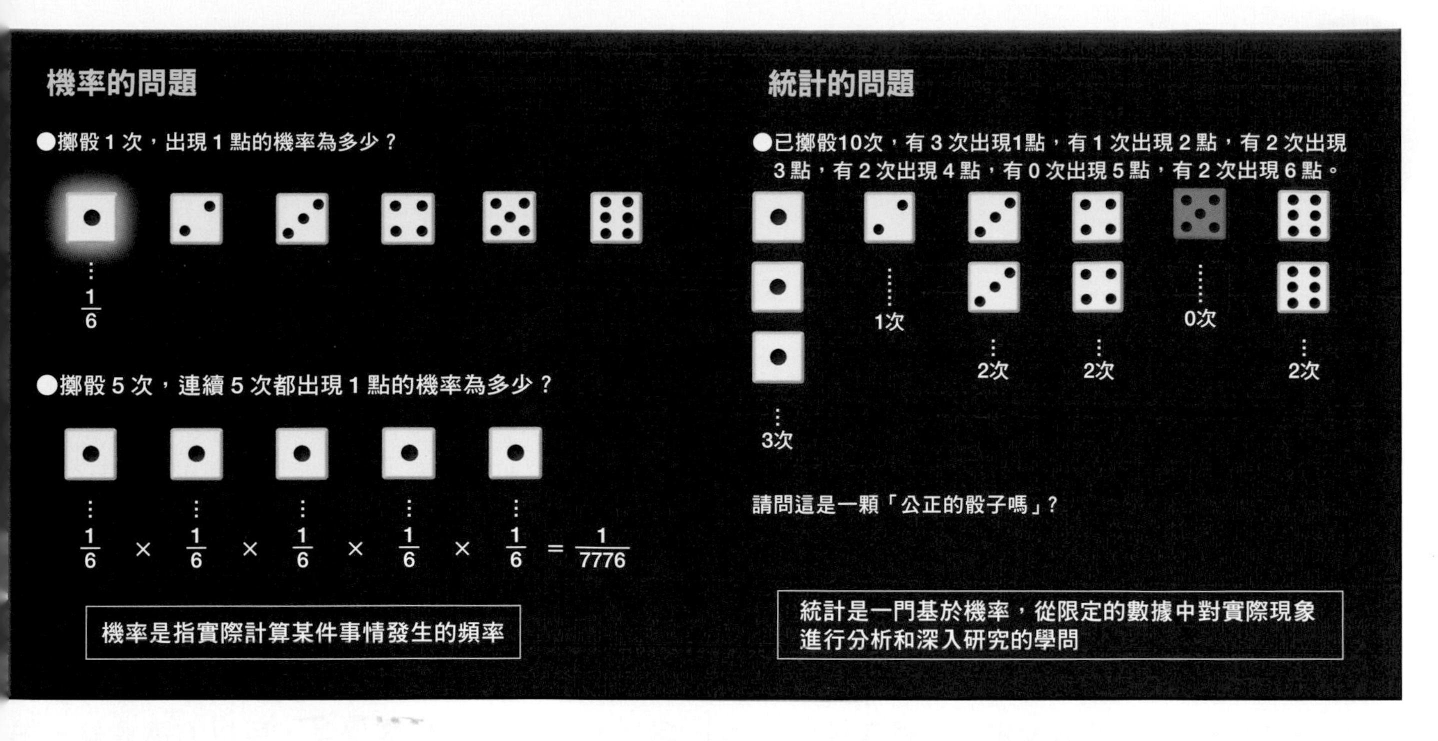

撲克牌中有1～13的方塊牌，先將撲克牌蓋上，不看牌上的數字。從中隨機抽一張牌，牌上的數字即為遊戲的得分。例如抽到方塊 7 的牌就得 7分。抽到方塊12的牌就得12分。這場遊戲中，能預測會得幾分嗎？

這種情況也利用機率概念來計算，就能預估得分。具體來說，會對所有的牌進行（分數）×（機率）的計算，再將結果相加。算出來的答案代表機率上所期待的數值，稱為「期望值」（expectation）。

來實際計算看看。會得到 1 分× $\frac{1}{13}$ ＋2分× $\frac{1}{13}$ ＋…＋13 分× $\frac{1}{13}$ ＝7。意思是預估得 7 分。但這終究只是預估值，實際玩遊戲，有時候得 2 分，有時候得10分，會出現很多種結果。不過這個遊戲如果重複多玩幾次，得分就會愈來愈接近 7 分。在考慮不可預測事件的利益得失時，期望值是不可或缺的工具。

機率與統計有什麼不同？

「機率」與「統計」就像套裝組合一樣，經常會一起使用。兩者究竟有何不同呢？

以擲骰子為例，請問擲骰 1 次出現 1 點的機率有多少？答案一定是 $\frac{1}{6}$。這完全是機率問題。再問個稍微複雜一點的問題，「擲骰 5 次，連續 5 次都出現1點的機率有多少？」這題也在機率的思考範圍內。

另外，即使擲同一顆骰子，但問題換成這樣，就屬於統計問題了。例如：「已擲骰10次，有 3 次出現 1 點，有 1 次出現 2 點，有 2 次出現 3 點，有 2 次出現 4 點，有 0 次出現 5 點，有 2 次出現 6 點。請問這是一顆公正的骰子嗎？」

也就是說，機率主要處理的問題是「實際計算某件事情發生的機率」，例如計算擲骰 1 次時某點出現的機率。

相對地，統計所處理的問題可說是「基於機率的理論，從限定的數據中對實際現象進行分析和深入研究的一門學問」，例如從擲骰10次的結果，驗證骰子是否公正。

這樣聽來，也許有些人會覺得統計是一個「非常專業的領域」。的確，統計也有很深奧難懂的一面。但其實，我們生活中經常使用並屢屢接觸統計的思維。例如，從家庭收支簿的年支出紀錄計算出每月平均支出，也是一種統計的思維。此外，舉凡學力測驗的偏差值、電視台收視率、保險的保費設計、天氣預報等，生活中處處充滿了統計。

自古就祕藏於優美形態中的 5：8比例

古代建築物和雕像的美學祕密為何？

奈良法隆寺的五重塔是日本代表性的建築物之一。雖然稱作塔，但卻絲毫沒有不穩定的感覺。另一方面，埃及的金字塔建於距今約4500年前，是角錐形的巨大建造物，也具有絕佳的美感與穩定感。

此外，米洛的維納斯和日本飛鳥時代的觀音菩薩也是美的象徵。這些建造物和雕像究竟為什麼會呈現如此優美又穩定的形態呢？

美感與穩定感的祕密在於5：8比例

古夫金字塔據說是由大約230萬個、平均重量2.5噸的巨石所砌累而成。這座金字塔的美學祕密，可能在於其側面的正三角形與底面的正方形所夾的角度為52度。金字塔高約146公尺，底面正方形的邊長約為230公尺，高與邊長之比為「146：230＝1：約1.6」，換句話說，美感來自5：8比例。

另一方面，已故的美術評論家柳亮分析米洛的維納斯，發現多處的長度比例為5：8。或許這個比例為雕像的整體構造增添了穩定感。

自5000～4500年前起，從埃及到希臘、羅馬歷經文藝復興到現代，長度比5：8（正確數值是無理數的比值）已成為世代傳承的人類之寶。在建造建築物或雕像時，人類自古以來所追求的都是優美又穩定的形態。而5：8比例則將這個願望化作形式表現出來。

將長度或量度分為兩部分，並找出這兩部分之間具有最優美及穩定比例的方法，從5000多年前就使用至今。這個比例在中世紀時被神化了，喻為神所傳授的祕法，稱為「神授比例法」。

到了15世紀末，因為這比例太優美，所以方濟會修士帕西奧利（Luca Pacioli，1445～1517）以「黃金」之名將一本講述比例法的書命名為《黃金分割》。

這就是黃金分割，或稱為黃金比例一詞的由來。

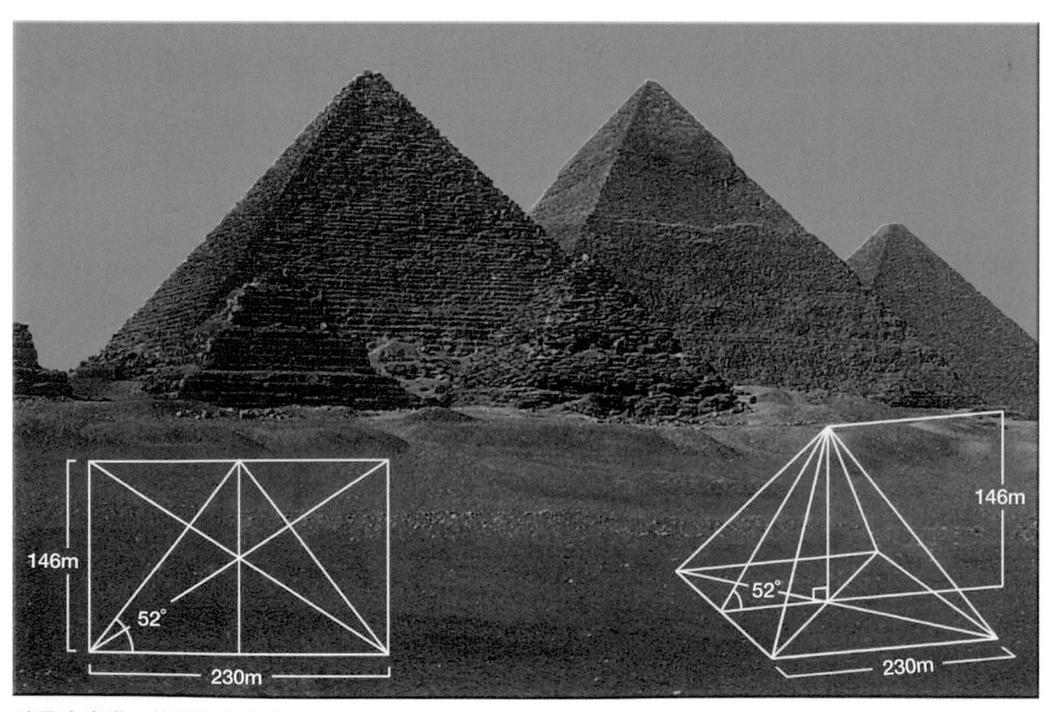

埃及金字塔，其美學祕密或許就在5：8的比例。

米洛的維納斯。

直線 AB 的黃金分割法

①直線BC為AB長度的一半，且與AB垂直，連接CA。
②以C為圓心，畫出以CB為半徑的圓，於AC上的交點設為D。
③以A為圓心，畫出以AD為半徑的圓，於AB上的交點設為E。
④此時，E點為直線AB的黃金分割點。

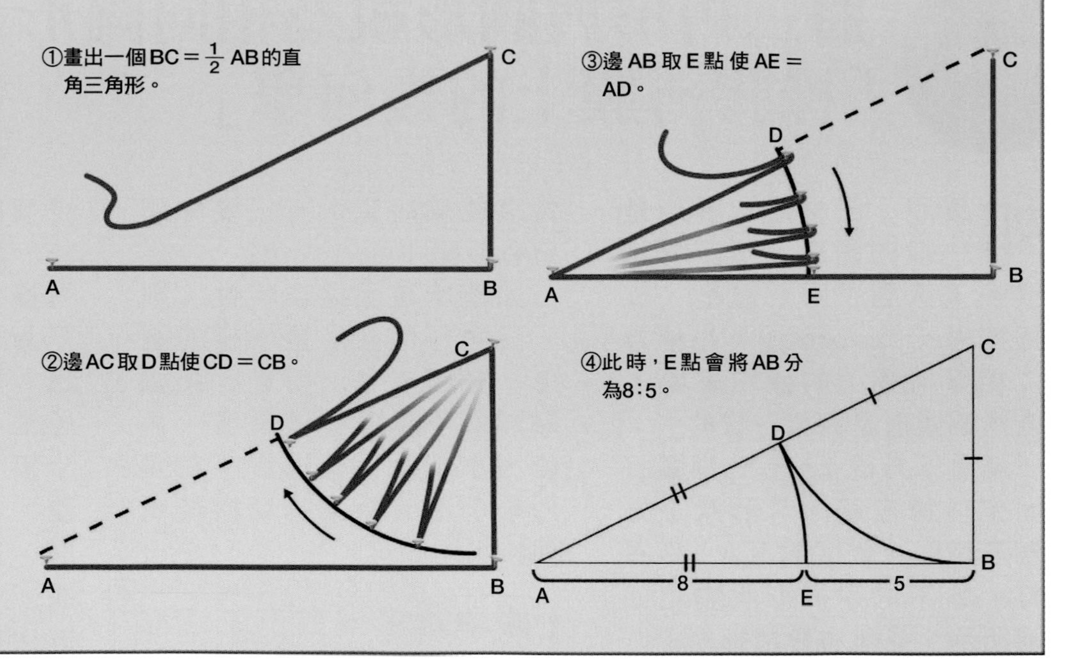

金字塔的設計來自簡單的構圖方法

求得黃金分割的方法很簡單，用一條繩子也能做到。作法如上圖所示，也稱為歐幾里得方法。

此圖的直線AB是否已求得黃金分割？一起來算一算吧。

設BC＝a，則AB＝$2a$

由①　AC＝$\sqrt{1^2+2^2}\,a=\sqrt{5}\,a$
由②　CD＝a
∴AD＝$(\sqrt{5}-1)\,a$
由③　AE＝AD＝$(\sqrt{5}-1)\,a$
　EB＝$2a-(\sqrt{5}-1)\,a$
　　＝$(3-\sqrt{5})\,a$
∴BE：AE＝$(3-\sqrt{5})\,a$：$(\sqrt{5}-1)\,a$

$$=1:\frac{1+\sqrt{5}}{2}$$

$$=1:1.61803\cdots\cdots$$

可知E點的確為直線AB的黃金分割點。

正確地說，這個無理數的比值才是黃金比例，比值約為1：1.6＝5：8。

5000多年前的古人就是像這樣使用繩子作圖，並設計出金字塔結構。

長和寬為黃金分割的長方形稱為「黃金長方形」。歐幾里得出了一道和黃金長方形有關的名題，內容為「將一條直線分為兩段，較短的直線與原本的直線所構成的長方形面積，要等於較長的直線與其本身所構成的長方形面積」。請參考金字塔的構圖方法來思考（解答在第175頁）。

黃金比例構成了自然界和諧的樣貌

人類腳掌長度的6倍等於身高，據說愛奧尼亞人在建造阿波羅神殿時，神殿的柱高也儘量設計為柱底直徑的6倍。

這種依人體各部位比例來設計建築物各部分比例的思維，可說是對人體平衡之美的信仰。大概是因為數千年前的人發現自然界的和諧與人體的奧妙，所以就取法自然，作為設計範本。

在蝴蝶和鳥、魚、馬等動物身上，也處處可見黃金比例。此外，從螺殼的螺旋中心畫出兩條互為垂直的直線時，可形成無數個黃金長方形。

樹葉之間的間隔和樹枝的分岔方式也有黃金比例。這些在自然界中處處可以見到的和諧樣貌，幾乎都是由黃金比例所構成。

不論什麼時代的優美形態，當中都有黃金比例，令人嘖嘖稱奇。

將三角形與圓形視為相同圖形，「橡膠薄膜上的幾何學」

如果說「三角形和圓形是一樣的圖形」應該會讓很多人感到不解。但是，從拓樸學（topology，也稱為位相幾何學）的觀點來看，這兩個圖形是完全一樣的。

請看下方圖1。有三根圖釘固定住橡皮筋。其形狀正好為三角形。依序取下A、B圖釘，取下的瞬間形狀變化如圖所示，最後會變成圓形。

所以，得到的結論是「三角形和圓形是一樣的圖形」。一般的幾何學（歐幾里得幾何學）無法解釋這種情況。那麼，一般的幾何學跟拓樸學有什麼差異呢？

在橡皮筋的例子中，以一般的幾何學來說，AB之間為直線，而以拓樸學來說，AB之間不論怎麼變形，彎曲、拉直或縮短皆可。只要中間沒有斷開即可。

如能夠接受這項特性，則「三角形和圓形是一樣的圖形」就可成立。所以，拓樸學認為不需要考慮長度、角度大小、面積等性質，在變形後仍然和原本的鄰接結構保持相連即可。

路線圖中蘊含拓樸學的思維

即使已知變形仍然相同的觀念，可能還是讓人覺得難以接受。但實際上，我們的生活中也常使用拓樸學的思維。例如，火車站裡標示火車行駛路線的路線圖。只要看路線圖，就清楚知道要在哪一站換車。

但是，這個路線圖幾乎無視實際上的地理位置和距離。即便如此，人們還是看得懂要在路線圖中的第幾站下車、要在哪裡換車等資訊。這種思維就是拓樸學的思維。

接著，我們來想像一個圓盤。拓樸學認為圓盤、多邊形、凹形盤、圓錐面、半球面、有孔球面都是一樣的圖形。假設圓盤是橡膠製的，用手指戳它、拉扯它，就能變成其他形狀，但仍是同一件物品。

所謂拓樸學，就像在不弄破的前提下將很薄的橡膠膜變形，不管變成什麼形狀，都視為相同圖形的一門幾何學。因此，拓樸學也稱為「橡膠薄膜上的幾何學」。

圖1：拓樸學認為三角形和圓形為相同圖形

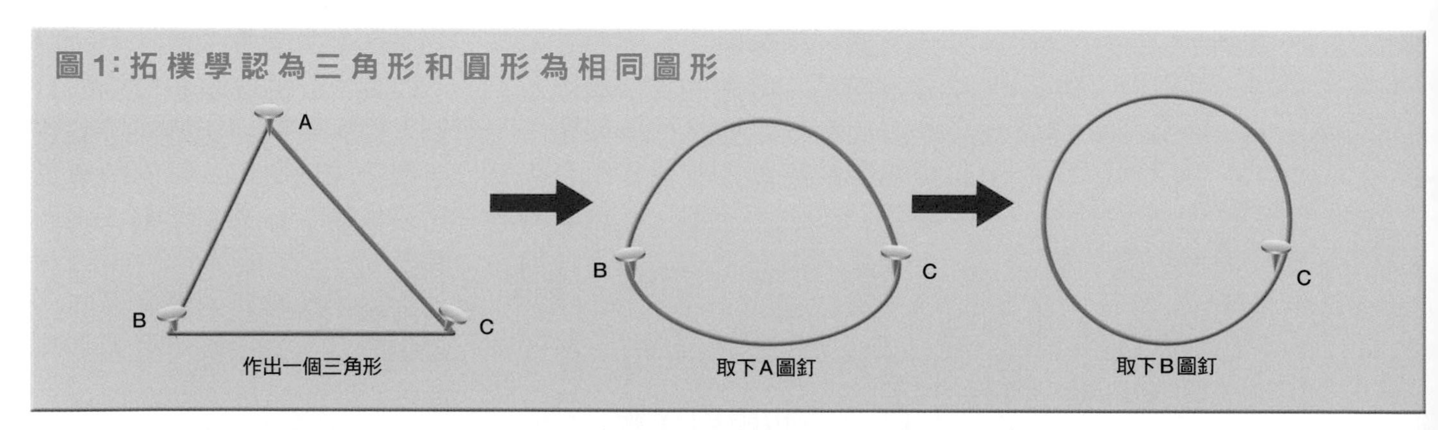

圖2：拓樸學認為下列圖形皆為相同形狀

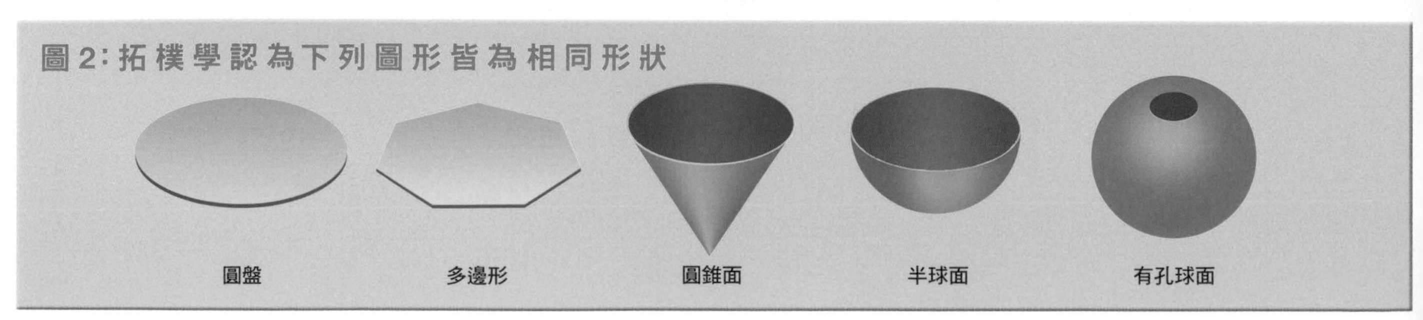

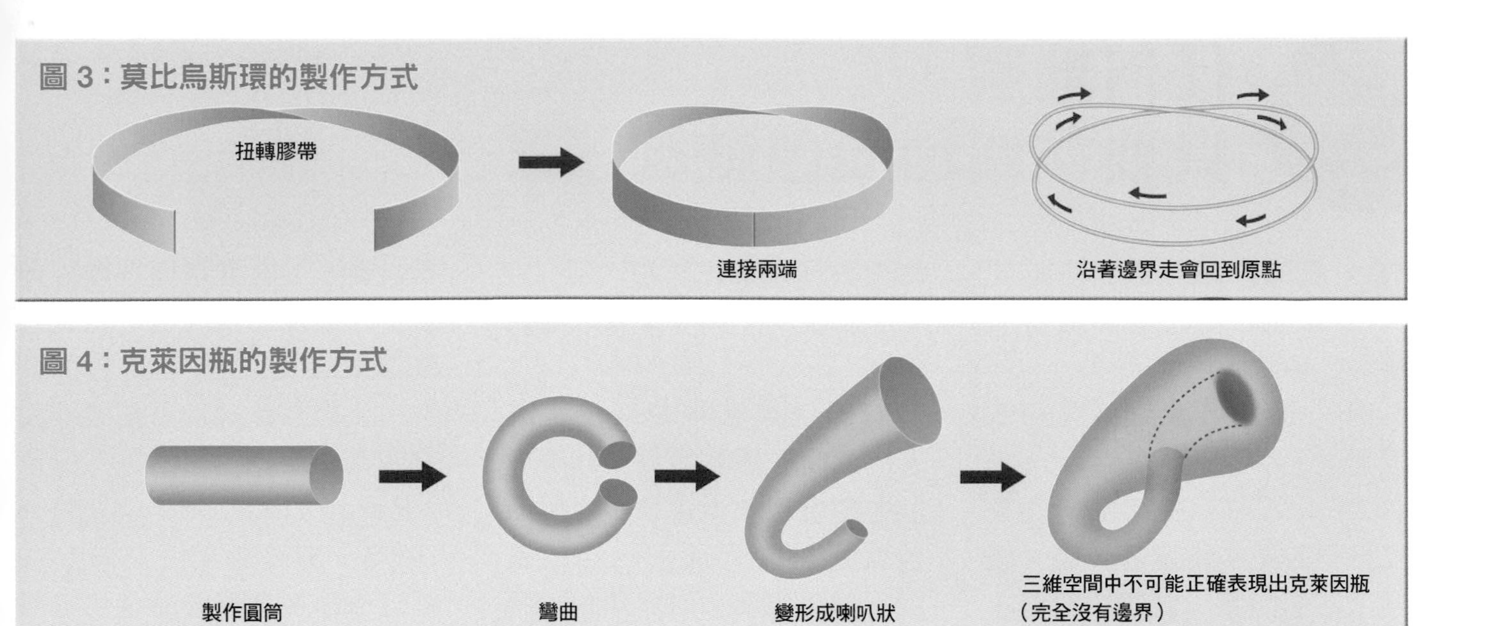

拓樸學的開端始於一筆畫的研究

拓樸學的創始人為瑞士的數學家歐拉。這是因為歐拉於1736年首次以拓樸學的思維解決了一個問題。

這個問題如下。普魯士（Prussla，德國的古稱）的哥尼斯堡有一條河。這條河分岔成兩條支流，劃分出一個島與三個濱河地區。這些地區以七座橋連接交通。那麼問題來了，「如果每座橋只能經過一次，能走完所有的橋嗎？」

歐拉為了解決這個問題，將地圖改畫成易懂的點線連接圖。這樣一來，就不會受河流和島所限，哪些地方可以去、哪些不能去都一目了然。歐拉偉大的地方不在於結論的正確與否，而在於他面對問題的思考方式（詳見128頁）。

這種思考方式著重在連通與交會方式，成為圖形分類的拓樸學開端。我們可以注意到這個所謂的哥尼斯堡七橋問題，與益智問答常見的一筆畫問題是同一種概念。一筆畫問題依圖形種類不同，又分為有解跟無解。

已知可一筆畫的圖，需要所有頂點都連通，並滿足下列條件之一

1. 圖的各頂點為偶頂點（通過頂點的邊數為偶數條的頂點）時。
2. 圖中僅有兩個奇頂點（通過頂點的邊數為奇數條的頂點）時。

哥尼斯堡七橋問題的詳解請見第128頁。

具有奇妙曲面的莫比烏斯環與克萊因瓶

在此所要列舉的兩個例子，都是拓樸學上很有趣的怪異形狀。

將帶狀的長形膠帶扭轉半圈並連接兩端，就會形成一個裡外連通的曲面。這個環稱為「莫比烏斯環」（Möbius strip，也稱莫比烏斯帶）（如圖3）。

這個圖形是一個奇妙的曲面，繞著環的外側，就會繞到環的內側，然後在內側繞著，又會繞到外側。乍看之下好像可以在外側塗紅色，內側塗白色來區分裡外，但實際上是辦不到的。

普通的環和莫比烏斯環的形狀，以拓樸學的觀點來看是不同的。因為，普通的環有兩個邊界，而莫比烏斯環卻只有一個邊界，普通的環再怎麼變形，也無法變成莫比烏斯環。所以說它們形狀不同。

另一個例子為形狀怪異的「克萊因瓶」（Klein bottle）。要先做一個圓筒形，再連接兩端的開口，但其中一個開口要先穿過自身一次才連接到另一個開口（圖4）。這個圖形也是一個奇妙的曲面，從外面進去，沿著管壁前進，不知不覺中又會來到外面。這個曲面的特性是它沒有邊界。是一個無法正確表現於三維空間中的圖形。

任何地圖，只要塗四種顏色就夠了？

本篇要介紹一個著名的問題，它就是和拓樸學有關的「地圖著色」問題。

有一說是，據說英國的古德里（Francis Guthrie，1831～1899）在1852年為英國各行政區的地圖著色時，碰到了這個問題，就是「要將邊線相鄰的數個國家上色，需要四種顏色才足以區分不同國家，但會不會有些地圖需要五種以上的顏色？」

目前已知沒有地圖需要用五種以上的顏色著色，但要用數學來證明，卻是難上加難。這個問題稱為「四色問題」（four color theorem），曾經有許多人嘗試證明，但120多年過去了，仍然沒有人能夠做到。

將四色地圖彎曲或拉長看看。此時不論地圖變成什麼形狀，會發現地圖還是一樣用四色就足夠區分國家。也就是說，四色問題和形狀無關，所以這算是拓樸學領域的問題。例如，平面可以彎曲成球面。因此，若繪於球面上的地圖只需要四種顏色就足夠，那平面上的地圖也可以。反之亦然。

來看一下中間有一個孔洞的甜甜圈圖形，如下圖。這個圖形也稱為「圓環面」。拓樸學認為圓環面跟平面或球面是不同的圖形。在圓環面上繪製地圖時，需要七種顏色。但是，圓環面上的地圖需要七種顏色，比相對單純的平面或球面的四種顏色，早就由希伍德（Percy Heawood，1861～1955）完成證明。之後，在繪製地圖各需幾種顏色的各類圖形上都已一一獲致證明。唯獨看似最單純的平面與球面，始終無法證明。

一直等到1976年，阿佩爾（Kenneth Appel，1932～2013）與哈肯（Wolfgang Haken，1928～）用電腦證明了四色問題。距古德里發現這個問題已過了足足124年。

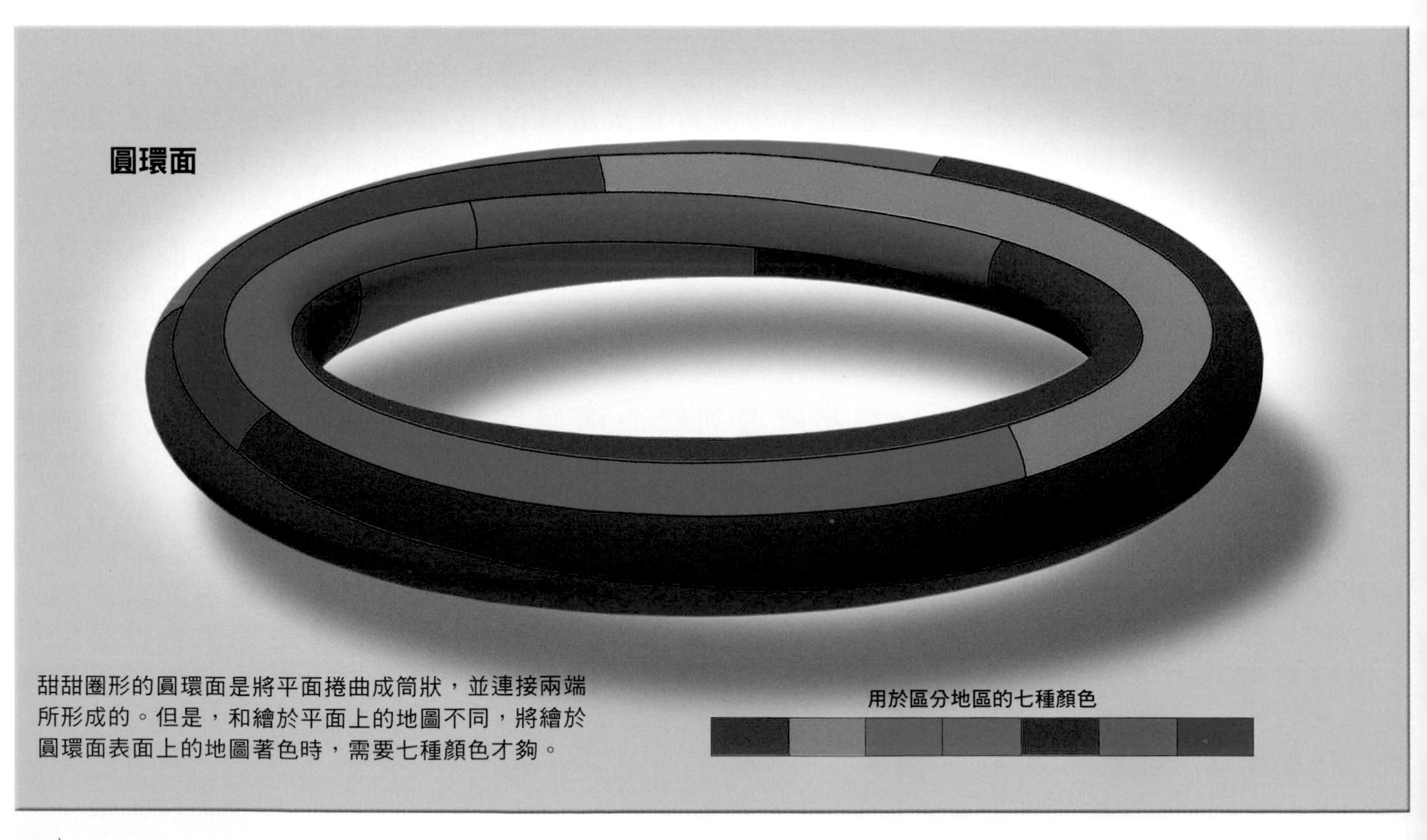

甜甜圈形的圓環面是將平面捲曲成筒狀，並連接兩端所形成的。但是，和繪於平面上的地圖不同，將繪於圓環面表面上的地圖著色時，需要七種顏色才夠。

以四種顏色繪製英國大不列顛島的地圖。平面可以彎曲成球面，而球面也可以在某處開一小孔並拉伸成平面，所以若平面上（左）的地圖只需四種顏色就足夠，繪於球面上（下）的地圖也是一樣。四色問題看似很容易理解，但想要證明卻非常困難。

解釋複雜現象的理論

我們周遭的一切看似單純，但其實充斥著許多不可預測、不穩定的現象。雖然已經知道這些現象的原理，不過我們還是將不可預測而不穩定現象稱為「混沌」（chaos）。

例如，單擺的運動軌跡很單純，但連接兩個單擺時，運動軌跡會變得不可測，形成混沌。完美解釋這種不可預測的現象的就是混沌理論。

「碎形」是一門和混沌理論相關的學問。自然界的結構看起來極其複雜，例如樹枝分岔的樹木和層層向上堆疊的積雨雲等。自然界的現象真的不能用簡單的規則來解釋嗎？

挑戰這道難題的是美國的曼德博博士（Benoit Mandelbrot，1924～2010）。其實這些形狀有共同的特徵。例如樹幹分出來的大樹枝上有小樹枝，小樹枝上又長出更小的枝椏。或是在大積雨雲中也可看到許多形狀相同的小積雨雲。意思是將整體的一部分放大檢視時，就會發現很多重複的類似結構。這種特性定義為「自相似性」，具有此特性的結構稱為「碎形」（fractal）。

碎形最初應用於電腦繪圖（computer graphics，CG）的世界。若使用碎形理論，就能以相對單純的程式畫出蕨類的葉片和立體的地形圖等複雜的圖形。

曼德博博士為解釋複雜的現象，提出一套新理論。碎形搭配上同樣在解釋複雜現象的混沌理論，可能形成一套強力的武器，用以解釋過去一般視為無法預測和分析的現象。

典型的碎形圖形

要解釋何謂碎形，最常用的例子是「科克曲線」（Koch curve）。有一條直線為（**0**）。先將這條線的長度分三等分，以最中間那段直線的長度為底邊，將直線向外突出作出正三角形的兩邊（**1**）。對四段直線進行同1的操作（**2**）。對十六段直線重複 1 的操作（**3**）。重複進行這些操作，圖形會變得愈來愈複雜（**4a**）。將**4a**的一部分放大，顯示出和 3 相同的圖形（**4b**）。科克曲線即為典型的碎形圖形。

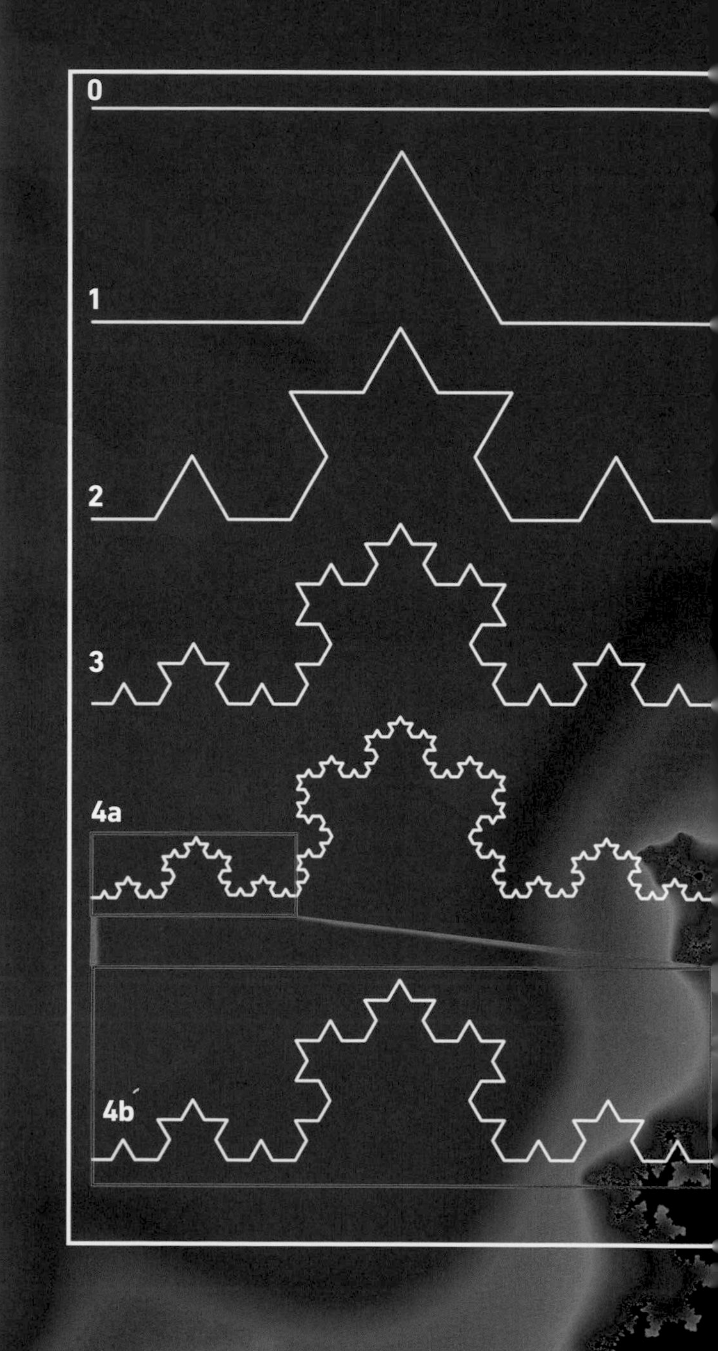

上方地圖為日本的宮城縣與岩手縣交界附近知名的谷灣海岸。右邊地圖為左邊地圖的部分放大圖，放大後的地形還是如谷灣海岸般錯綜複雜。所以谷灣海岸亦屬於碎形圖形。

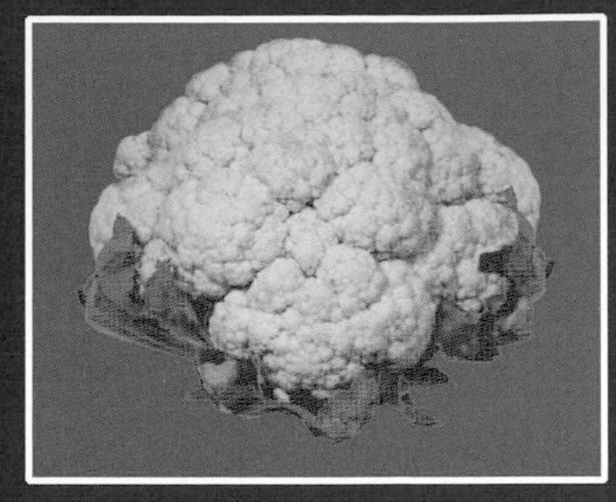

立體圖形中也存在很多碎形圖形。團狀的花椰菜看似由很多大大小小的「花團」聚集在一起所形成。碎形理論就是解釋這種複雜自然結構的重要關鍵字。

跨頁圖是依照碎形理論並使用CG畫出來的圖形（曼德博集合）。能用相對單純的程式畫出富含變化的圖形。圖中所示很像黑色大圓長出中圓，中圓再長出小圓。所以也可說此圖屬於碎形圖形。

超越數的無理數「e」因計算利息而生

協助 瀨山士郎

指數函數是和微積分相關的重要函數之一。例如：100000可寫作10^5，此時的10稱為「底數」，5稱為「指數」。意即指數是指定底數自身相乘幾次（幾次方）的數。而且，當$y=10^x$時，稱之為以10為底的指數函數。

底數也可以為10以外的數字。其中比較重要的是以納皮爾數（Napier's constant）「e」為底的指數函數$y=e^x$（如圖1）。將e^x微分或積分都會變e^x，是唯一不論微積分幾次都不會改變數值的知名函數。

e是無限小數的無理數，等於2.71828182845904⋯⋯。無理數包括「代數數的無理數」如$\sqrt{2}$，以及非代數數的無理數，稱為「超越數的無理數」，而e和圓周率π同為超越數的無理數，也簡稱為「超越數」。

據說第一個發現e的是瑞士科學家暨數學家白努利（Jakob Bernoulli，1654～1705）。他為了計算存款的利息，列出以下關係式求解。

$$\lim_{n\to\infty}\left(1+\frac{1}{n}\right)^n$$

他假設本金為1，年利率為1，計息期間（規定的計付利息期間）為$\frac{1}{n}$，想計算出1年的存款能夠獲得多少複利。當n愈來愈大時，就會顯示出1年後的存款額數值。但是，由於這個值難以用簡單的數值表示，所以後來便以一個常數符號來代表，那就是e。

也就是定義為

$$e=\lim_{n\to\infty}\left(1+\frac{1}{n}\right)^n$$

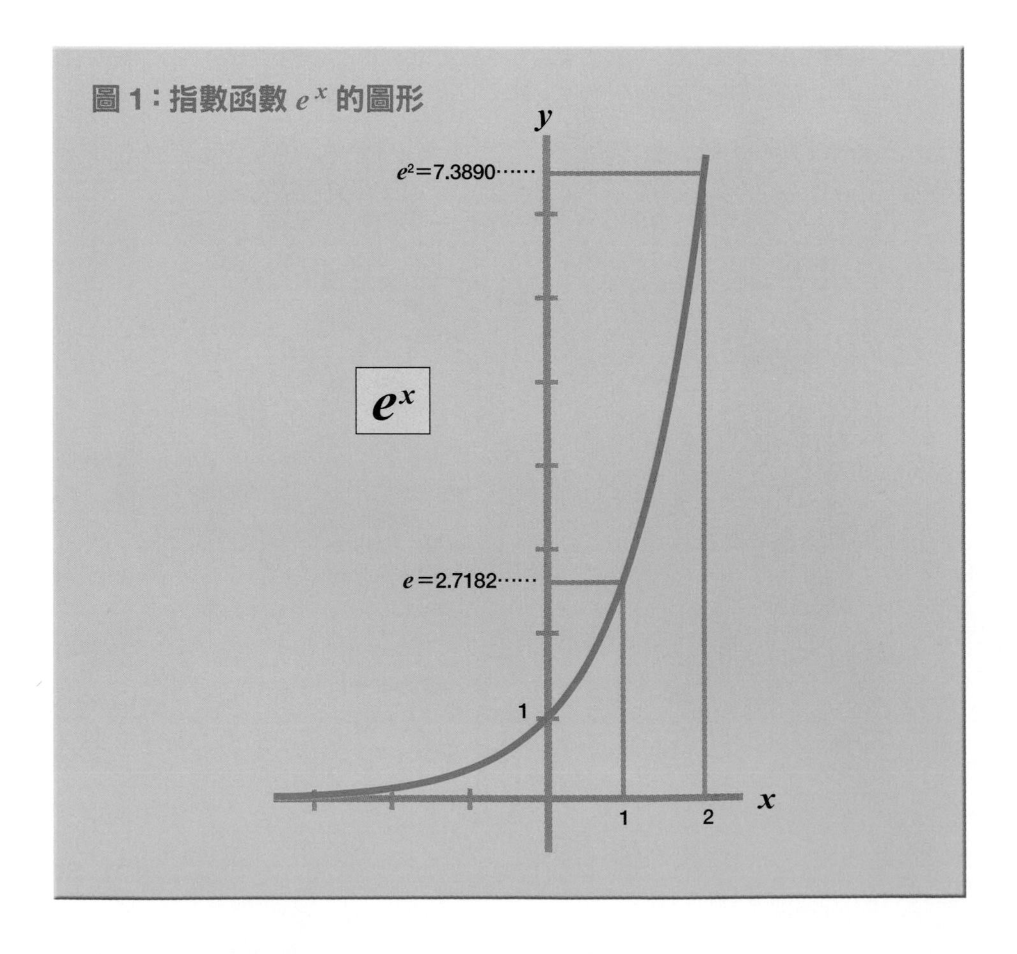

圖1：指數函數e^x的圖形

「納皮爾數」的名稱由來

「納皮爾數」（又稱為歐拉數，Euler numbers）這個名稱來自納皮爾（John Napie，1550～1617）。他是蘇格蘭的一名城主，工作之餘也投入數學的研究。納皮爾發明了區分整數部分和小數部分的「小數點」，而他發明小數點的契機就來自於「對數」的發現。

納皮爾生逢17世紀的大航海時代，當時很多歐洲人航海到非洲、亞洲、美洲大陸。為了在茫茫大海中掌握自己的位置，利用星象來定位，但當時曆法的精準度很低，所以船隻經常遇難。

因此，納皮爾計畫做出「對數表」。他花了約20年製作，直至去世前三年的1614年才完成。

但是，納皮爾發明的對數和我們現在所使用的對數有非常大的差異。今天的對數是歐拉

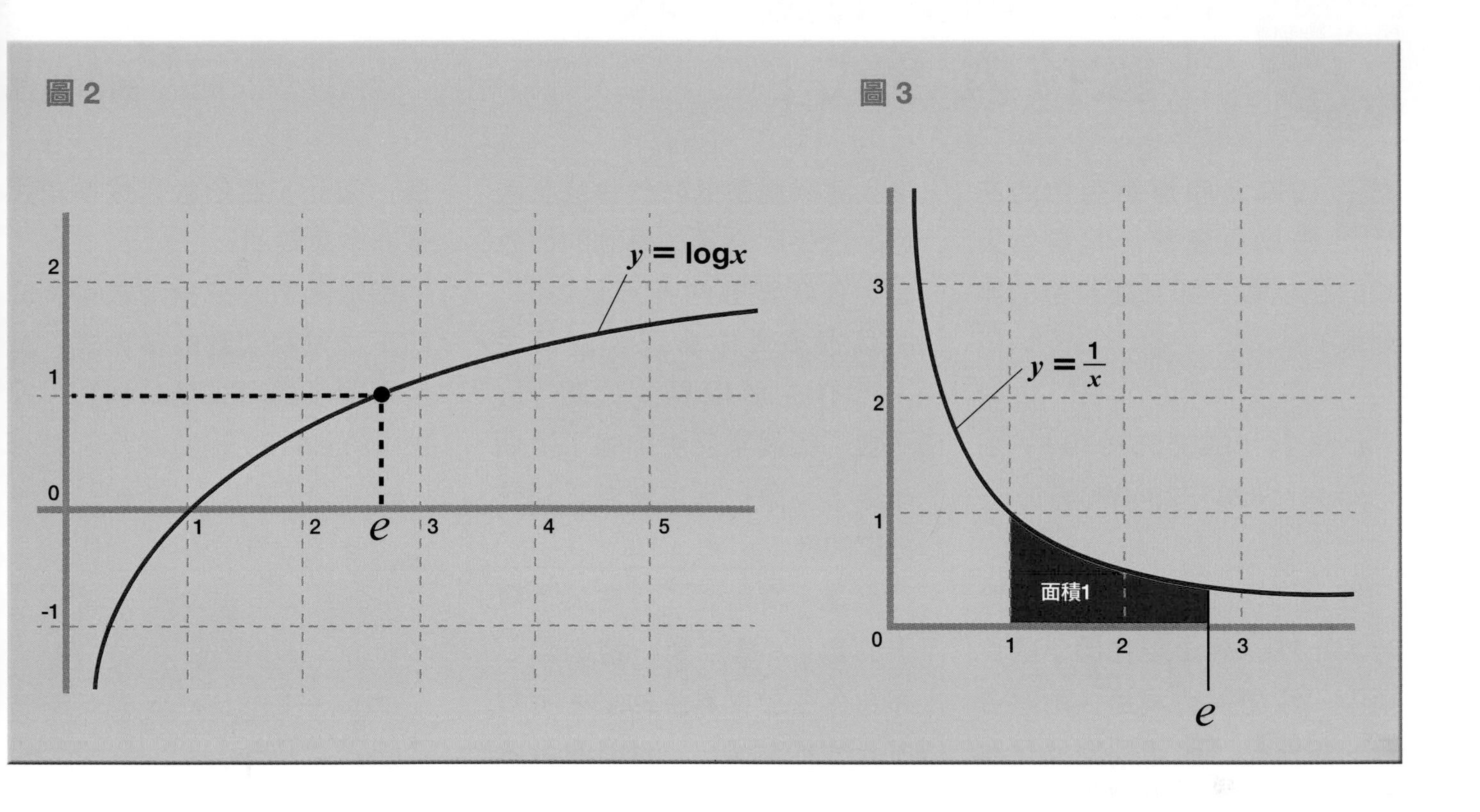

發明的，代表某數 x 的幾次方會等於 a 的數。$a = x^b$ 時，稱為「a 以 x 為底的對數為 b」，寫作 $b = \log_x a$。例如，$100000 = 10^5$，所以 $\log_{10} 100000 = \log_{10} 10^5 = 5$。意思是指數函數與對數函數互為反函數的關係。

以10為底的對數稱為「常用對數」，以 e 為底的對數稱為「自然對數」。自然對數 $\log_e x$ 的底數 e 通常會省略，寫成 $\log x$ 即可。

發現自然對數的人也是歐拉，在納皮爾完成對數表後約130年，他從那份對數表中發現 $y = \frac{1}{x}$ 的積分，並從中定義自然對數 $\log x$ 的底為 e。

換句話說，

$$\log x = \int_1^x \frac{1}{t} dt \text{（但 } x > 0\text{）}$$

於是，這個 e 便以納皮爾來命名，成為現在所稱的「納皮爾數」。

此處將 $y = \frac{1}{x}$ 的圖形在 $1 \leqq x \leqq e$ 之間積分，會得到

$$\int_1^e \frac{1}{x} dx = \log e = 1$$

因此，也可以說 $y = \frac{1}{x}$ 的圖形在 $1 \leqq x \leqq e$ 之間可積分，當面積為1時，x 之值為 e（圖2、3）。

指數函數 e^x 可寫成無窮級數

已知許多數學式為指數函數 e^x，不過歐拉發現指數函數可以寫成無窮級數。所謂無窮級數，是指項數無限多的級數如 $a_1 + a_2 + a_3 + \cdots + a_n + \cdots\cdots$。

$$e^x = 1 + x + \frac{1}{2!} x^2 + \frac{1}{3!} x^3 + \frac{1}{4!} x^4 + \cdots\cdots$$

若將1代入式中的 x，會得到下列結果。

$$e = 1 + 1 + \frac{1}{2!} + \frac{1}{3!} + \frac{1}{4!} + \cdots\cdots$$

實際計算式中的 e 值，會得到 $e = 2.71828182845904\cdots\cdots$，也能證明 e 是一個超越數。此事已於1873年由埃爾米特（Charles Hermite，1822～1901）證明。

代表 e 的無窮級數可以寫成多種不同的形式。每一種表達方式都很簡單明瞭，且讓我們一起來認識其中的幾種寫法。

$$e = 1 + \frac{1}{1}\left(1 + \frac{1}{2}\left(1 + \frac{1}{3}\left(1 + \frac{1}{4}\left(\cdots\right)\right)\right)\right)$$

$$e = \frac{1}{1!} + \frac{2}{2!} + \frac{3}{3!} + \frac{4}{4!}\cdots\cdots$$

$$\frac{1}{e} = e^{-1} = 1 - \frac{1}{1!} + \frac{1}{2!} - \frac{1}{3!} + \frac{1}{4!} - \cdots\cdots$$

世界上最美的數學式「歐拉恆等式」

撰文 瀨山士郎

圓周率π和自然對數的底數納皮爾數，是最為人知的超越數（即為超越數的無理數）。

π＝3.14159265358979……

e＝2.71828182845904……

在還不知道什麼是無理數時，π就已經出現在國小的算術中。我記得很清楚，那時流行的算法是「將圓周率簡化為3」。要知道將圓周率簡化為3在概算時是有其意義的。但更重要的觀念是，圓周率不能寫成分數，且為無窮小數。

相較於圓周率π，納皮爾數e就顯得很陌生。圓周率為直徑1的圓之周長，很容易視覺化，但納皮爾數e是從極限值導出來的，所以不學微積分就無法理解。

$$\lim_{n\to\infty}\left(1+\frac{1}{n}\right)^n=e$$

具有代表性的超越數π和e這兩個數，乍看不覺得之間有什麼關聯性。然而把虛數加進來時，就會出現驚奇且非常精采的優美算式。這就是「歐拉恆等式」。

$$e^{i\pi}+1=0$$

虛數i的特性是$i^2=-1$，很多人剛學虛數的時候會感到困惑。這是因為過去學到的觀念是，任意實數的平方必≧0。所以很多人才會認為虛數是「不存在於世界上的數」。「虛」這個字又更加強了這個印象。英語也稱虛數為「幻想出來的數」。

但是，實數是「存在於世界上的數」，這也是一種幻想。因為存在於世界上的是「實數所代表的物象」，而非數目本身。意思就是，所有的數都是幻想般的存在。

因此，「虛數所代表的某物」存在於世界上並不奇怪，它是真實存在的。例如「旋轉90度」。$i^2=-1=\cos 180°$代表旋轉180度，所以把i想成代表旋轉90度的數即可。

證明歐拉恆等式成立

π與e和i這三個數看似毫無關係，為什麼會產生被喻為是世界上最美算式的歐拉恆等式呢？

在這之前，必須要先知道指數函數和三角函數等函數是可以寫成多項式（也包括無窮次數）的。寫成多項式的意義在於，可以將具體數值代入多項式中的變數x來求出多項式的值。因此，將函數寫成多項式是非常重要的。

指數函數、三角函數可寫成如下之無窮次數的多項式。這些無窮多的項式總和稱為「級數」（series）。

$$e^x=1+x+\frac{1}{2!}x^2+\frac{1}{3!}x^3+\frac{1}{4!}x^4+\frac{1}{5!}x^5+\cdots\cdots$$

$$\sin x=x-\frac{1}{3!}x^3+\frac{1}{5!}x^5-\frac{1}{7!}x^7+\frac{1}{9!}x^9+\cdots\cdots$$

$$\cos x=1-\frac{1}{2!}x^2+\frac{1}{4!}x^4-\frac{1}{6!}x^6+\frac{1}{8!}x^8\cdots\cdots$$

e^x的x以ix代入，會得到以下結果。

$$e^{ix}=1+ix+\frac{1}{2!}i^2x^2+\frac{1}{3!}i^3x^3+\frac{1}{4!}i^4x^4\cdots\cdots$$

又，

$$i^0=i^4=i^8=\cdots\cdots=1,$$

$$i^1=i^5=i^9=\cdots\cdots=i$$

$$i^2=i^6=i^{10}=\cdots\cdots=-1,$$

$$i^3=i^7=i^{11}=\cdots\cdots=-i$$

利用虛數這些特性，並分開整理式中實數部分與虛數部分，會得到以下結果。

$$e^{ix}=\left(1-\frac{1}{2!}x^2+\frac{1}{4!}x^4-\frac{1}{6!}x^6+\frac{1}{8!}x^8+\cdots\cdots\right)+i\left(x-\frac{1}{3!}x^3+\frac{1}{5!}x^5-\frac{1}{7!}x^7+\frac{1}{9!}x^9+\cdots\cdots\right)$$

意即

$$e^{ix}=\cos x+i\sin x$$

這個數學式就稱為「歐拉公式」。歐拉公式顯示出指數函數與三角函數之間的關聯性。

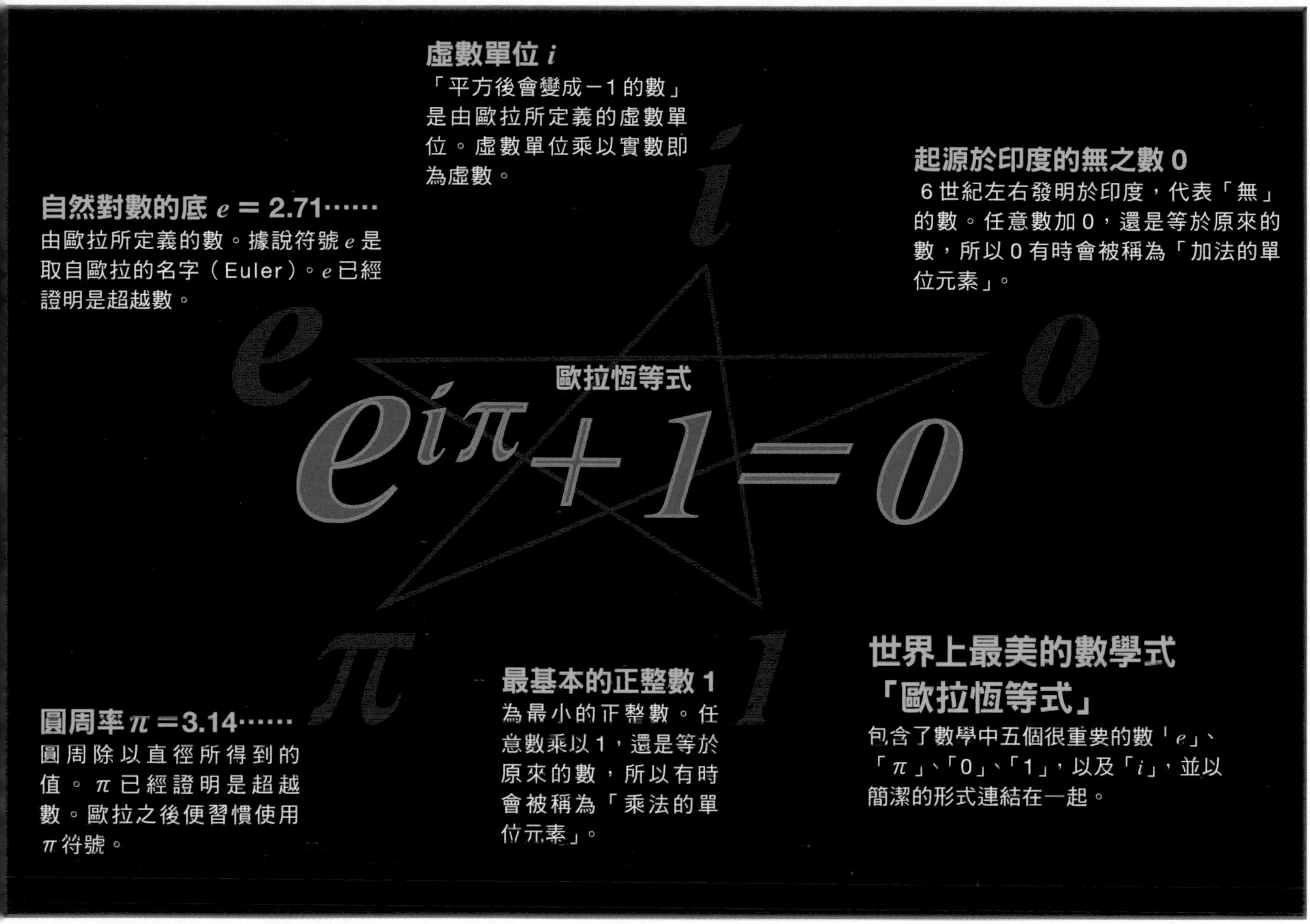

虛數單位 i
「平方後會變成－1的數」是由歐拉所定義的虛數單位。虛數單位乘以實數即為虛數。

起源於印度的無之數 0
6世紀左右發明於印度，代表「無」的數。任意數加0，還是等於原來的數，所以0有時會被稱為「加法的單位元素」。

自然對數的底 $e = 2.71\cdots\cdots$
由歐拉所定義的數。據說符號 e 是取自歐拉的名字（Euler）。e 已經證明是超越數。

歐拉恆等式

$$e^{i\pi}+1=0$$

世界上最美的數學式「歐拉恆等式」
包含了數學中五個很重要的數「e」、「π」、「0」、「1」，以及「i」，並以簡潔的形式連結在一起。

圓周率 $\pi = 3.14\cdots\cdots$
圓周除以直徑所得到的值。π 已經證明是超越數。歐拉之後便習慣使用 π 符號。

最基本的正整數 1
為最小的正整數。任意數乘以1，還是等於原來的數，所以有時會被稱為「乘法的單位元素」。

這個驚人的公式說明在複數的世界中，指數函數和三角函數為兄弟關係。

將 π 代入式中的 x，會得到

$$e^{i\pi} = \cos\pi + i\sin\pi$$

此處套用以 π 來表示角度的「弧度法」（radian），360度為 2π（單位為「弧度」），180度為 π，90度為 $\frac{\pi}{2}$，所以 $\cos\pi = \cos180^\circ = -1$，$\sin\pi = \sin180^\circ = 0$。

因此，$e^{i\pi} = -1+0i = -1$，也就是

$$e^{i\pi} = \cos\pi + i\sin\pi = -1$$

便會導出歐拉恆等式。

$$e^{i\pi} + 1 = 0$$

歐拉恆等式中，包含了圓周率「π」、納皮爾數「e」、虛數「i」、最基本的正整數1、起源於印度的無之數「0」等五個數學上很重要的數，並以簡潔的形式串連在一起。1965年得到諾貝爾物理獎的美國物理學家費曼（Richard Feynman，1918～1988）將歐拉恆等式譽為「人類的瑰寶」（our jewel）。

國小剛開始學分數時，有不少人對於分數的寫法和計算方式感到很疑惑。例如，很多人不懂為什麼分數的除法要把分母跟分子顛倒過來再相乘。

剛開始學無理數的國中生也是一樣。但是，在熟悉這些數以及計算的過程中，之前的怪異感會消失，於是會更自然地接受分數和無理數。虛數也是如此。人會對虛數感到奇怪只不過是因為還不熟悉虛數而已。若能夠因為認識歐拉恆等式，將虛數看作生活周遭的數，就再好不過了。

創造數學的天才

現在的數學知識，是由過去偉大數學家的發明所砌累而成。這些知識是人類世代傳承的共同財產，也成為當代科學技術和物理理論的基礎。第 3 章將介紹畢達哥拉斯、阿基米德、歐拉、高斯等19位開拓數學世界之天才的成就和經典小故事。

撰文（96～97頁、102～105頁） 永野裕之
撰文（98～101頁） 中村 亨

直角三角形之「畢式定理」的發現

西元前約582年，畢達哥拉斯生於希臘東南部的薩摩斯島。西元前530年左右搬至義大利南部城市克羅托內，創辦了教授宗教、政治與哲學的學校。這間學校除了教授數論、幾何學、天文學、音樂等四個科目之外，也教導哲學和宗教，所以稱為「畢達哥拉斯教團」，或稱「畢達哥拉斯學派」。

畢達哥拉斯學派證明了三角形的內角和為180度，也發現了正四面體、正六面體、正八面體、正十二面體及正二十面體等五種正多面體（圖1）。此外，他們也用尺和圓規解決了一元二次方程式問題。

畢達哥拉斯學派的幾何學成就中，最知名的還是「畢式定理」（圖2）。畢式定理說明當直角三角形的兩股BC和AC的長為 a、b，斜邊AB的長為 c 時，這些邊長之間的關係式為「$a^2+b^2=c^2$」。據說現在能證明這個定理成立的方法有300多種。

滿足畢式定理的自然數（正整數）典型範例是兩股及斜邊長各為3、4、5的三角形。此時，$3^2=9$，$4^2=16$，$5^2=25$，故$9+16=25$。

而且，兩股及斜邊長各為5、12、13的三角形也是滿足畢式定理的正整數（正整數）範例。因此，滿足畢式定理的自然數（正整數）稱為「畢氏三元數」，如上文所述的（3,4,5,）、（5,12,13）等等。

來自畢式定理的意外副產物

畢達哥拉斯和他的學派對於1、2、3、……等正整數充滿興趣，也認為能寫成正比的數才是數。這個觀念就是現在所說的「有理數」。

然而，畢式定理還是有些無法用有理數解釋的情況。例如等腰直角三角形的斜邊與一股的比值為 $\sqrt{2}$。意思是兩股長各為1的直角三角形其斜邊長為 $\sqrt{2}$。$\sqrt{2}$ 的平方會

畢達哥拉斯（Pythagoras，約前582～約前497）

圖1　五種正多面體

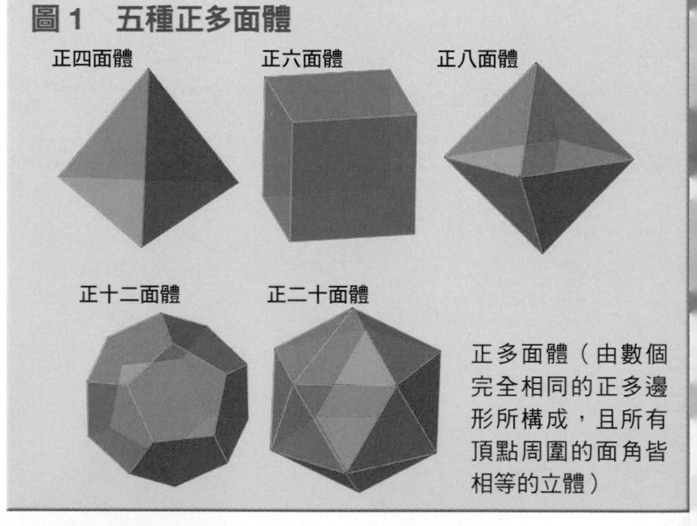

圖2　畢式定理

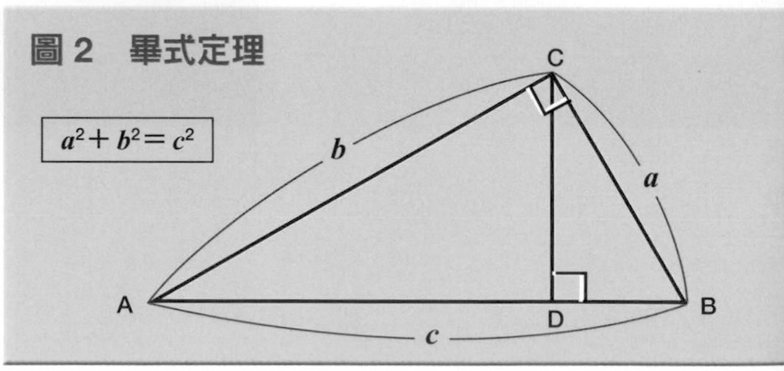

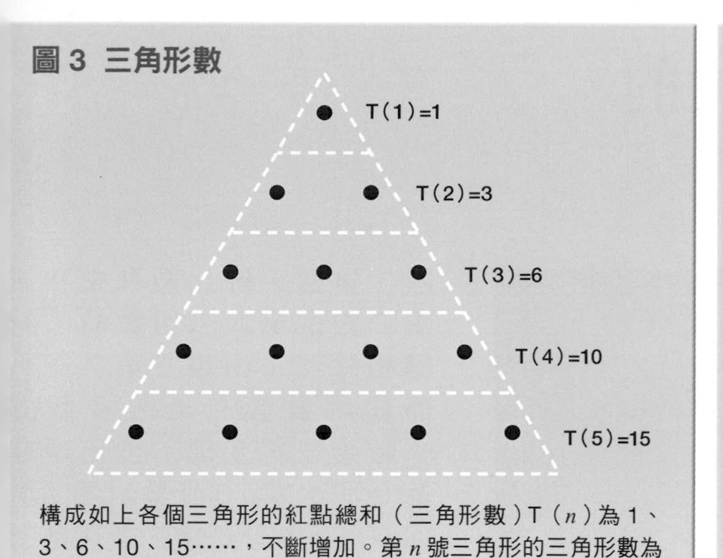

構成如上各個三角形的紅點總和（三角形數）T（n）為 1、3、6、10、15……，不斷增加。第 n 號三角形的三角形數為 T（n）＝$\frac{n(n+1)}{2}$。

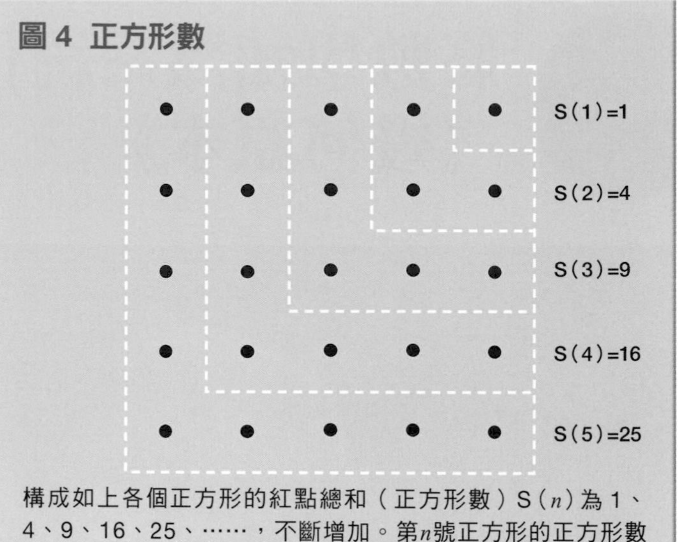

構成如上各個正方形的紅點總和（正方形數）S（n）為 1、4、9、16、25、……，不斷增加。第n號正方形的正方形數為 S（n）＝n^2。

等於 2，寫成小數就變成 1.41421356……，無法寫成整數比。現在，這樣的數就稱為「無理數」。

據說畢達哥拉斯學派將這種數稱之為「不能說的祕密」（Alogon），並排除在研究範圍外，且對外人保密。

對許多與整數相關的問題進行研究

畢達哥拉斯也探討了許多和正整數相關的問題。其中一個就是「三角形數」問題。圖 3 為虛線所分割成的五個三角形。從上面最小的三角形往下依序編號 1 號、2 號、3 號、……。畢達哥拉斯定義第 n 號三角形所含之點（紅點）的總數 T（n）為第 n 號三角形的「三角形數」。第 1 號三角形有一個點，加上其下方的第一個梯形（上下兩邊平行的四邊形）中的兩個點，形成了第 2 號三角形。因此，第 n 號的三角形數＝T（n）＝1＋2＋3＋……＋n，隨後也可寫成 T（n）＝$\frac{n(n+1)}{2}$。

此外，圖 4 為虛線所分割成的五個大小不一的正方形。從右上最小的正方形起依序編號 1 號、2 號、3 號、……。畢達哥拉斯定義第 n 號正方形所含的點總數 S（n）為第 n 號正方形的「正方形數」。如同三角形數的計算方式來推導，會得到

第n 號的正方形數＝S（n）＝1＋3＋5＋……＋（2n－1），故得知 S（n）＝n^2。

如同三角形數及正方形數的推導過程，將每一個數字以「＋加號」連結起來就稱為「級數」。三角形數及正方形數中，出現於級數中的每一個數字都分別比前一個數字大 1 及 2。這種級數稱為「等差級數」。等差級數的最後一個數字與第一個數字之和的一半等於全部數字總和的平均值。畢達哥拉斯在距今2500多年前就開啟了數學世界的神祕大門。

畢達哥拉斯發現整數與音樂的關係

此外，畢達哥拉斯還發現了整數 1、2、3……與音樂之間的關係。他準備了各種長度的琴弦，發現了幾組會發出相差一個八度的兩條弦。測量琴弦的長度後，發現這些琴弦的長度比都是 2 比 1。

以現代的理論來解釋，是因為弦發出聲音的振動頻率（單位時間內來回振動的次數）會與弦長成反比，所以長度為一半的弦其頻率發出兩倍（高）的音。

而且，畢達哥拉斯也發現除了 2 比 1 之外，其他頻率比為 4 比 3 或 3 比 2 等的簡單整數比的琴弦同時發出聲音時，聽起來會很悅耳。而且畢達哥拉斯及其學派似乎認為天體的運行也存在著相當於音程的整數比。

將數學知識系統化的《幾何原本》

歐幾里得（Euclid，約前300年）

歐幾里得是西元前約300年前活躍於亞歷山大港的數學家，以《幾何原本》的作者而出名。與其說他是創作型的數學家，不如說他是位優秀的編輯。他以簡潔明瞭的用語解釋過去已完成的幾何學證明，並做了系統化編纂。

《幾何原本》的發行量在西方世界僅次於聖經，並翻譯成多種語言，主宰幾何學的教育長達約2200年，可說是數學界的聖經。《幾何原本》到距今大約100年前都一直作為全世界高等教育的教科書使用。

《幾何原本》共13冊。第1冊到第4冊討論平面幾何學，包括三角形的全等、面積的相等、畢式定理、與長方形等積的正方形作圖、黃金分割、圓、正多邊形的問題。第5冊使用了幾何學圖形來討論比例問題，第6冊應用幾何學圖形來討論相似三角形問題。第7冊至第9冊是數論，討論內容包括因數、質數、等比數列求和。求二數的最大公因數的「輾轉相除法」出現在第7冊，而證明質數有無限多個的「歐幾里得定理」則出現在第9冊。第10冊是討論《幾何原本》中最難懂的無理數。第11冊到第13冊討論立體幾何學，包括立體角、平行六面體、角柱及角錐的體積、五種正多面體等等。

《幾何原本》也是哲學和邏輯的典範

歐幾里得的《幾何原本》可說是幾何學的教科書，也是哲學和邏輯的典範。

哲學的鼻祖是年代比歐幾里得早一點的希臘哲學家蘇格拉底（Socrates，前469～前399）和他的徒弟柏拉圖（Plato，前427～前347）。據說柏拉圖在森林裡創辦學校，並於入口寫著：「不懂幾何學者禁止進入」，可見柏拉圖認為幾何學是哲學和邏輯的基礎。

柏拉圖本身既不是幾何學的專家，也不是數學家。但他說過，代表數學的幾何學應該要在討論前就明白地「定義」書中用語意義，並清楚表明代表理論基礎和依據事項的「公理」或「公設」。這個觀念不僅針對數學，也適用於哲學和邏輯。

歐幾里得完全依照柏拉圖的主張而寫下幾何學教科

書。歐幾里得的《幾何原本》第一冊開頭便闡明了23條定義與5項公理以及5個公設。

五項公設與非歐幾何學

歐幾里得五項公設中的前四項相對容易理解。但稱為「平行線公設」的第五公設跟其他公設的性質不太一樣，一般認為可以用公理或其他四項公設加以證明。

但在歐幾里得之後的2000多年來，儘管人們曾努力嘗試，卻仍然無法證明第五公設。一直到後來，俄羅斯數學家羅巴切夫斯基（Nikolas Lobachevsky，1792～1856）和匈牙利數學家亞諾什約（Bolyai János，1802～1860）在同時對這個問題提出了新的見解。

他們大膽認為，即使沒有這項公設，幾何學還是會成立，取而代之的新公設是「通過某直線外一點，且與此直線平行的直線至少有兩條」，建立了一個符合此公設的新幾何學。但是，新見解會導出「三角形的內角和小於180度」的結論，以歐幾里得幾何學的角度來看，這是非常奇怪的結果。新的幾何學已和歐幾里得幾何學分道揚鑣了，現在稱為「非歐幾何學」。

1854年，德國數學家黎曼發表了另一個非歐幾何學。他提出的新公設為：「通過某直線外一點，沒有任何一條直線與此直線平行」，建立了一個符合此公設的新幾何學。新的幾何學認為，通過兩個點的直線可有無限多條，且三角形的內角和會大於180度。

這個非歐幾何學的觀念可從球面的幾何學加以理解。如果將直線定義為「連接兩點的最短距離」，則球面上的「直線」為大圓的一部分。通過兩點的大圓可以有無限多個，且所有大圓必相交於此兩點。因此沒有所謂平行的「直線」，且球面三角形的內角和會大於180度。

羅巴切夫斯基等人的非歐幾何學可以理解成雙曲面上的幾何學，為兩支小號喇叭口相對，且狹小的吹口延伸至無限遠所形成的形狀。以這樣的思維來作判斷，歐幾里得幾何學是「平面上的幾何學」。

但是，雖然宇宙並非平面，但在我們平常生活的範圍內，歐幾里得幾何學還是成立的。因為地球雖然是球體，但只以我們周遭身處的小範圍空間來看，可以視為平面。

歐幾里得幾何學為平面上（立方體表面上）的幾何學。

「阿基米德原理」的發現

阿基米德是希臘化時代活躍於西西里島的數學及物理學家。而西西里島是個位於地中海的島嶼，地處義大利半島和北非的突尼西亞之間。

阿基米德的父親是一位優秀的天文學家，也是敘拉古國王希倫二世的親戚，因此阿基米德有充沛的經濟支援他鑽研學問。他年輕時就前往當時的學術聖地亞歷山大港留學，拜歐幾里得的徒弟為師。

歐幾里得的《幾何原本》並沒有提到書中學到的知識如何實際應用在生活上。這就是希臘科學的特徵。希臘人崇尚數學理論、天文學和音樂，卻看不起應用、技術和機械。

不過，阿基米德不僅是對純數學很有興趣，對技術、工程和應用方面也是充滿了興趣。阿基米德或許是想要發展自己的愛好，居然選擇異於當時學者會選擇的未來方向，一完成學業之後就立即離開亞歷山大港，回到故鄉敘拉古。

「槓桿原理」與「阿基米德原理」

阿基米德因發現「槓桿原理」而留名千古。在槓桿支點兩側分別放上重量不同的秤錘，「將個別秤錘的重量與該秤錘到支點的距離相乘，當兩者的乘積相等時，槓桿會達到平衡」。

利用槓桿原理，就能輕鬆舉起重物。阿基米德曾發出豪語：「只要給我一個支點，我就能搬動地球。」敘拉古的國王希倫二世聽到這句話，便命令阿基米德：「你找一個又大又重的東西代替地球搬起來給我看。」阿基米德便利用槓桿原理，單手將裝滿貨物的船從港邊搬到岸上。

物體受到向下的重力作用，但水中會產生向上的浮力，所以相互抵消後的重量（合力）會變輕。阿基米德原理是指浮力等於與水中物體同體積的水重（所排開的水重）。傳說阿基米德是在泡澡時發現這個原理的。

阿基米德（Archimedes，前287～前212）

此外，阿基米德利用槓桿和滑輪原理，旋轉中空的螺旋筒來提水，製造出阿基米德螺旋提水器，還研究得出找到物體重心的方法。

阿基米德也發現另一項跟浮力有關的「阿基米德原理」（Archimedes' principle）。敘拉古的國王希倫二世命令金匠打造一頂純金皇冠。看到皇冠之後，國王懷疑金匠有摻銀造假之嫌，但從外觀和稱重判斷不出來，便請阿基米德幫忙鑑定。

過了幾天，阿基米德坐進裝滿熱水的浴缸泡澡，注意到溢出來的熱水體積跟自己身體的體積相等。金的重量比銀重，所以兩者等重時，銀的體積會比較大。如果皇冠摻銀，浴缸應該會溢出更多體積的熱水。阿基米德靠這個方法，揭穿了金匠不老實的行為。

以科學理論來解釋阿基米德的發現，就是「沉浸液體中的物體，其重量為原本重量減去所排開的液體重量」，這也就是所謂的「阿基米德原理」。

求出圓周率的近似值

阿基米德對於純數學世界的貢獻，是證明球體體積為與直徑等高的外切圓柱體積的三分之二。他所使用的計算方法來自「歐多克索斯（Eudoxus）的窮竭法」（method of exhaustion）。

阿基米德也透過這個方法來計算拋物線或螺旋曲線所包圍的面積以及將圓錐曲線繞著軸旋轉一圈時所形成的立體（包括圓柱、圓錐體、拋物面體、雙曲面體、橢圓體）體積。

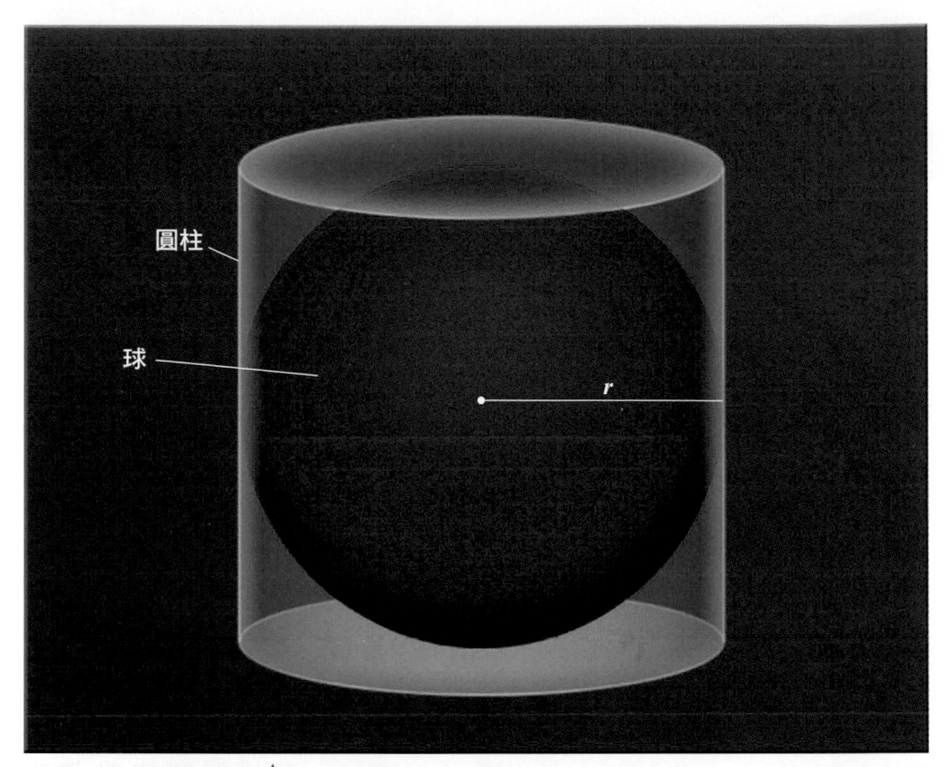

半徑 r 的球體體積為 $\frac{4}{3}\pi r^3$。而圓柱的體積為 $2\pi r^3$。如圖所示，球體體積為外切圓柱體積的三分之二。

阿基米德還算出圓周率 π 的值介於223/71與220/70之間。這在當時算得比任何人都精確。

阿基米德也計算，「假如用沙子填滿全宇宙，需要多少沙粒？」由於阿基米德當代所認知的宇宙遠小於現今所預估的大小，所以他求得的沙粒數其實意義並不大。但是，會動腦去思考這樣的問題才是他偉大的地方。阿基米德也設計了一組模仿太陽、月亮和行星運行模式的小型天象儀。

當時羅馬和迦太基在爭奪地中海的霸權。敘拉古的國王希倫二世和羅馬結盟，但希倫二世的孫子希倫尼姆斯繼承王位後，卻倒戈迦太基。於是羅馬一怒之下，出兵敘拉古。

當時的阿基米德使用起重機般的大鐵鉤吊起羅馬軍的戰船，或利用鏡片聚光燒毀戰船，令羅馬軍十分困擾。於是羅馬軍放棄正面攻擊，趁著敘拉古歡慶阿提密斯女神節的夜晚，眾人酒酣耳熱之際從後方攻入敘拉古。

那天阿基米德還在地上用沙作圖。他看見羅馬士兵人影晃動，一腳踩進沙畫裡，於是怒喊：「不要破壞我的圖！」羅馬士兵以為是一個胡言亂語的老人，便一刀將他殺了。

推廣阿拉伯數字和十進制至全世界的數學家

費波那契（Leonardo Fibonacci，約1170～約1250）

費波那契（Leonardo Fibonacci，1170～1250）是義大利數學家，他最大的貢獻在於推廣阿拉伯數字。

人類最早的數字出現在古埃及第一王朝（西元前3400年左右），而美索不達米亞的古巴比倫數字則出現在西元前3000年左右。古埃及人和古巴比倫人記錄數字的原則非常相近。每一個位數使用一種符號，且位數上的數字是多少就會寫多少個符號。例如他們要寫99，總共需要18個符號。

希臘及羅馬文明最繁榮的時期分別在西元前500～400年及西元前100年左右。這些文明除了每個位數有符號之外，連5也有符號。之後，也創造了代表50、500、5000、5萬……等符號。例如要寫3萬6756，總共需要11個符號。

當時記數法的缺點是符號太少，所以寫數字時需要大量空間來寫很多符號，既累贅也很不便。

西元前4世紀左右的希臘已轉而使用「字母記數法」。希臘字母記數法的規則是使用相對應的希臘字母來代表數字，如1、2、……寫成A、B、……。個位數要用9個字母，10位數用9個，100位數也用9個。因此僅用27個字母就足以寫出1到999。

10種符號就足以寫出所有數字

目前為止所談的記數法都是使用加法的原理。而中國和日本使用的是「進位記數法」，也就是使用乘法原理的記數法。這種記數法除了有1、2、3、4、5、6、7、8、9、10、100、1000、1萬的單位之外，還有比萬更大的億、兆、京……等單位，四位數（一萬倍）以上，每進一位都有新單位。

更徹底執行這種記數法的是印度。萬以上的位數都有獨立的單位。記數法發展至此，經常會省略單位稱呼，例如123456789就會念成「壹貳參肆伍陸柒捌玖」。但這樣一來，就一定要有「0」。因為若沒有0，就無法區分18跟108了。

另外，印度很可能在6世紀就已經創造了0的符號。印度記數法使用0符號與進位（位數增加）的原理是劃時代的發明。若使用印度記數法，不管多大的數字，只要運用0到9共10個數字就能寫完，表示得十分清楚。而且，加法和乘法的運算也變得容易多了，使用上相當方便。

費波那契對於推廣阿拉伯數字的貢獻

後來，印度記數法傳播至東方與西方，特別是為西方帶來深遠的影響，幾乎所有西方國家都採用含有0符號的進位記數法。率先採用這個記數法的是以阿拉伯地區為主的伊斯蘭諸國。

到了8世紀後半，一些印度的天文曆在巴格達翻譯成阿拉伯文。以此為契機，阿拉伯各國因此採納了印度的記數法。波斯的花拉子米（Al-Khwarizmi，780～850）是當代最具代表性的數學家，他寫了一本關於希臘代數學與印度記數法的書。

自11世紀左右起，西班牙將阿拉伯文獻大量翻譯成拉丁文，印度的記數法因此傳到西歐。這就是原本印度所使用的數字現在稱為「阿拉伯數字」的原因。

費波那契出生於當時的義大利商業重鎮比薩。費波那契的父親名叫波那契，是比薩的貿易商，費波那契是「波那契之子」之意。

費波那契跟著穆斯林家庭教師學習，也到埃及、敘利亞、希臘等各國遊歷，接觸到花拉子米的著作，注意到書中所記述的記數法非常好用。於是，他在1202年寫下了《計算之書》(The Book of Calculation)，並將新的記數法及其運算方法引進義大利。

這本書對當時的商人而言太過高深，而對保守的大學而言又難以接受。不過，最後還是受到普遍的認同，到了13世紀末，不僅義大利，甚至整個歐洲都已在使用「阿拉伯數字」了。

15世紀的歐洲出現活字印刷術，統一了阿拉伯數字的書寫體，也發明了乘法和除法的紙筆運算方式。如此一來，阿拉伯數字及10進制已是全世界通用了。

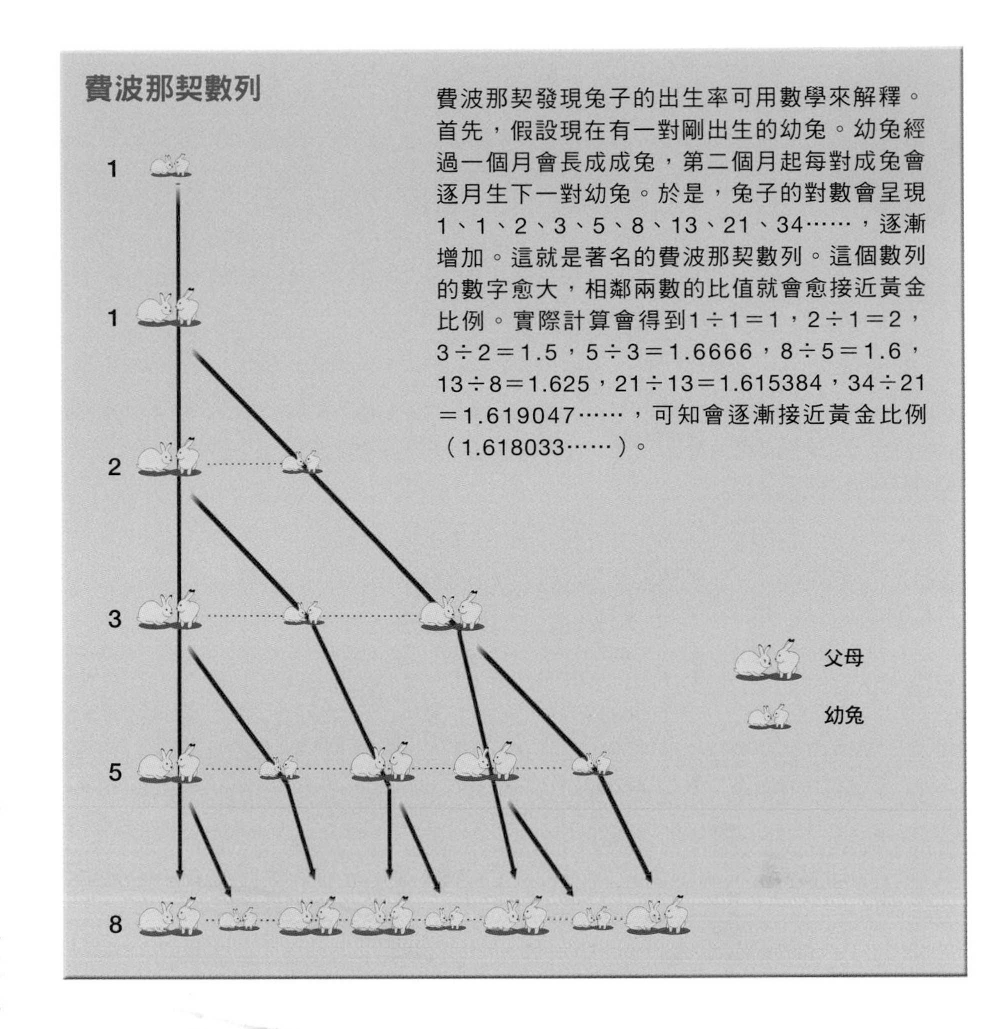

費波那契發現兔子的出生率可用數學來解釋。首先，假設現在有一對剛出生的幼兔。幼兔經過一個月會長成成兔，第二個月起每對成兔會逐月生下一對幼兔。於是，兔子的對數會呈現1、1、2、3、5、8、13、21、34……，逐漸增加。這就是著名的費波那契數列。這個數列的數字愈大，相鄰兩數的比值就會愈接近黃金比例。實際計算會得到1÷1＝1，2÷1＝2，3÷2＝1.5，5÷3＝1.6666，8÷5＝1.6，13÷8＝1.625，21÷13＝1.615384，34÷21＝1.619047……，可知會逐漸接近黃金比例（1.618033……）。

隱藏於自然界的費波那契數列

費波那契於《計算之書》中提到「用數學解釋兔子的出生率」。首先，假設現在有一對剛出生的幼兔。幼兔經過一個月會長成成兔，第二個月起每對成兔每個月會生下一對幼兔。於是，兔子的對數會呈現1、1、2、3、5、8、13、21、34……，逐漸增加。觀察這個數列可知，任一數字皆為其前兩個數字的總和。這就是著名的費波那契數列（Fibonacci number）。

這個數列在自然界處處可見。例如鳳梨果皮表面的螺旋結構、向日葵種子的排列方式等都可見到費波那契數列。此外，最神奇的是，費波那契數列的數字愈大，相鄰兩數的比值會愈接近被喻為最美比例的黃金比例（1.618033……）。

率先導出一元三次方程式的解法

開啟通往現代代數學之路的是波斯的數學家花拉子米。他在820年出版《移項與同類項的整理》一書，記載一元一次方程式的解法，以下舉例說明。

$3x-1=x+15$

首先「移項」，將含有未知數 x 的項移到左邊，不含未知數 x 的項移到右邊，再將左右兩邊分別進行「同類項的整理」，得到如下的方程式。

$3x-x=15+1$，$2x=16$

最後整理完式子，求出來的答案為 $x=8$。所以說，要解一元一次方程式的根時，「移項與同類項的整理」是很重要的。

說到一元一次方程式就少不了一元二次方程式。一元二次方程式最常見的形式如下。

$ax^2+bx+c=0$　（$a\neq0$）

將一元二次方程式寫成這種形式的是印度的數學家阿耶波多（Aryabhata，476～550）及婆羅摩笈多（Brahmagupta，598～665）、婆什迦羅二世（BhāskaraII，1114～1185）等人。於是，當一元一次跟一元二次方程式的根都解出時，數學家就開始關注一般一元三次方程式的求根。

$ax^3+bx^2+cx+d=0$　（$a\neq0$）

發明解法的就是塔爾塔利亞（Niccolò Tartaglia，1499～1557）。

數學競賽中獲得壓倒性的勝利

塔爾塔利亞的本名是豐坦納（Nicolo Fontana），出生於義大利北部的布雷西亞，幼年喪父，在貧困之中長大。1512年法國占領布雷西亞時，塔爾塔利亞受了刀傷，嘴巴不方便說話，所以大家都稱他「塔爾塔利亞」，為「口吃」之意。塔爾塔利亞自學數學，先後於1521年及1534年在維洛那和威尼斯當數學老師。

當時他讀到波隆那大學教授費羅（Scipione del Ferro，1456～1526）寫的一本書，對一元三次方程式的解法產生興趣。

1535年，塔爾塔利亞與費羅的弟子費奧爾參加當時很流行的數學競賽。競賽規則是每人給對方出30道題目，50天內解出最多道題目的人獲勝。塔爾塔利亞覺得費奧爾會出一元三次方程式的題目，於是在比賽的10天前鑽研如下的一元三次方程式，並找出解法。

$x^3+px+q=0$

（p 和 q 為已知數）

據說塔爾塔利亞只花了兩小時就解完費奧爾所出的題目。而塔爾塔利亞提出的題目，費奧爾連一題都解不出來。

塔爾塔利亞遭到卡爾達諾的背叛

塔爾塔利亞沒有對外發表自己的一元三次方程式解法。聽聞此事的卡爾達諾（Girolamo Cardano，1501～1576）向塔爾塔利亞請教解法。塔爾塔利亞一開始拒

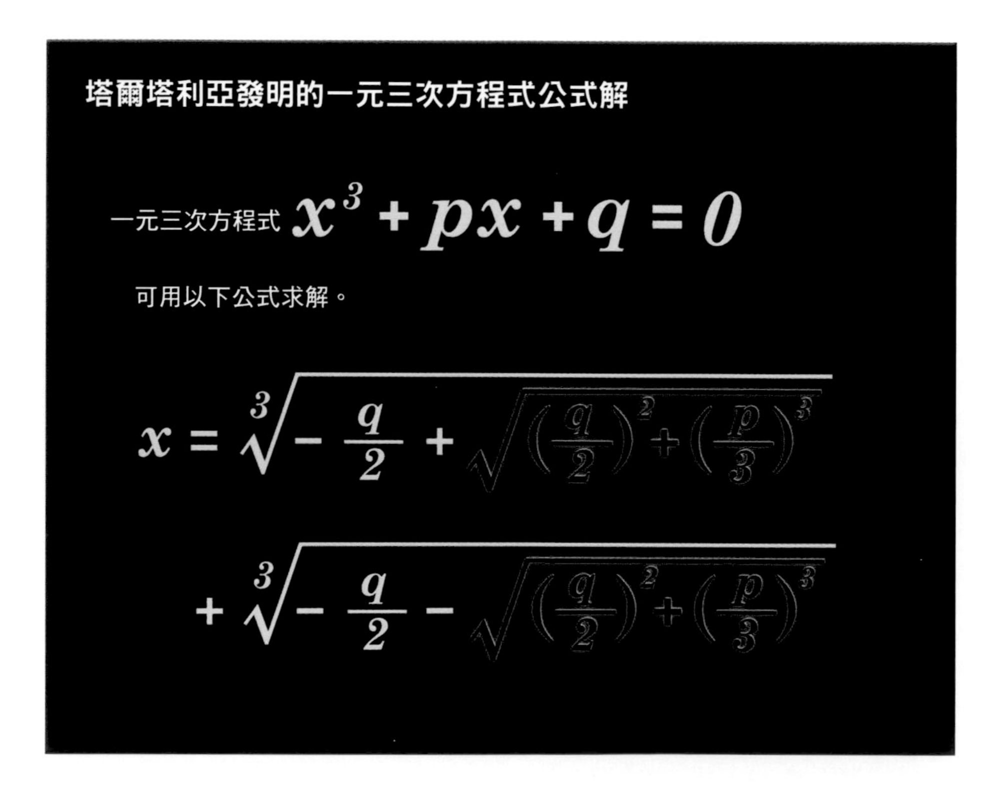

塔爾塔利亞（Nicolo Tartaglia ，本名Nicolo Fontana，1499～1557）

絕，但卡爾達諾承諾不會告訴其他人，於是塔爾塔利亞還是透露解法給他了。

然而，卡爾達諾卻違背約定，在1545年出版《大術》，並於書中發表了一元三次方程式的公式解。因此一元三次方程式的公式解就稱為「卡爾達諾公式」，而此舉激怒了塔爾塔利亞。

沒有人知道為什麼塔爾塔利亞不早點發表一元三次方程式的公式解。他這一生當中寫了很多本書，雖然一元三次方程式的發表晚於卡爾達諾，但還是有將其收錄在著作中。

塔爾塔利亞當年已將多本書籍翻譯成義大利文，包括已譯為拉丁文的歐幾里得的《幾何原本》與討論浮力原理的阿基米德《浮體論》等書。這些翻譯書籍受到文藝復興時期造詣高超之匠師的喜愛。

一元四次方程式公式求解

卡爾達諾有一名優秀的學生，名為費拉里（Lodovico Ferrari，1522～1565）。他很認真地聆聽卡爾達諾的講課，之後成為波隆那大學的教授。費拉里最大的成就是發現下列一元四次方程式的公式解。

$$ax^4+bx^3+cx^2+dx+e=0\quad(a\neq0)$$

他模仿塔爾塔利亞一元三次方程式的公式解，得到一個與他很類似的公式。要解一元四次方程式，必須先解一元三次方程式的根。而一元三次方程式的公式解已由塔爾塔利亞諾導出，所以費拉里的成就在於將一元三次方程式的公式解應用於一元四次方程式的求根。

引進平方後會變負數的「虛數」概念

卡爾達諾（Girolamo Cardano，1501～1576）

卡爾達諾的母親於義大利帕維亞的避難所生下了他。會去避難是因為當時正逢傳染病流行。卡爾達諾的父親是米蘭的律師，據說也是達文西的朋友，有幾何學等數學素養，他也教導卡爾達諾數學和外語。

父親希望兒子繼承衣缽，但卡爾達諾卻攻讀醫學，並於1524年取得帕多瓦大學醫學博士學位。除了醫學，卡爾達諾對天文學、物理學、數學等領域也很有興趣，並熱衷於占星術和奕博。在當時，占星術屬於醫學的範疇，所以他喜歡占星術是很合理的。

發表一元三次方程式公式解

如前面所提，卡爾達諾不斷央求塔爾塔利亞告訴他一元三次方程式的公式解，在承諾不告訴別人為前提下，塔爾塔利亞把公式傳授給卡爾達諾。然而卡爾達諾卻把一元三次方程式的公式解寫在1545年出版的《大術》中。據說塔爾塔利亞深覺遭受背叛而勃然大怒。

但是，卡爾達諾在書中並不是照抄塔爾塔利亞的公式。1543年卡爾達諾和學生費拉里前往波隆那旅行，看到了已故波隆那大學教授費羅留下的筆記。筆記上早已寫著一元三次方程式的公式解。於是卡爾達諾知道費羅已比塔爾塔利亞早一步發現了一元三次方程式的公式解。

塔爾塔利亞與費羅兩人的一元三次方程式公式解都只適用於特殊的一元三次方程式，而卡爾達諾的則是通用性更佳的改良版。此外，卡爾達諾在《大術》中也闡明了塔爾塔利亞與費羅所發明的部分。

話雖如此，後來由於《大術》受到歡迎，一元三次方程式的公式解就被後世稱為「卡爾達諾公式」。卡爾達諾的自傳也提到，他和塔爾塔利亞不久之後就和好了。

率先引進虛數的概念

卡爾達諾的《大術》中首次出現「虛數」的概念。虛數是指「平方後會變負數」的數。卡爾達諾率先表示，若使用虛數，不論什麼樣的一元二次方程式都有解。

例如，「相加為10，相乘為40的兩個數分別為何？」這道題無解，但若使用虛數的概

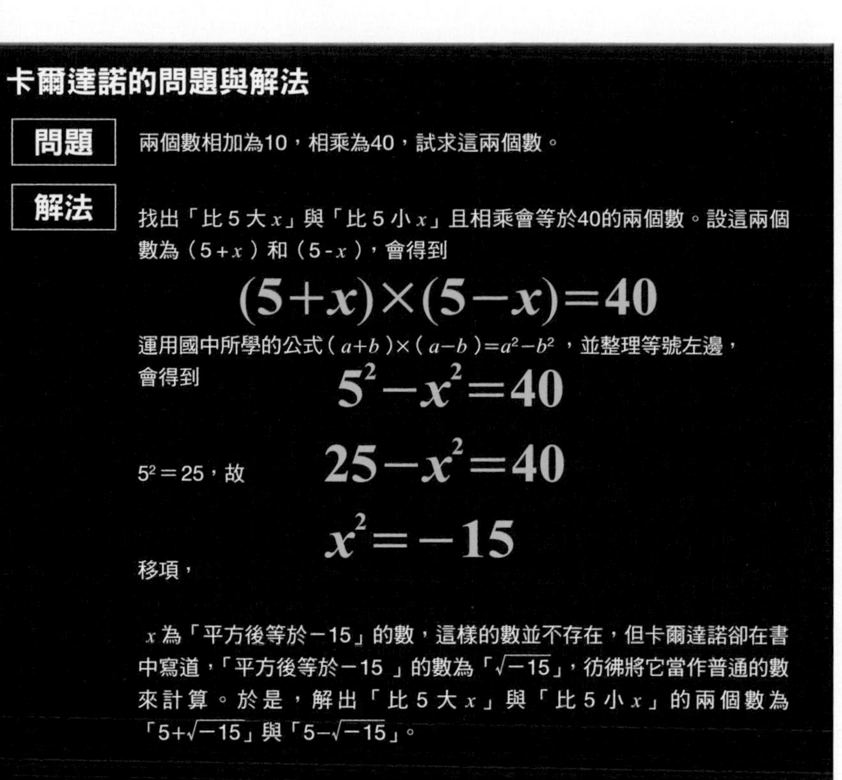

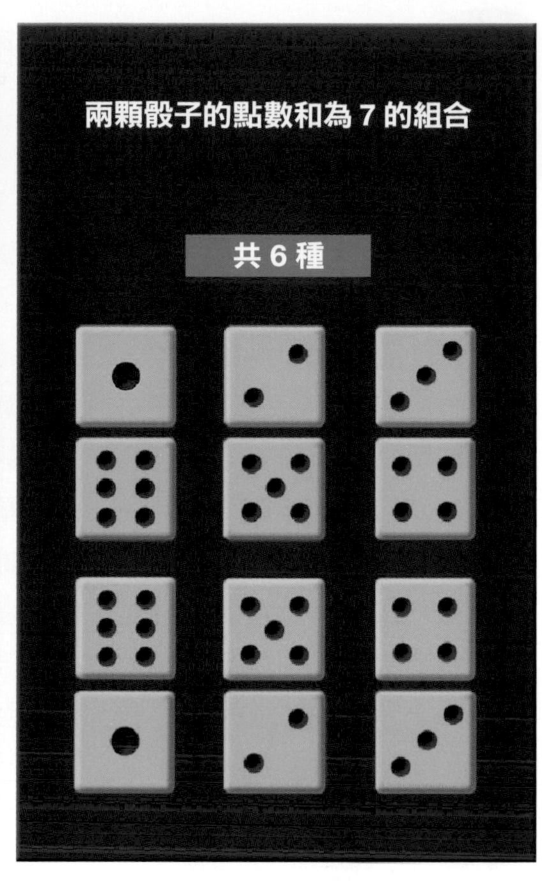

念，則答案為「$5+\sqrt{-15}$」與「$5-\sqrt{-15}$」。不過，卡爾達諾雖然給出答案，卻也補充：「這是一種詭辯。數學計算到這麼精密的程度，也沒有實際的用途。」

當時的數學家並沒有立刻就接受虛數的概念。虛數的命名者是法國哲學家暨數學家笛卡兒。後來定義虛數單位為「i」的是瑞士數學家歐拉。

雖然卡爾達諾認為虛數「沒有實際用途」，但現在，虛數卻是現代科學和物理學上不可或缺的。例如講述微世界現象的「量子力學」，其基礎方程式中就含有虛數。此外，英國物理學家霍金（Stephen W. Hawking，1942～2018）解釋宇宙起源說的理論也用到「虛數時間」（imaginary time）。

因喜愛博奕而促進機率論的研究

卡爾達諾非常喜歡賭博，還著有《論擲骰遊戲》一書。他解決了如下的問題。「打賭同時投擲兩顆骰子所會出現的點數和，賭幾點最有利？」

第一、二顆骰子的點數各為１、２、３、４、５或６點。因此兩顆骰子的點數組合為６乘６種，總共會得到36種組合。這些組合中，點數和為２的只出現在第一、二顆骰子皆為１的情況，組合為一種。

同樣地，第一、二顆骰子的點數和為３、４、５、６、７、８、９、10、11、12時，其組合分別有２、３、４、５、６、５、４、３、２、１種。換句話說，骰子點數和為７的組合數（６種）最多。因此，結論是「要賭點數和為7最有利」。

卡爾達諾身為數學家，因喜好賭博而為機率論的發展做出貢獻。此外，卡爾達諾自己也知道賭博不會賺錢，曾說：「完全不賭的賭徒賺最多。」傳說卡爾達諾因賭博而身敗名裂，最後預告死期並絕食，在預告的那天死去（另一種說法是他在當天服毒自盡）。

以邏輯和數學為基礎的實證論發展

笛卡兒出生於1596年法國中部都爾大區的拉耶小鎮。父親是生活富裕的貴族，但笛卡兒出生不久母親便去世，所以由外婆和阿姨撫養長大。1606年，他進入拉弗萊什的皇家學院。校長很關心體弱多病的笛卡兒，特別准許他早上可以在床上多休息。笛卡兒曾說：「長期床上的晨間冥想是我探討哲學與數學真理的泉源。」

笛卡兒在學院攻讀的是人文科學和經院哲學，但他卻對這些學問嗤之以鼻。他想自成一家，另立學問體系，並選擇了邏輯和數學來奠定根基。

歐幾里得幾何學是過去邏輯和數學的代表，以公認的原理為基礎來證明理論。但他認為理論終究只是理論，其正確性並沒有經過驗證。

笛卡兒認為要判斷一個理論是否正確，應該要看理論能否解釋發生於現實世界中的結果。有這樣「實證」支持的邏輯和數學才是他想創立的學問。以現在的話來說，他的夢想是創立一套基於實證主義的自然科學。

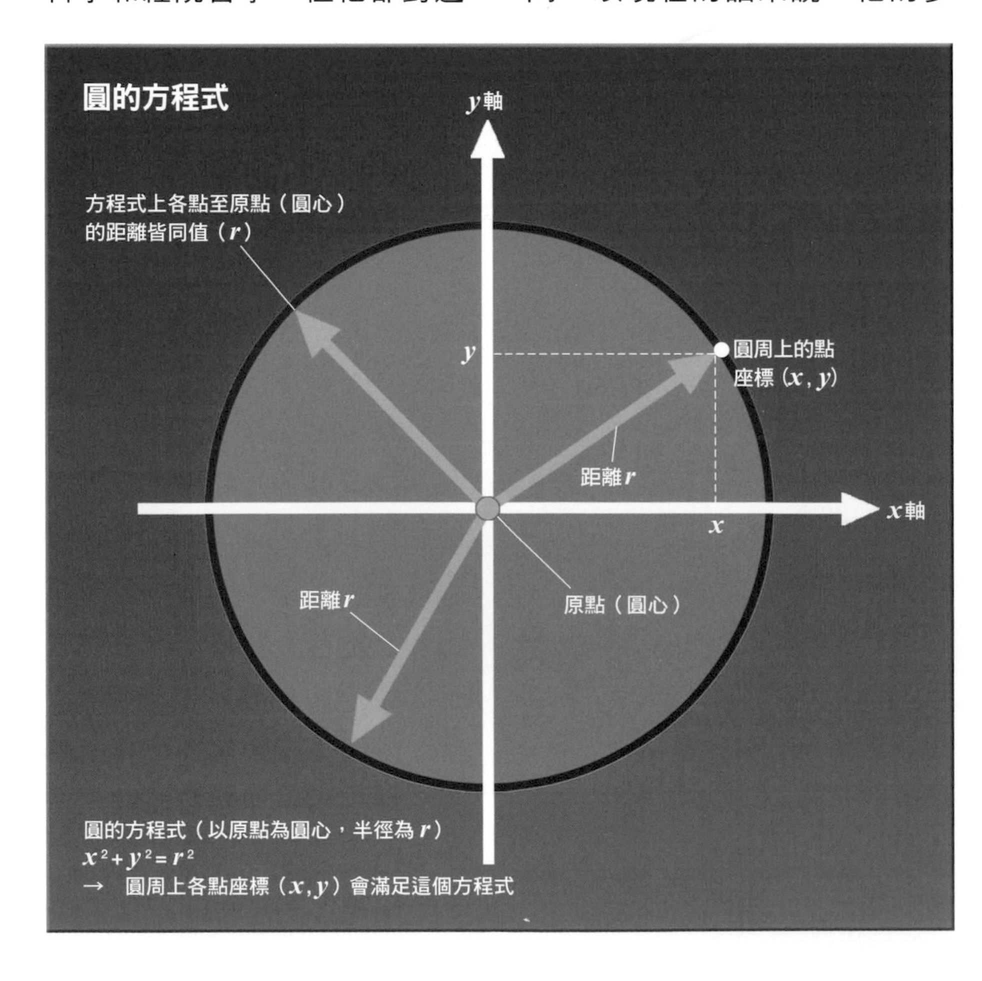

遊歷「名為世界的巨著」

笛卡兒於拉弗萊什度過求學階段。他在1616至1619年間先去了巴黎，行經荷蘭再前往德意志地區。在此期間，笛卡兒自願從軍出任軍官。1618至1648年間，德意志地區爆發三十年戰爭。笛卡兒離開荷蘭前往該區。據說某天晚上，他作了一個夢，發現自己學問的本源基礎。以現在來說，就是將代數學應用於幾何學，即「解析幾何學」（analytic geometry）。

結合代數學與幾何學，產生解析幾何學

平面上相交成直角的兩直線，分別稱為「x軸」和「y軸」，交點稱為「原點」。要指出平面上的一點，只要指出此點至x軸及至y軸距離的數值即可。x值和y值分別稱為此點的「x座標」及「y座標」。

於平面上作圖時，圖形上各點的x座標和y座標會滿足某個關係式。例如以原點為圓心，半徑為r，圓周上各點的

x 座標和 y 座標會滿足關係式 $x^2+y^2=r^2$。這個關係式稱為「圓的方程式」。這個式子可寫成 $y=\sqrt{r^2-x^2}$。

一般來說，作圖於平面上的方程式稱為 $y=f(x)$。也可以反過來說，$f(x)$ 代表 x 的某個函數。換句話說，寫作 $y=f(x)$ 的方程式可於平面上繪製相對應的圖形。如此一來，幾何學和代數學便結合在一起。這就是笛卡兒所發明的解析幾何學。

使用解析幾何的概念，便能研究物理運動的問題。令橫軸為 t，縱軸為新幹線軌道上各站相隔的距離 y。這裡只是將解析幾何學中的 x 置換成 t 而已，此時 $y=f(t)$ 就變成新幹線的時刻表，圖就變成列車運行圖。後來牛頓就用這個方法建立了力學理論。

決心為哲學奉獻一生

笛卡兒自1628年至1649年旅居荷蘭約20年，留下了大量原稿。

1632年，提倡地動說的伽利略獲判有罪，終身監禁於羅馬。笛卡兒原本就支持地動說，甚至還想出版和地動說有關的作品，因此大受打擊。

笛卡兒（René Descartes，1596~1650）

這時的笛卡兒已不想出書，不過後來被友人說服，1637年將三篇「論文」（《光的折射》、《氣象學》、《幾何學》）集結成《方法論》，以匿名的方式出版。

這本書解釋解析幾何學的原理，論述光的折射定律，並詳述了彩虹現象的理論。書中也提到1628年由英國生理學家哈維（William Harvey，1578～1657）出版的《心血運動論》，闡述了「動物機械論」，彷彿他已預見近代機器人和電腦的問世。

笛卡兒還否定真空的存在，認為太陽透過漩渦運動影響地球。這個論點讓人聯想到德國哲學家康德（Immanuel Kant，1724～1827）和法國數學家拉普拉斯（Pierre-Simon Laplace，1749～1827）所提倡的太陽星雲學說。

歷經360年才得證的「費馬最後定理」

費馬（Pierre de Fermat，1601～1665）

費馬出生於1601年法國南部土魯斯附近的博蒙德洛馬涅。費馬的父親是皮革商人，也是博蒙德洛馬涅副領事。母親是議員之女。費馬為了當行政官而用功讀書，在1648年當選土魯斯議會的議員，終身任職。這份工作並不影響他的數學研究。當時為了避免議員貪污，還不准議員參加不必要的活動。

解析幾何學的創始人笛卡兒和費馬是同胞，也是同時代的人。他們各自獨創了解析幾何學。笛卡兒鑽研平面上的解析幾何學，而費馬則拓展到三維空間的解析幾何學。

據傳牛頓和萊布尼茲是微積分的創始人，而費馬在兩人之前就已經發表了微積分計算方法的重點。

費馬還解釋了光傳播路徑的「費馬原理」（Fermat principle）。這個原理是指光從點P1進入P2時，實際經過的路徑會選擇通過時間最短的路徑。他利用這個原理，導出了光的直線傳播、反射、折射等光學的基本原理，也和帕斯卡一起建立了機率論的基礎。

引起費馬注意的「費馬數」

讓費馬聲名大噪的是他對數論的研究。世人會對費馬的數論產生極大興趣乃肇因於巴切特（Claude Gaspard Bachet de Méziriac，1581～1638）翻譯了丟番圖（Diophantus，前200-214～前284-298）所著的《數論》（Arithmetica）。以下所述的部分「費馬定理」（Fermat's last theorem），是費馬閱讀《數論》時在空白處所寫下的筆記。

2乘以2等於4，4的平方等於16，16的平方會得到256。整理這些數字如下。

$2，2^2=4，4^2=16，16^2=256，256^2=65536，65536^2=4294967296，\cdots\cdots$

這些數分別加上1會得到

3，5，17，257，65537，4294967297，……

這些數稱為「費馬數」（fermat number，也稱費馬質數）。

費馬主張：「我堅信這些數全都是質數。」雖然前五個數的確是質數，但之後的數卻並不是。

然則，費馬只是說「我堅信這些數全部都是質數」，並沒有說他「已證明」。經研究後發現，如果費馬有說「已證明」時，後面一定會附上證明過程。

費馬數後來竟然和一個意想不到的問題扯上關係，就是只

只用尺和圓規可畫出費馬質數的正多邊形，如正三角形、正五邊形、正十七邊形等。

用尺和圓規畫出正 N 多邊形。古希臘人很早就發現用尺和圓規畫出正三、四、五、六、八、十、十五邊形的方法。

某邊數的正多邊形可以衍生出其兩倍邊數的正多邊形。問題是奇數邊的正多邊形中，使用尺和圓規能夠畫出來其中的幾種？

解決這個問題的人是高斯。他發現當N為費馬數（3、5、17、257、65537、?）或為這些費馬質數的乘積時，便能畫出正 N 邊形。

歷經360年才得證的「費馬最後定理」

費馬還提出一個定理：「設 n 為任意正整數，p 為任意質數，則 n^p-n 可被 p 整除」。後來，這個定理為萊布尼茲所證明。

接著費馬又提出了一個定理：「設 n 為正整數，則形式為 $4n-1$ 的任意質數都能寫成兩個平方數的和，且這兩個數的組合只有一種。同時形式又為 $4n-1$ 的任意質數不能寫成兩個平方數的和。」後來證明這個定理的人則是瑞士數學家歐拉。

在諸多的「費馬定理」中，有一個定理如下。「一個立方數無法寫成兩個立方數的和；一個 4 次方數無法寫成兩個 4 次方數的和；或者也可以說成當 n 大於等於 3 時，一個 n 次方數無法寫成為兩個 n 次方數的和。」

以數學式寫出這個定理即為「當 $n=3$ 以上的整數時，$x^n+y^n=z^n$ 沒有正整數解」。這個定理稱為「費馬最後定理」（Fermat's last theorem），曾有許多人試圖尋得證明，但始終沒能得證或找出反例。

1995年，終於由英國數學家懷爾斯（Andrew Wiles，1953～）證明了這個定理。此時距離費馬提出定理已經過了360年。

研究射影幾何學的先驅

帕斯卡（Blaise Pascal，1623～1662）

帕斯卡生於1623年法國奧弗涅大區的克萊蒙，既是數學家，也是物理學家、哲學家。帕斯卡自學幾何學，據說12歲時已能導出歐幾里得《幾何原本》中第32命題的「三角形的內角和等於兩直角的和」。

1640年，17歲的帕斯卡證明了和圓錐曲線有關的「帕斯卡定理」。這項定理被喻為幾何學中最美的定理之一。帕斯卡定理是指六邊形內接於橢圓上A、B、C、D、E、F點，其三對對邊（AB與DE）、（BC與EF）、（CD與FA）的交點會在一直線上。因為這個定理太過神祕，所以定理中的內接六邊形被稱為「神祕六邊形」。

帕斯卡在圓上證明了這個定理，此後更透過「投影法」將這個定理推廣到一般的圓錐曲線上。這種幾何學稱為「射影幾何學」。帕斯卡的《試論圓錐曲線》書中收錄了自阿波羅尼奧斯（西元前約200年）以來超過400多項的圓錐曲線命題。

解釋流體壓力的「帕斯卡原理」

1643年，義大利物理學家托里切利（Evangelista Torricelli，1608～1647）進行了一項有名的「托里切利真空實驗」。他在長一公尺且一端封閉的玻璃管裝滿水銀，倒立於一個盛有水銀的容器中。玻璃管中的水銀會下降至高於容器水銀面76公分的高度，玻璃管上方形成了一個不含任何物質的空間。當時這一個實驗證明了真空的存在而受到了科學界關注。

聽聞這項實驗的帕斯卡，自己也重複了一次托里切利的實驗。他驗證托里切利的實驗為真，於1647年發表論文《真空的新實驗》。

他還攜帶氣壓計登山，發現水銀柱的高度比平地低，減少的水銀柱即是減少的氣壓。顯示位於觀測點上方的空氣重量會產生氣壓。山愈高，位於觀測點上方的空氣就愈少，所以氣壓會降低。帕斯卡匯整了以上結果，於1648年發表論文《液體平衡的大實驗》。

帕斯卡也綜合之前的研究成果，於1654年發表《液體平衡論》。這篇論文探討的內容為液體壓力的「帕斯卡原理」(Pascal's principle)。指出「增壓於密閉容器內靜止液體的某一點時，液體內任一點都會增加相同的壓力」，也是水壓計的原理。

機率論的研究

有一天，朋友問帕斯卡：「如果賭骰子遊戲玩到一半時中止，那麼賭金要怎麼退還才公平？」以下列題目為例：「兩人拿出相同金額的賭金並擲骰。猜中三次出現的點數者獲勝，贏家收取所有賭金。假設現在A賭贏兩次，B賭贏一次，此時必須中止賭局，賭金要怎麼分配才公平？」

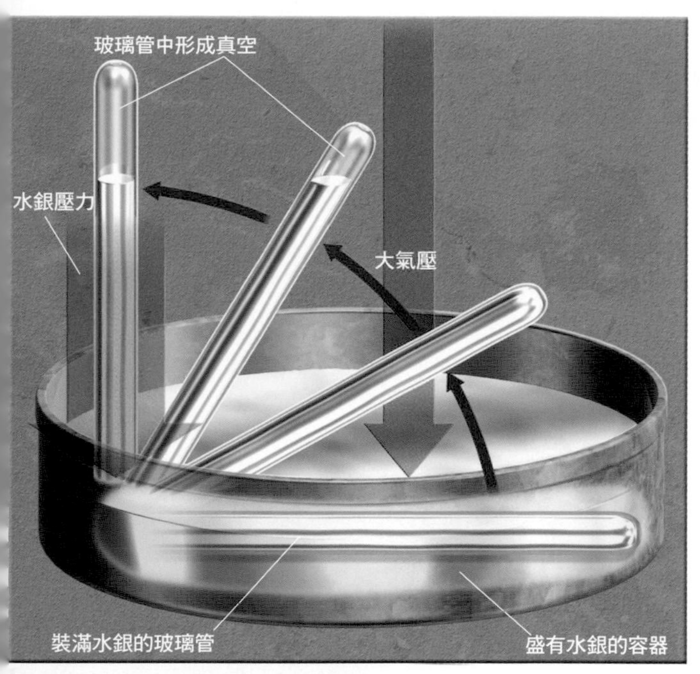

導出「帕斯卡原理」的實驗
1643年，托里切利和同事維維亞尼（Vincenzo Viviani，1622～1703）共同合作水銀柱實驗。托里切利發現大氣壓造成水銀柱上升至76公分的高度。

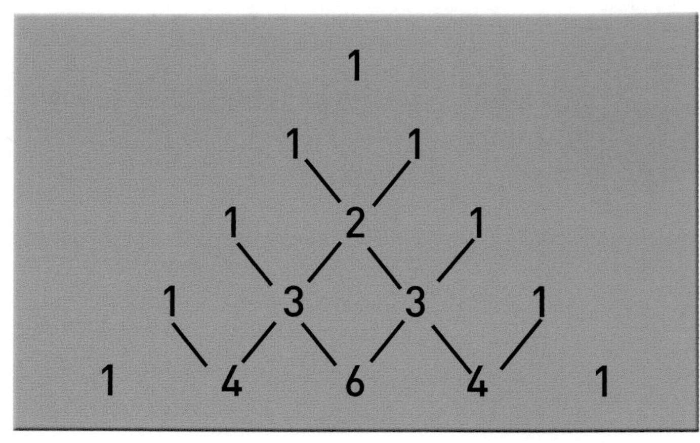

帕斯卡所發明的「帕斯卡三角形」

帕斯卡知道應該要根據賭徒的勝率來分配賭金，但他沒辦法馬上回答要怎麼計算「勝率」。過了兩年多，他和數學家好友費馬一起想出這題的一般解法。

解法如下。下一次的擲骰中，出現A猜對點數和B猜對點數的機率都為2分之1。B若要贏得這場遊戲，必須要這次跟下次都猜對點數才行。這次擲骰出現B猜對點數的機率為2分之1，所以這次跟下次都出現B猜對點數的機率為2分之1的2分之1，換句話說就是4分之1。因此這一道題的答案是，B應收回賭金總額的4分之1，A則應該收回剩下的4分之3。

帕斯卡和費馬奠定了「機率論」的數學基礎。此外帕斯卡還發明了和機率問題有關的三角形，稱為「帕斯卡三角形」。這個三角形是將數字排列成三角形的形狀，如上圖。最頂端會放1，第二排分別放兩個1。第三排以下會於兩端放1，前排相鄰兩數的和會依序放在下排兩端的1之間。帕斯卡三角形是和機率論相關的組合分析理論，例如出現於$(1+x)^4$展開式中的各項係數。

$(1+x)^4=1+4x+6x^2+4x^3+x^4$。此處的1、4、6、4、1相當於帕斯卡三角形第五排的數列。

人是「一根會思考的蘆葦」

1658年，帕斯卡熱衷於研究「擺線」(cycloid)問題。所謂擺線，指的是平面上有一個沿著一直線滾動的圓，其圓周上的點所描繪出來的曲線。

擺線的圖形不僅優美，還有很多優異的特性。利用擺線的特性，不論單擺擺動的幅度多大，都能做出完全相同擺動週期的單擺。擺線的弧形在建築學上是最堅固的結構。由於重力的作用，擺線上任意一點從相同水平高度下滑至最低點所需的時間皆相等。

帕斯卡在晚年寫了一本哲學與宗教思想的書，名為《基督教辯護論》。在他死後，這本書的部分內容以《沉思錄》之名出版。其中最有名的一句話是「人只不過是一根蘆葦，是自然界中最脆弱的存在。但他是會思考的蘆葦。」

與牛頓分別獨力創出微積分

復原的萊布尼茲所發明的手動機械式計算機。使用齒輪和彈簧運轉，可自動進行加減乘除的運算。

萊布尼茲（Gottfried W. Leibniz ，1646～1716）

萊布尼茲於1646年生於德國的萊比錫，自幼便展現過人的天賦。1661年就讀萊比錫大學，攻讀法學與哲學，之後於紐倫堡的阿爾特多夫大學取得法學博士學位。

但萊布尼茲志在四方。於是，1672年美茵茨選侯國（Electorate of Mainz）的前首相韓伯格（Johann Hamborg，1622～1672）派他出使巴黎。

來到巴黎的萊布尼茲大幅修改了帕斯卡發明的手動機械式計算機，新型的計算機利用齒輪運轉，能夠計算加減乘除。

1673年，萊布尼茲造訪英國時，向皇家學會的會員展示他的計算機。皇家學會對這台性能優異的計算機感到驚豔，便將萊布尼茲選為學會的會員。

萊布尼茲滯留巴黎期間還在1684年發明了微積分。但是牛頓也因發明微積分而聞名，所以1673年萊布尼茲拜訪英國時，英國的科學家還懷疑他是不是抄襲牛頓的微積分。不過，現在認為牛頓和萊布尼茲是各自獨力創出微積分的。

而且，萊布尼茲的文筆很好，他在微積分的解釋也比牛頓淺顯易懂。因此，現今人們也都偏好採用當初萊布尼茲所取的用語和方法。

好學不倦的萊布尼茲

萊布尼茲接受漢諾威的腓特烈選帝侯邀請，於1676年移居漢諾威。並出任圖書館兼皇室顧問，直到1716年去世，長住漢諾威約40年之久。

居住漢諾威期間，萊布尼茲也常至各國旅行，與學者交流，對所有的學問都很有興趣。他對東方也有興趣，做了很多研究。

諸多研究中，萊布尼茲提出了「連續性原理」（principle

of continuity)。意指看似相反的東西之間必定有所關聯，看似相近的東西之間也必定會有隔閡。例如，將靜止視為「無限小的運動」時，就會發現兩者之間的關聯性。微積分或力學中，速度和加速度的思維都跟這個原理有關。

此外，萊布尼茲也研究位置解析。即現在所謂的「位相幾何學」(拓樸學)，這是透過連續變形來探究未知圖形之特性的一門數學。

位相幾何學最有名的例子是德國數學家莫比烏斯(August Möbius，1790～1868)所發明的「莫比烏斯環」。莫比烏斯環是將一條柔韌的長方形帶子扭轉半圈的圖形。最神奇的是，莫比烏斯環不分裡外兩面，只具有一個邊界。

使用1和0的「二進制」發明

萊布尼茲也研究過現在稱為「二進制」的數字表示法。我們平常使用的十進制會使用0、1、……9等十個數字來表示所有數字。而萊布尼茲的二進制只要使用0和1來表示所有的數字。二進制中，0和1也分別用0和1來表示。此外，二進制會符合以下的加法公式。

0+0=0，0+1=1，1+0=1，1+1=10

前三個式子應該很容易明白。而第四個式子代表二進制的1加1為進一個位數之意。換句話說，新進位的位數為1，而原本的位數為0。依據這四條公式，二進制中的10等於十進制中的2，同樣會符合以下的對應關係。

11→3,100→4,101→5,110→6,111→7,1000→8, ……

位於箭頭左側是二進制的寫法，而箭頭右側則是十進制的寫法。

我們所熟悉的電腦，就是使用二進制原理的典型例子。萊布尼茲研究二進制的成果對現代社會帶來深遠的影響。

電腦所使用的二進制示意圖。萊布尼茲的數學研究為現代社會帶來深遠的影響。

萊布尼茲也對力學頗感興趣，他認為力學現象會儲存運動的能量$\frac{mv^2}{2}$。而且萊布尼茲還發現力學上的「最小作用量原理」(least action principle)，早於法國物理學家莫佩爾蒂(Pierre de Maupertuis，1698～1759)於1747年所發表的見解。可見萊布尼茲涉及的研究範圍相當多元。但是，由於他的計畫往往規模太過龐大，所以真正實現的並沒有那麼多。

1700年，萊布尼茲和牛頓一同獲選為巴黎皇家科學院的院士。同年，萊布尼茲說服腓特烈一世，創立普魯士皇家科學院，並擔任第一屆會長。這個協會至今仍然存在，是非常重要的科學研究團體。

為近代數學奠基的天才數學家

歐拉（Leonhard Euler，1707～1783）

歐拉生於1707年瑞士的巴塞爾。父親是一名喜歡數學的牧師，也是歐拉的數學啟蒙者。但是，父親希望歐拉成為牧師，所以歐拉在巴塞爾大學攻讀神學和希伯來文。

在巴塞爾大學教導歐拉數學的是白努利（Johann Bernoulli，1667～1748）。白努利出身學術世家，他的兩個兒子尼古拉斯（Nicolaus II Bernoulli，1695～1726）及丹尼爾（Daniel Bernoulli，1700～1782）和歐拉非常地要好。

父親勸歐拉當牧師，但他卻執意從事數學研究。白努利的家人開導歐拉父親，說歐拉必定會成為大數學家，終於說服了他父親。

當時歐洲的學術中心不是大學，而是皇室贊助的皇家科學院。1725年，白努利兄弟到聖彼得堡科學院擔任數學教授，並邀請歐拉前來。

1727年歐拉抵達聖彼得堡，在丹尼爾的策劃下獲得數學所的職位。後來因丹尼爾身體狀況欠佳，於1733年返回瑞士，歐拉便接任了數學所的要職。

歐拉於聖彼得堡結婚，育有13名子女。歐拉也是多產的數學家，寫好的論文堆積案頭，幾乎來不及印刷。

1741年，歐拉受腓特烈大帝之邀移居柏林，但腓特烈大帝喜歡談論哲學，並嘲笑不擅長哲學的歐拉。厭倦了柏林的歐拉受到葉卡捷琳娜二世的邀請，藉機返回聖彼得堡。

即使失明也仍繼續做研究

1735年，熱衷於「天平動」（Libration）研究的歐拉失去右眼的視力。他為了恢復視力而接受治療，但手術失敗，左眼也跟著失明。即使如此，歐拉還是繼續從事研究。

歐拉的研究涉及許多領域。首先是教科書的撰寫。1748年，他寫了一本《無窮微量分析入門》，是關於代數、三角學、微積分的教科書。其他知名的教科書還有《微分學原理》（1755）、《積分學原理》（1768～1770）、《求出滿足已知條件的極大或極小曲面的方法》（1744）、《力學》（1736）等，對於後世具有非常深遠的影響。

歐拉因為解決了以下兩個問題，因此成為「位相幾何學」的學門創始者。第一個是一筆畫問題。普魯士的哥尼斯堡遭河川隔開劃分為四個地區。為了聯結這些地區的交通，於是在河上架起七

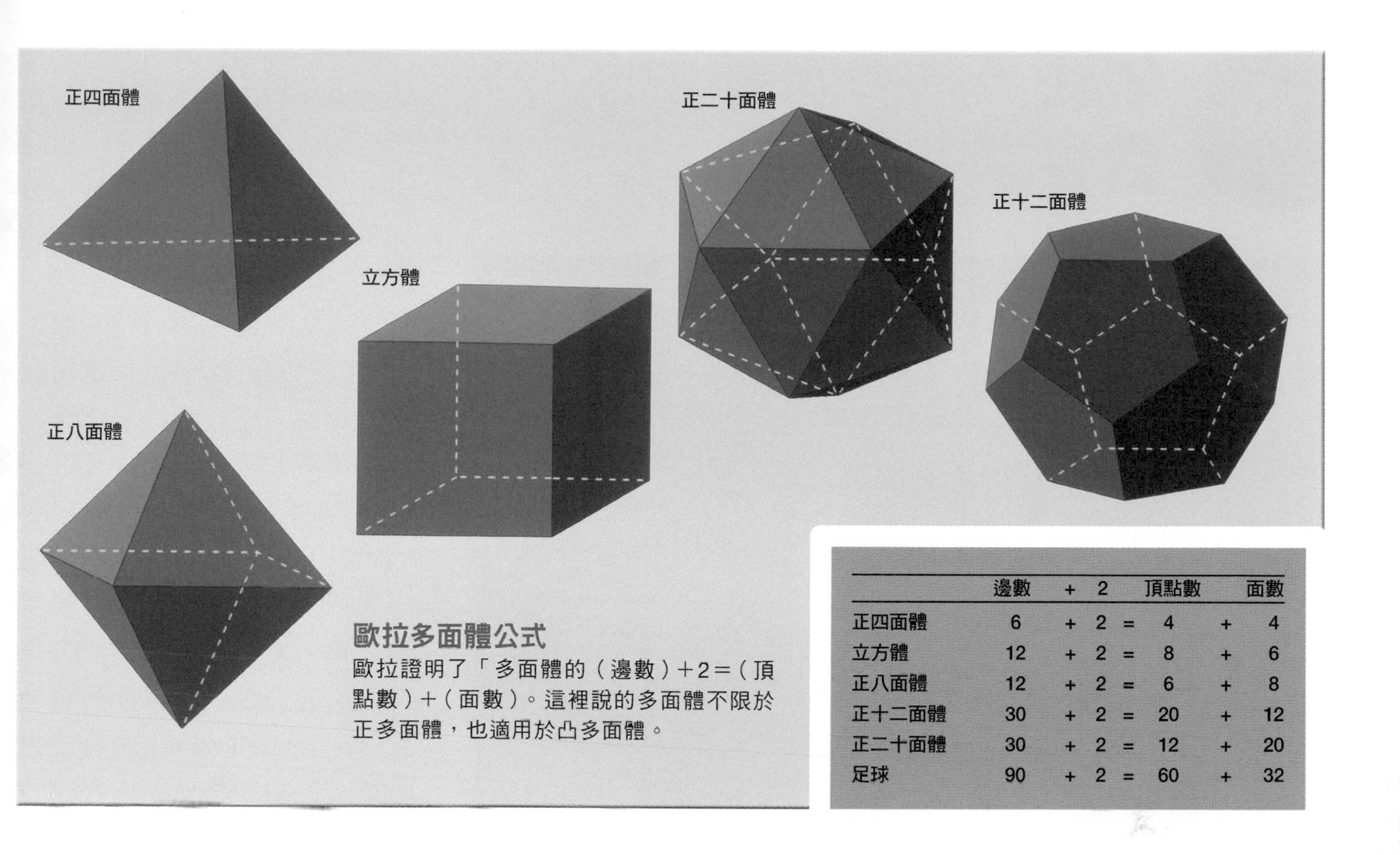

	邊數	+	2		頂點數		面數
正四面體	6	+	2	=	4	+	4
立方體	12	+	2	=	8	+	6
正八面體	12	+	2	=	6	+	8
正十二面體	30	+	2	=	20	+	12
正二十面體	30	+	2	=	12	+	20
足球	90	+	2	=	60	+	32

歐拉多面體公式
歐拉證明了「多面體的（邊數）+2=（頂點數）+（面數）。這裡說的多面體不限於正多面體，也適用於凸多面體。

座橋。這個市鎮流傳著一個說法：「至少有一座橋要經過兩遍，才能走遍所有的橋。」聽聞這件事的歐拉覺得其中一定藏有很重要的原理，並將原理列成數學式，最後解決了這個問題。

第二個則是多面體的問題。研究這個問題的歐拉最終證明了歐拉多面體公式，即「多面體的邊數加二等於頂點數與面數的總和」。以上兩個問題的共通點在於，不論是圖形或者空間如何連續變形，問題的本質都不變。這種領域的數學就是位相幾何學。

歐拉最廣為人知的貢獻是解決了「變分學」的問題。「古代城市迦太基規定，如果一名男性在一天內挖出一條包圍土地的水溝，即可占有那塊土地。請問水溝要挖成什麼形狀，才能圍出最大面積？」這個問題以數學用語來說，就是「具有相同周長的圖形中，面積最大的是什麼圖形？」答案是圓形。歐拉為了方便研究變分學問題，導出了微分方程式。

推導剛體和流體的運動方程式

歐拉對虛數也很感興趣，他將虛數的單位定為「i」，並於1748年發現被譽為「世界上最美公式」的數學式，就是「歐拉恆等式」，寫作「$e^{i\pi}+1=0$」。這個等式將最基本的正整數「1」、源於印度的「0」、圓周率「π」、自然對數的底數「e」、「虛數單位 i」等重要的數，只使用一個簡潔的公式便串連在一起了。

將 π 代入「歐拉公式」，即「$e^{ix}=\cos x+i\sin x$」，兩邊各加 1 便可得到歐拉恆等式。所以說歐拉公式是將實數世界中原本毫無關係的指數函數與三角函數，透過虛數而緊密連結在一起。這一條公式是現代科學家們進行各項計算時不可或缺的方便工具。

此外，歐拉還延伸牛頓所導出的運動方程式，進而導出流體和剛體的運動方程式，大大地推進了牛頓的研究發展。

解決「三體問題」的數學家

拉格朗日（Joseph-Louis Lagrange，1736～1813）

拉格朗日（Joseph Lagrange，1736～1813）的父親為法國人，母親則是義大利人。父母原本生活相當富裕，但因投資失敗，家道中落。不過，拉格朗日卻認為這反而是件好事，「如果我繼承了財產，恐怕就不會在數學上傾注一生了。」

拉格朗日讀過歐幾里得和阿基米德的論文。但並沒有留下太多印象。之後，他讀了牛頓的朋友，也是哈雷衛星的發現者哈雷（Edmond Halley，1656～1742）的論文後深受吸引。相較於依靠圖形解釋問題的幾何學，他更喜歡牛頓和哈雷用數學式來分析問題的論文。

拉格朗日在19歲就計畫寫一本《分析力學》。他強調分析的重要性，在序言中寫道：「本書連一張圖也沒有。」但是他也沒有忽視幾何學，在後面補充：「力學可以想成是四維空間的幾何學。」這個概念早於愛因斯坦（Albert Einstein，1879～1955）所發表的相對論。

拉格朗日對「三體問題」的研究

拉格朗日的論文中，最知名的當屬他利用牛頓萬有引力定律研究「三體問題」（three-body problem）的貢獻。要解釋月球的運行，就不能忽略同時受萬有引力互相牽引的太陽、地球、月亮這三個天體。拉格朗日就「為何月球總是以同一面朝向地球」提出解釋。

拉格朗日研究三體問題，發現「拉格朗日點」（Lagrangian point）。這是指像太陽和木星一樣具有主從關係的兩顆星體之間，萬有引力和離心力達到平衡的一點。拉格朗日點總共有5個（L1～L5），位於這些點上的物體相對於主從關係的兩顆星是靜止狀態。當時已知木星有四顆衛星。因此，要解釋木星的運行，就必須要同時考慮太陽、木星及其四顆衛星，變成「六體問題」。拉格朗日也解決了這個問題。

瑞士數學家歐拉對於現在稱為「變分法」（calculus of variations）的問題很感興趣。變分法的一個實例為「等周長問題」（isoperimetric inequality）。問題為「所有具有相同周長的平面圖形中，面積最大的是什麼圖形」，答案是圓形。此外，求出已知曲面上已知兩點連線的最短距離（測地線）也屬於變分法的問題。也就是說，在已知條件下求出某積分的最小值（或最大值）就是變分法。

有一天歐拉收到拉格朗日所

寫的一篇變分法論文。這篇論文寫得比歐拉準備送印的變分法論文更完整。於是在歐拉的引薦下，拉格朗日接任歐拉離職的空缺，成為普魯士皇家科學院的物理與數學所所長。

研究一元五次方程式的公式解

拉格朗日在1767年研究過高次代數方程式的求根。自希臘時代起就已知一般的一元二次方程式

$ax^2+bx+c=0 \quad (a\neq 0)$

的公式解為

$$x=\frac{-b\pm\sqrt{b^2-4ac}}{2a}$$

16世紀初，義大利數學家卡爾達諾和費拉里發現具有任意實係數的一元三次和一元四次方程式的公式解。因此，拉格朗日也研究具有任意實係數的一元五次方程式的公式解，但沒有成功。

1799年，高斯證明一般的 n 次方程式，會有 n 個複數解，包括具有任意實係數的一元五次方程式。複數寫作 $x+iy$ 跟 y 為任意實數，i 是代表 $i^2=-1$ 的虛數單位。

拉格朗日受到拿破崙器重

1787年，拉格朗日承法國國王路易十六之邀移居巴黎。他19歲時所寫的《分析力學》在抵達巴黎的隔年才出版，此時他已經52歲了。這

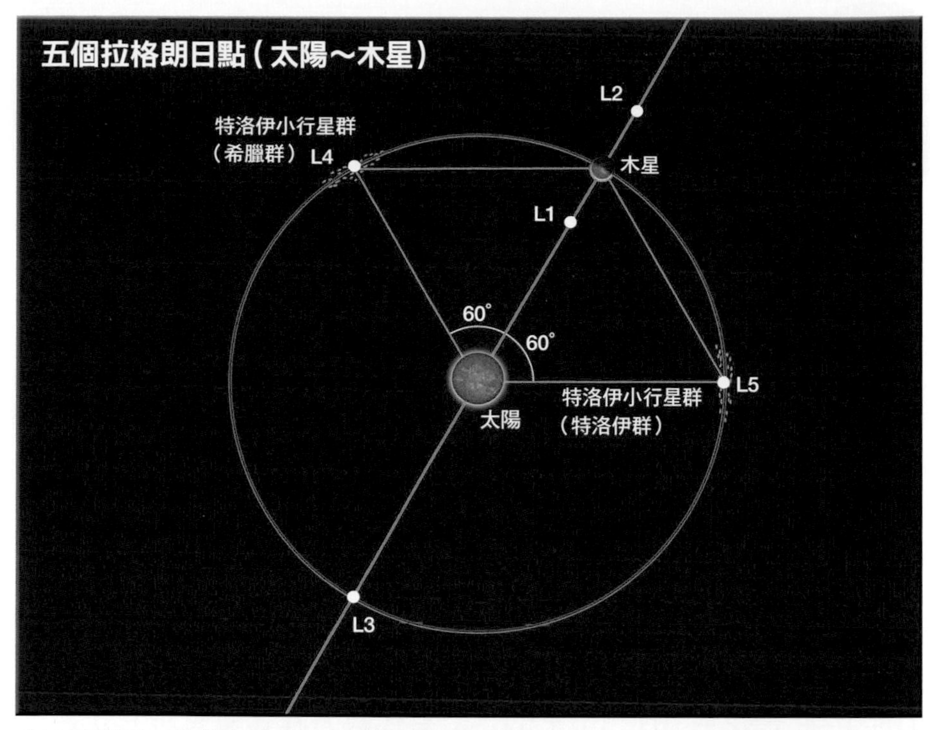

「三體問題」的研究發現了「五個拉格朗日點」（L1～L5）。圖中顯示拉格朗日點在宇宙裡的實際位置。五個拉格朗日點的發現過程如下。首先，歐拉發現主從關係的兩星連線上有L1至L3等三個解（歐拉的直線解）。之後拉格朗日證明主從兩星連線所形成的兩個正三角形頂點上也有兩個解（L4、L5）。這項成就獲得盛讚，他也獲得法國科學院院士獎。拉格朗日去世後，才在太陽和木星引力平衡的兩個拉格朗日點（L4、L5）發現小行星群。

本書利用變分學和其他分析方法，統整了各項力學的原理。

1793年拉格朗日受命出任新度量衡制度委員會的委員長。委員會在他指導之下建立了公制系統（metric system）。

委員會定義地球赤道到北極之子午線的1000萬分之一為長度單位「公尺」；密度最大的4℃純水一立方公分為質量單位「公克」。拉格朗日在委員會中最辛苦的地方是排拒某些人主張要適當合併十進制與慣用的12進制的聲浪。

1796年起拿破崙發動戰爭，征戰歐洲各地。1804年拿破崙即位，說「拉格朗日是聳立於數學世界的榮耀金字塔」，封他為元老院議員、伯爵，並且還授予法國榮譽軍團勳章。

拉格朗日獲得專屬退休金，巴黎高等師範學院於1795年創校時，他受聘擔任數學教授。1795年巴黎綜合理工學院創校時，他也成為首批教授。他的授課跟著作都是高格調且獨創性強的內容。他在拿破崙麾下培養了許多年輕技師，對法國的發展貢獻極大。

開創多種數學領域的近代數學始祖

高斯出生於普魯士北部漢諾威附近的布朗施維克。高斯曾說自己「在說出口前就已經計算完畢。」因為他具有超凡的計算能力。10歲時學校老師問道：「1 到100所有數字相加會等於多少？」他當場就算出來，令老師十分吃驚。高斯是這樣算的，1＋100＝101, 2＋99＝101, 3＋98＝101…49＋52＝101, 50＋51＝101，會形成50個101，所以101×50＝5050。後來，這位老師請他的朋友巴爾特斯指導高斯代數學。

巴爾特斯向布朗施維克的領主費迪南公爵提起高斯，於是高斯獲得公費援助，得以完成卡洛林中學及哥廷根大學的修習。之後，公爵仍然贊助他繼續做研究。公爵去世時，高斯已成為世界頂尖數學家，還接任了哥廷根天文台台長。

高斯從中學時期就開始研究整數論，並發明了「最小平方法」（least squares method）。這個方法是指在測量時先測得大量數據，以便得到資訊多於未知數的方程式，此時再從中推估出最接近未知數的值。

高斯在19歲已經發現用尺和圓規就能畫出正十七邊形的方法。他將自己的數學研究成果紀錄在科學日記中，但卻鮮少發表。高斯辭世後過了43年，這份日記才公開，內容相當驚人，顯示高斯的數學造詣領先當時數學界約一個世紀。

太多未發表的成果

1799年高斯取得博士學位，博士論文內容和「代數學的基本定理」有關。論文提到，所有代數方程式會有跟它次數一樣多的根。高斯認為此時的根要寫作 $a+bi$。a 與 b 為實數而 i 為虛數。這種新型的數後來稱為「複數」。

1801年，他的著作《算術研究》出版。書中述及具有 n 個未知數的 n 元一次聯立方程式的正確解法，其中已使用了行列式的思維。

從那時起，他的興趣就從純數學轉移到其他實用方面的學門，如天文學、測地學、電磁學等，也協助義大利巴勒摩天文台的皮亞齊發現了穀神星（ceres）。但這顆星只出現數晚就失去蹤跡。高斯用幾個夜晚的觀測數據，算出這顆小行星會再度出現的位置。結果穀神星真的一如預期在推算的位置出現，高斯因而一舉成名。

1811年高斯研究複數 $z=x+yi$ 的複變函數 $f(z)$，並且發現和複變函數有關的「柯西積分定理（Cauchy's integral theorem）」，後來法國的柯西（Augustin Cauchy，1789～1857）又再度發現這個定理。複變函數在重力論、電磁學、角度不變的地圖投影（Mercator projection，又稱麥卡托投影法）的研究上是不可或缺的工具。

高斯發現一個和上述研究相關的物理量「位能」（potential energy），並於1840年發表相關論文。重力和電磁力是具有大小和方向的物理量，而位能是只具有大小的物理量，在物理學上非常好用。

此外，高斯發現和求圓周長相關的橢圓積分（橢圓函數）之雙週期性質，也早於挪威的阿貝爾（Niels Abel，1802～1829）和德國的雅可比（Carl Jacobi，1804～1851）。甚至也比俄羅斯的羅巴切夫斯基等人還早發現非歐幾何學。從他的科學日記或私人書信可知，高斯的發現是領先這些人的。

開創多種數學領域

1820年至1850年間，高斯擔任政府測地方面的學術顧問，奠定了測量和磁力測量的基礎。也因這份測量工作，刺激他開始曲面幾何學的研究。他引進了曲面幾何學上很重要的觀念：「曲率」（curvature）。高斯發現只要測出曲面上某點附近的主曲率，就能決定該點的曲率。

高斯（Carl Friedrich Gauss ，1777～1855）

高斯建立了關於曲面幾何學的學術基礎，就是現在所謂的「微分幾何學」。和高斯同為德國人的黎曼從高斯的研究中得到靈感，於1854年發表了《論幾何學之基礎假說》。

微分幾何學是一門很抽象的學問，看似和現實世界毫無關聯。但在20世紀初發現並非如此。1910年代愛因斯坦的廣義相對論認為，微分幾何學扮演非常重要的角色。

高斯不僅有理論研究的才能，也具備過人的實驗研究能力。他和物理學家韋伯（Wilhelm Weber，1804～1891）合作，由高斯想出測定地磁絕對單位的方法，並進行實驗。電磁學所使用的磁力量值之研究工作，是由高斯所完成的。為了紀念他，磁通密度（magnetic flux density）使用「高斯」（gauss）作為單位。

高斯也做過四元數的研究。是指不符合乘法交換律a×b＝b×a的數。不符合乘法交換律的數值看似不存在於現實世界。但是，創立於1920年代的「量子力學」卻認為，問題的關鍵在於物理量。

高斯還研究過位相幾何學。位相幾何學是指研究圖形或空間連續變形時，其特性不因變形而產生變化的幾何學。高斯可說是開創多種數學領域的近代數學始祖。

羅巴切夫斯基

非歐幾何學的基礎建立

羅巴切夫斯基(Nikolai I. Lobachevski，1792～1856)

俄羅斯數學家羅巴切夫斯基出生於現在的高爾基近郊，七歲喪父，母親獨立撫養三個兒子長大。由於生活艱困，所以母親搬到喀山，鼓勵孩子用功讀書，考取公費就讀中學。

兒子們沒有辜負她的期待。羅巴切夫斯基於1802年獲准入學，求學期間數學成績特別出色。1807年，羅巴切夫斯基就讀喀山大學時，就已經讀完牛頓的《自然哲學的數學原理》和其他數學專業書籍及論文。

他在這間大學任教40年，從學生、助教、助理教授、教授，當到校長。羅巴切夫斯基很勤奮，也具備實務能力。羅巴切夫斯基有效運用經費以增設大學，興建現代化的校舍。

非歐幾何學的基礎建立

歐幾里得的《幾何原本》提到五個公設：

1. 兩點之間可形成直線。
2. 任何一段直線可無限延伸。
3. 決定圓心和半徑就可以作一個圓。
4. 所有直角都相等。
5. 一條直線和其他兩條直線相交，若同一側的內角之和小於兩直角，則這兩條直線延伸後必在內角和小於兩直角的此側相交。

這五項公設中，第五公設似乎跟其他公設不太一樣。它遠比其他四個公設還長，說它是公理，不如說更像定理。後世的數學家嘗試以淺顯易懂的方式來改寫第五公設。代表性的例子如下：

第一種寫法 — 通過直線外一點且與此直線平行的直線只有一條。

第二種寫法 — 三角形的內角和等於兩直角。

改寫之後，數學家嘗試從其他定義、公理或公設來推導出第五公設，都沒有成功。

羅巴切夫斯基認為，問題不在於能不能證明歐幾里得的第五公設。他質疑這項公設到

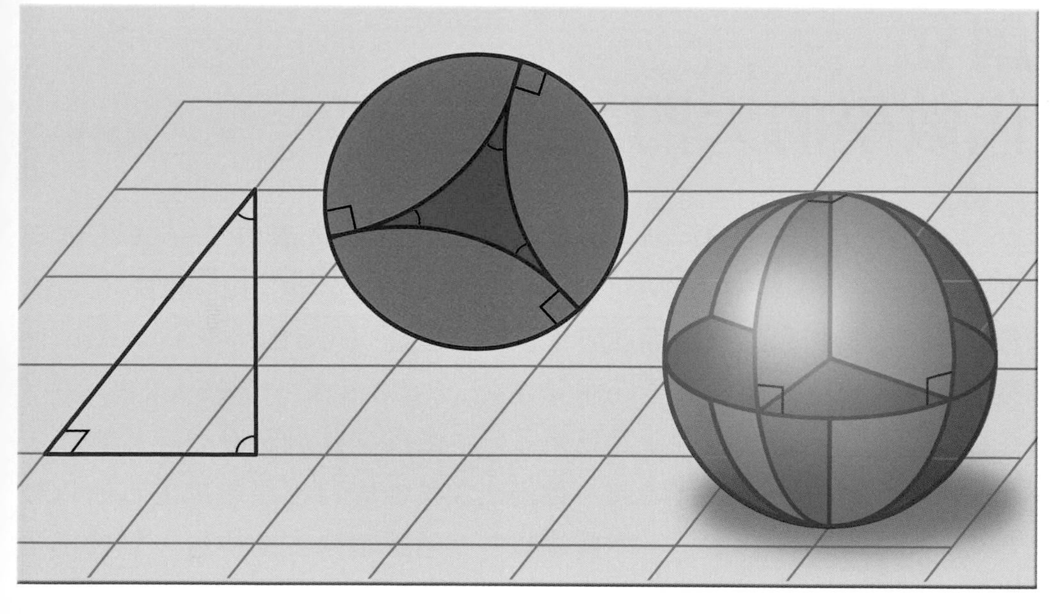

建立於平面上的歐幾里得幾何學認為，三角形的內角和會等於180度（左），但非歐幾何學認為未必如此。例如，球面上可以畫出內角和超過180度的三角形（右），而屬於另一種非歐幾何學的羅巴切夫斯基幾何學認為，三角形的內角和會小於180度（中）。

底有沒有存在的必要，即使沒有這項公設，（異於歐幾里得幾何學的）幾何學是否仍會成立，這才是問題所在。

他假設一個新公設，通過已知直線外一點且與該直線平行的直線「至少有兩條」，建構一個有邏輯性的幾何學體系。羅巴切夫斯基的「非歐幾何學」認為，三角形的內角和會小於兩直角。乍看之下，以幾何學來說顯得不可思議，卻又毫無矛盾。約在同時，匈牙利數學家亞諾什（Bolyai János，1802～1860）也得出相同的結論。

黎曼的非歐幾何學

1854年黎曼發表了一篇關於另一種非歐幾何學的論文。當中提出一個新公設來取代歐幾里得的第五公設，他說：「通過已知直線外的一點，無法作出與該直線平行的直線。」建構一個有邏輯性的幾何學體系。黎曼的非歐幾何學認為，三角形的內角和會大於兩直角。就字面的意思來說，是個很奇怪的幾何學，但其實是成立的。

稍微修改一下黎曼提出的新第五公設，會變成「通過已知直線外一點的新直線，不論哪一條新直線都會和原本的直線相交於某處」。以平面來說，這是個很奇怪的公設。這裡談的不是平面的情況，而是在球面的情況。

不過，這時要將我們慣稱為「直線」的東西改稱為「測地線」（geodesic）。所謂測地線，指的是一般曲面上兩點連線的最短距離。平面上的測地線是直線，然而球面上的測地線則是圓的弧長。大圓是通過球心的平面與球面相交所形成的圓。

考慮到球面的情況，黎曼的公設及結論會如下所述。「球面上的兩個圓必定會在某處相交。換句話說，不可能有互為平行的圓」，以及「三個圓相交所形成的（類似）三角形之內角和會大於兩直角」。以球面來說，上述這些都是正確的結論。

同樣的推論套用在羅巴切夫斯基的（第五）公設及結論也說得通。只不過這裡的曲面是「擬球面」（pseudosphere）。擬球面上三角形的內角和會小於兩直角也已獲證明。羅巴切夫斯基的公設及結論在平面上會顯得很奇怪，但在擬球面卻是理所當然且正確的結論。

1905年提出狹義相對論的德國物理學家愛因斯坦，認為宇宙的構造比較接近非歐幾里得空間。他稱羅巴切夫斯基為「挑戰公理的人」。

群論的創立 打開現代數學的大門

撰文｜永野裕之

時值1811年，伽羅瓦生於巴黎近郊皇后鎮的小村落。父親在家族經營的寄宿學校擔任校長，在地方上頗有聲望，後來當上村長。母親是巴黎大學法學系教授的女兒，個性聰慧剛毅。伽羅瓦因為母親的教育，具備了拉丁文和古典文學等素養。

伽羅瓦12歲時，進入路易大帝中學就讀，這是巴黎的超級明星學校。據說伽羅瓦讀到第三年時，因為上課學了勒壤得（Adrien-Marie Legendre，1752～1833）的《幾何學原理》而改變他的人生。這本普通人要花兩年才能讀完的巨作，伽羅瓦只用了兩天就讀完。從那時起，他已徹底遭數學俘虜了，對數學以外的學科完全提不起興趣。

16歲時，伽羅瓦提早一年挑戰當時最難入學的高等專業教育機構——巴黎綜合理工學院，但落榜了！

伽羅瓦只能回來繼續讀完中學，他選修了一堂「高等數學」，也因此遇見了名師理查（Louis-Paul-Émile Richard，1795～1849）。由於之前伽羅瓦著迷於數學，其他學科都馬馬虎虎，所以被貼上壞學生的標籤。聲名遠播的理查看出了伽羅瓦的天賦：「這個學生遠比其他學生來得優秀。」

伽羅瓦也對理查敞開心扉，幾乎每天談論數學，因而得知高斯、拉格朗日、柯西等當代

伽羅瓦（Évariste Galois，1811～1832）

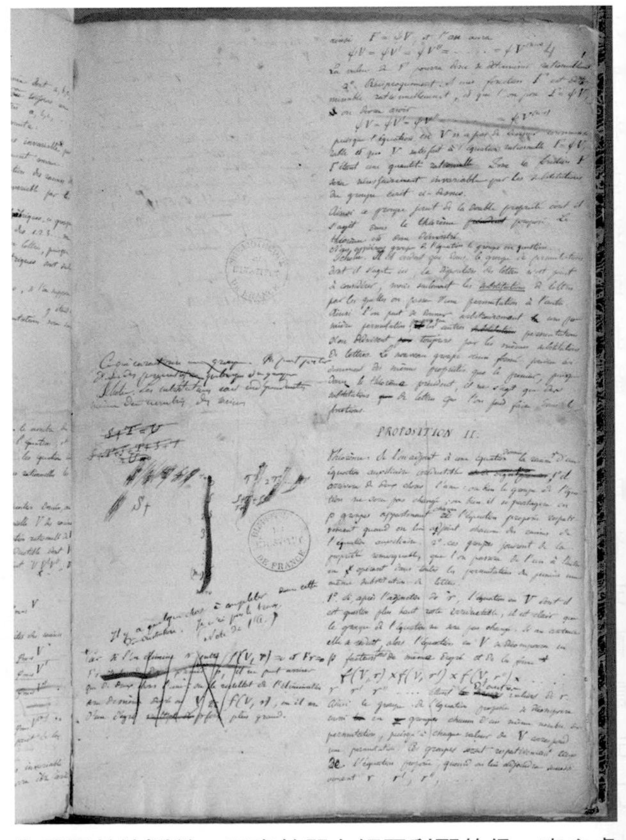

伽羅瓦於決鬥前一天寫給朋友切瓦利耶的信。空白處寫著「我已經沒有時間了」。

頂尖數學家對於數學研究的最新見解。

判斷代數方程式有無公式解

伽羅瓦的成就中最突出的是解決「單變數代數方程式的可解性」的「伽羅瓦理論」（Galois theory）。所謂單變數代數方程式是指含有一個未知數的多項式方程式，一般會寫成這樣：

$$\sum_{=0}^{n} a_k x^k = a_n x^n + a_{n-1} x^{n-1} + \cdots\cdots + a_1 x + a_0 = 0$$

（a_k是和 x 無關的常數）

在16世紀中葉之前就已經發現一元三次方程式和一元四次方程式有公式解。公式解是利用四則運算搭配「開方求根」，如平方根或立方根等，並重複上述操作數次來解題。這種解法稱為「代數方式解」或「公式解」。數學家也努力找出一元五次方程式的「公式解」，但是沒人能達成。

18世紀末，開始有人想證明一般的一元五次方程式有沒有公式解（不能以公式解的方式求根）。其中一人便是阿貝爾。1824年，阿貝爾向世人證明一般一元五次方程式的公式解不存在。1829年，伽羅瓦18歲時的研究題目為「找出已知任意次數代數方程式有公式解的必要條件」。雖然阿貝爾已證明一元五次方程式不存在公式解，但特殊的一元五次方程式還是有公式解。

那麼，有公式解（可用公式解的方式求根）和沒有公式解的方程式兩者之間有什麼差別？伽羅瓦非常積極地研究這個題目，他終於找出「判斷的條件」。

伽羅瓦理論的核心，是在還沒有集合概念的時代，引進名為「群」的數之集合，強調方程式的對稱性（解的置換），將無限多的方程式轉變成置換群來探究可解性。

在理查全力協助下，伽羅瓦完成題為《質數次數的代數方程式研究》的論文。這篇論文交到柯西的手中，他是當時法國數學界巨擘，也是法國科學院會員。

傳言柯西遺失了伽羅瓦的論文，但近年的研究認為並非如此。柯西應該非常了解這篇論文的重要性，慎重審閱論文，可能還建議伽羅瓦（稍做修改後）投稿法國科學院主辦的數學論文競賽。而伽羅瓦在隔年也以幾乎相同內容的《論方程式可公式解的條件》投稿參加數學論文競賽。

厄運連連的晚年

晚年（雖然也才10幾歲）的伽羅瓦遭到沉重打擊。1829年7月，父親捲入政治陰謀而自殺。下葬兩天後，沮喪的伽羅瓦二度報考巴黎綜合理工學院也落榜了。隔年，負責審閱數學競賽論文的傅立葉（Jean Fourier，1768～1830）忽然離世，伽羅瓦的論文也消失不見。

接連遭遇不幸的伽羅瓦，心中對社會的不滿和憤恨令人難以想像。此時法國爆發了七月革命。伽羅瓦趁著這個機會投身政治活動，卻被捕入獄。

1832年巴黎發生霍亂大流行，伽羅瓦從監獄轉到療養院，在這裡愛上一名女子，隨後又失戀。同年5月，伽羅瓦因跟人決鬥而喪命，一生只活了20年又7個月。

決鬥前一晚，伽羅瓦抱著必死的覺悟，徹夜寫了好幾頁的信給朋友切瓦利耶。信中紀錄了他至今為止的研究成果重點，信後來交到萊歐維爾（Joseph Liouville，1809～1882）手上，他於1864年將伽羅瓦生前發表過的論文及其他遺稿公諸於眾。之後，伽羅瓦的理論迭遭後人研究與發展，特別是在「群論」方面，已是現代數學不可或缺的基礎。

因「龐加萊猜想」而出名的全能數學科學大師

撰文：中村亨

龐加萊（Jules-Henri Poincaré，1854～1912）

龐加萊（Henri Poincaré，1854～1912）生於1854年法國的南錫。1875年，他畢業於巴黎綜合理工學院，之後在1879年取得巴黎大學博士學位。這段期間他也在礦業學校讀書，畢業後擔任一段時間的礦山技師，一邊工作一邊繼續做研究。同年到康城大學任教，1881年起任教於巴黎大學，1887年當選法國科學院院士，1908年當選法蘭西學術院會員，1912年卒於巴黎。

在分析學、理論物理學、天文學留下豐碩成果

龐加萊除了在許多數學領域留下成績，也涉獵理論物理學和天文學。他留下許多適合一般民眾閱讀的著作，以深入淺出的方式解釋科學價值。他的研究對當代影響深遠，但未收任何學生。

龐加萊最主要的成就是將「分析學」（analysis）應用在理論物理學和天文學上。所謂分析學，是以微分和積分為基礎來探討極限及收斂。1880年以後他所構造的「自守函數」（automorphic form）也相當著名，這是一個與函數相關的理論。後來在證明費馬最後定理時，自守函數發揮了很重要的功能。

在天體力學方面，龐加萊關於三個星體運行的「三體問題」論文獲得奧斯卡二世獎。然而，得獎論文在出版前一刻發現有誤，經修改之後於1890年出版。這個錯誤便是後來發明「混沌理論」（chaos theory）的肇因。

千禧年大獎難題之一的「龐加萊猜想」

因他的研究成果而發展的「位相幾何學」（拓樸學）領域中，最基本的猜想為「龐加萊猜想」（Poincaré conjecture）。這個猜想自1904年發表以來，整個20世紀都沒人能證明，於是在2000年列為知名的「千禧年大獎難題」之一。

拓樸學認為，不應透過切開、連接、開孔等方式，而要透過縮短或伸長等「連續性」變形，來探究圖形之中哪些類型的性質不會隨變形而改變。

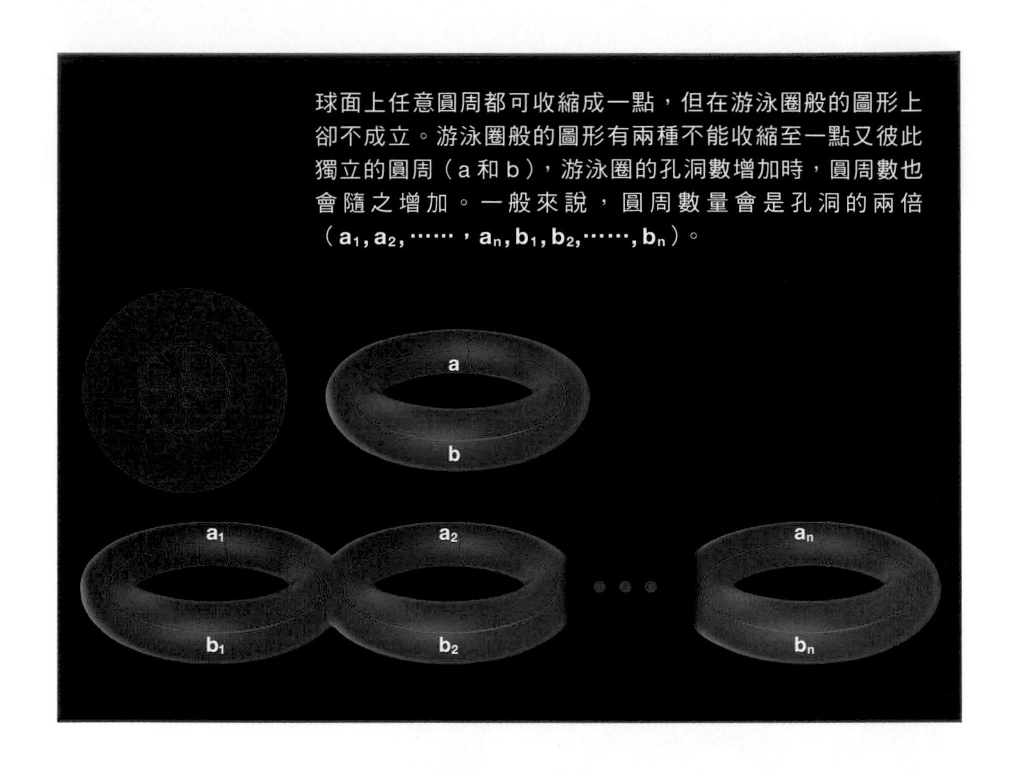

球面上任意圓周都可收縮成一點，但在游泳圈般的圖形上卻不成立。游泳圈般的圖形有兩種不能收縮至一點又彼此獨立的圓周（a和b），游泳圈的孔洞數增加時，圓周數也會隨之增加。一般來說，圓周數量會是孔洞的兩倍（$a_1, a_2, \cdots\cdots, a_n, b_1, b_2, \cdots\cdots, b_n$）。

經過這些性質的研究，龐加萊認為在縝密研究各種數學難題時，就算不用複雜的方法，有時候也能得到令人滿意的結果。

龐加萊猜想討論的問題是：「在圖形的中央放一個圓，將圓周往圓心收縮，最終可以縮成一個點嗎？」

以曲面的情況為例（右圖）。假設任意點的周遭環境與平面上點的周遭環境完全相同，不存在曲面破裂或是多個曲面重疊的情形，則球面上任意圓周都可以收縮成一點。但是，在游泳圈形狀的圖形上不成立。游泳圈中有兩種不能收縮至一點又彼此獨立的圓周（圖的a跟b）。游泳圈的孔洞數量增加時，圓周數也會跟著增加，一般來說圓周數量會是孔洞的兩倍。

如上所述，龐加萊注意到曲面上圓周的變形和曲面整體的形狀有密切關係。

龐加萊猜想強調的是，每個點的環境跟我們周遭的空間一樣都是被稱為三維「流形」的圖形。所謂流形是一種用來研究各類型空間而發明的概念。在這種情況下，「如果圓周可以收縮成一點，其流形也能連續變形成『三維球面』的流形」，就是所謂的龐加萊猜想。

龐加萊猜想終獲證明

龐加萊猜想的證明不僅限於三維的流形，也有人證明四維以上的龐加萊猜想。首先，1961年由美國的數學家斯梅爾（Stephen Smale，1930～）證明五維以上的龐加萊猜想成立。接著，1981～82年由弗里德曼（Michael Freedman，1951～）證明四維的龐加萊猜想正確。

但是，最原本的三維龐加萊猜想仍然沒有解決。這個問題雖然在2000年列為千禧年大獎難題之一，但是俄羅斯數學家裴瑞爾曼（Grigori Perelman，1966～）隨即在2002～2003年發表論文，證明了三維的龐加萊猜想。

這三位數學家都榮獲數學界的諾貝爾獎：「菲爾茲獎」（Fields Medal）。但唯獨裴瑞爾曼在網路上發表論文後隨即銷聲匿跡，連2006年的頒獎典禮也沒有出席。裴瑞爾曼的特立獨行受到世人關注，卻反而使得龐加萊更加出名。

裴瑞爾曼證明了瑟斯頓（William Thurston，1946～2012）所發表的「幾何化猜想」（geometrization conjecture），也間接證明了龐加萊猜想。幾何化猜想是將三維流形不斷地分割，並且每次分割成兩種結構，最後可分割成八種流形結構。圓周只能在這八種當中的球面上收縮至一點，如果幾何化猜想正確，表示龐加萊猜想也正確。

裴瑞爾曼利用可於流形上微分的函數證明了幾何化猜想。龐加萊猜想所討論的流形是「拓樸流形」，且可微分的函數必於三維成立。裴瑞爾曼利用函數的證明方式也為世人帶來了全新的思維。

引領20世紀數學的發展趨勢，對量子力學的發展極具影響力

撰文：中村 亨

希爾伯特（David Hilbert，1862～1943）

希爾伯特（David Hilbert，1862～1943）生於普魯士的哥尼斯堡（現俄羅斯的加里寧格勒）。哥尼斯堡以一筆畫的「哥尼斯堡七橋問題」而聞名，是一個跟數學頗有淵源的地方。

1880～1884年，希爾伯特就讀於哥尼斯堡大學，並於1885年取得博士學位。之後，他在萊比錫認識發明克萊因瓶的克萊因（Felix Klein，1849～1925），在克萊因的建議之下，希爾伯特於1886年造訪巴黎，結識了龐加萊等數學家。

1893年，他回到母校任職教授，並在1895年於當時數學研究重鎮的哥廷根大學擔任教授，1930年卸任，1943年逝世。

對日本數學界影響深遠

希爾伯特會以實際問題為標的，並要求儘量以一般化和抽象化文字符號的公理形式進行研究，結果使得數學各領域相互連結，以公理化的方法整合數學。

希爾伯特所推行的一般化、抽象化及公理化論證方法成為20世紀數學的主流。這個學派後來誕生了眾多影響數學界的數學家。

希爾伯特先在代數學和數論領域的研究中嶄露頭角。特別是他著名的「希爾伯特零點定理」（Hilbert's theorem of zeros）和「類體論」（class field theory），這一些後來都成為20世紀發展「代數幾何學」（algebraic geometry）的核心。

日本東京帝國大學（現東京大學）教授高木貞治以研究類體論而聞名，他曾受教於希爾伯特門下，發表了很多亮眼的成果。他將日本的數學研究水準提升至歐美的高度，說是希爾伯特間接影響了日本的數學界也不為過。

公理化的方法與數學整體的系統化

西元前3世紀左右，埃及數學家歐幾里得編纂的《幾何原本》認為，想研究幾何學，需要以數項公理為基礎，一步步推論。但是，在即將進入20世紀時，卻有人發現以歐幾里得的公理為基礎進行推論會得不到《幾何原本》所揭示的結果。因此，希爾伯特研擬出歐幾里得公理的替代公理，於1899年發表成果。

接著，希爾伯特將演繹法，也就是以公理為基礎，一步步推論來得到結果的方法，推廣至數學以外的領域。他以進展至數學整體及其應用領域整體，建立一個邏輯性強的系統為目標，希望最終能推廣到物理學和經濟學等領域。

但是他的野心卻在1931年遭哥德爾（Kurt Gödel，1906～1978）發表的《不完備定理》（incompleteness theorems）所粉碎。話雖如此，研究數學時不可或缺的這套方法，後來成為20世紀數學的主流。

研究量子力學必備的希爾伯特空間

希爾伯特也熱衷於研究物理學的問題。這個影響來自他學生時期的好友閔考斯基（Hermann Minkowski，1864～1909）。

物理學上經常使用含有微分或積分的「微分方程式」或「積分方程式」，而他在研究這些方程式的過程中，發現了後來名為「希爾伯特空間」（Hilbert space）的概念。這個概念將函數視為無限維度空間中的點。

無限維度空間可想成是一維空間（直線）、二維空間（平面）的延展。將函數視為該空間中的點，可利用幾何學的方法或行列式與向量理論等線性代數的方法來研究函數的方程式。希爾伯特於1910年左右採行這些方法，大獲成功。

在20世紀初出現和「相對論」並駕齊驅的物理理論「量子力學」時，希爾伯特空間的概念正好可作為數學工具，因此迅速竄紅。

20世紀初，優秀數學家齊聚德國的哥廷根。照片攝於1902年。前排左起 3 人為希爾伯特、克萊因、史瓦西（以史瓦西半徑著稱），最右邊為策梅洛（以集合論著稱）。

量子力學是解釋如原子內部般極小世界之物理現象的理論。這個理論需要全然迥異於過往物理理論的新觀念來支持。這個全新的理論於1925年由德國理論物理學家海森堡（Werner Heisenberg，1901～1976）與奧地利理論物理學家薛丁格（Erwin Schrödinger，1887～1961）所提出。

兩人的理論看起來完全不同，不清楚為何最後會導出相同的結果。但諾伊曼（John von Neumann，1903～1957）於1932年利用希爾伯特空間的概念，證明這兩個看似相異的理論確實會導出同樣的結論。希爾伯特空間的概念在數學界和物理學界受到矚目。這項理論現在已成為研究函數方程式所必備的概念了。

確信數學的發展沒有極限

希爾伯特對後世最大的影響，是他在1900年巴黎舉行的第二屆國際數學家會議上，發表了23個未解問題，作為新世紀的數學目標。

這些問題已有一些獲得解決，也有一些跟黎曼猜想一樣仍懸而未決，到了2000年，「千禧年大獎難題」甚至還為此提供破解獎金100萬美元。20世紀的數學之所以突飛猛進，或許就是因為有這些問題作為原動力吧。

從23題未解問題的提示和推動數學與應用領域的系統化中，都可看出希爾伯特相信數學的發展沒有極限。墓碑上的話也象徵其信念：「我們必須知道，我們也終將知道。」

展露天才般靈感的「印度魔術師」

撰文：永野裕之

萊布尼茲的圓周率公式

$$\frac{\pi}{4}=1-\frac{1}{3}+\frac{1}{5}-\frac{1}{7}+\cdots=\sum_{n=0}^{\infty}\frac{(-1)^2}{2n+1}$$

拉馬努金的圓周率公式

$$\frac{1}{\pi}=\frac{2\sqrt{2}}{99^2}\sum_{n=0}^{\infty}\frac{(4n)!(1103+26390n)}{(4^n99^n n!)^4}$$

1914年，拉馬努金所發明的圓周率π計算公式，會以驚人的速度快速收斂。求小數位數的速度比萊布尼茲的圓周率公式快得多。雖然拉馬努金沒有留下證明過程，但這條公式已於1987年獲得證明，即他出生的100年後。

拉馬努金
（Srinivasa Aiyangar Ramanujan，1887～1920）

拉馬努金（Srinivasa Ramanujan，1887～1920）生於1887年南印度農村埃羅德母親的娘家。父親於庫姆巴科納姆城市中的布商公司擔任會計。母親聰慧而對信仰虔誠，甚至會在家中舉行祈禱會。

拉馬努金家是正統的婆羅門（印度教中身份最尊貴的階級），以身為婆羅門為榮，是不吃肉、魚、蛋的素食家庭。

拉馬努金自幼便展現過人的能力，據說他13歲時就已精通大學才教授的三角學和微積分。確立拉馬努金人生方向的，是英國數學老師所寫的《純應用數學基礎概要》，這是一本收錄數學公式的考試用書，書中列出報考大學必具的6000多條公理和公式，非常枯燥乏味，但拉馬努金卻埋首推導這些公式。

他在每一條定理和公式旁邊寫下一些註解，連像樣的證明手法都沒有。雖然他缺乏獨創的證明方法，卻也經常發現新定理的線索。

《筆記簿》記錄著驚人的數學定理與公式

已完全被數學俘虜的拉馬努金對其他學科完全提不起興趣，因此沒考上州立大學。他被取消獎學金的資格，不得不退學，又沒有工作，終日無所事事。

從那時起，拉馬努金便將他自己所發現的定理或公式記錄在筆記簿上。後來他又整理了數次並集結成三冊，現在收藏於清奈大學的圖書館。但這些

《筆記簿》中只記載公理或公式的結果，沒有寫證明過程。

拉馬努金的數學造詣幾乎來自自學，所以《筆記簿》中約有三分之一是已知的東西，剩下的才是全新的發現。新發現總計有3254項。其中不乏需要新開發的手法才能證明的理論。實際上，在拉馬努金死後77年，《筆記簿》中所有定理和公式才完全得到證明。

例如，寫成無窮級數（無窮數列的和）的圓周率π在計算時，使用拉馬努金的公式會以驚人的速度快速收斂。只要計算前兩項，就能得到正確的圓周率至小數點以下第八位。萊布尼茲著名的圓周率公式要算500項才到小數點以下第三位，小數位數有極大的差距。

附帶一提，拉馬努金的圓周率公式證明於1987年，之後圓周率的小數位數計算便大幅增加。

拉馬努金為什麼能夠「發現」這麼多定理和公式，至今仍是個謎。常有人說，就算沒有愛因斯坦，10～20年內還是會有別人發現相對論。因為那是一種推理性，或者說歷史性的必然結果。但是，拉馬努金的公式群卻找不到必然性。那些公式若沒有拉馬努金，現在可能還不會被發現。

旁人完全想像不出拉馬努金的靈感來源，對此拉馬努金答道：「你們可能不相信，我的靈感全都來自於每天朝拜的納瑪姬莉女神。」也曾說：「沒有神明旨意的方程式根本沒有意義。」

現在，拉馬努金所發現的公理和公式已影響及各個領域，包括粒子物理學、宇宙論、高分子化學、癌症研究等。普林斯頓高等研究院的名譽教授暨理論物理學家戴森（Freeman Dyson，1923～）提到：「研究拉馬努金變得很重要。因為我明白他的公式不僅優美，也具備實質意義與深度。」

與哈代的合作研究

1913年初，拉馬努金摘錄了幾條《筆記簿》裡的公式，寄給幾位英國的一流數學家。其中劍橋大學的哈代（Godfrey Hardy，1877～1947）教授是當時英國數學界核心人物。

哈代和同事李特伍德（John Littlewood，1885～1977）花了3小時一起細讀寫在信上的未知公式群後，確認對方是天才。隔年，拉馬努金受聘至劍橋大學與哈代進行合作研究。據哈代日後所述，「拉馬努金每天早上都會帶來約半打多的新定理。」於是哈代便著手證明那些定理並寫成論文。

兩人的研究成果中特別值得一提的是「整數分拆的漸近公式」。所謂整數分拆是指可寫成幾種正整數相加的和（含原本的數本身）。例如4可寫作4、3＋1，2＋2，2＋1＋1，1＋1＋1＋1等5種形式，所以4的分拆數為5。原本的數愈大，整數分拆也愈來愈難計算，可是套用他們兩人的漸近公式來算卻異常精準。

但是，哈代與拉馬努金的合作研究卻好景不常。

拉馬努金不僅吃素而已，連婆羅門以外的人所烹煮的食物也視為不淨而不入口。另外，他太過投入跟哈代的合作研究，導致生活作息不正常。他會連續工作三十小時，又連續睡二十小時，移居英國大約3年就遭病魔擊垮。1919年，拉馬努金回國，1年後便撒手人寰，享年只有32歲。

1976年賓夕法尼亞州立大學的安德魯斯教授偶然發現拉馬努金回國後所留下的部分筆記。裡面記載著被譽為「拉馬努金最高成就」的拉馬努金θ函數及與之相關的600多條公式。這個發現就跟發現貝多芬的第十號交響曲一樣震撼。

應用於各方領域的「賽局理論」之父

撰文 永野裕之

諾伊曼（Johannes von Neumann，1903～1957）

諾伊曼生於1903年匈牙利的布達佩斯。父親從事銀行業，母親來自富裕的猶太人家庭。諾伊曼自幼便展現過人的記憶力和語言能力，讀書時過目不忘，還能以古希臘語和父親閒聊，是眾人眼中的「神童」。

1921年諾伊曼就讀布達佩斯大學，也進入柏林大學與蘇黎世聯邦理工大學，並取得數學和化工雙博士學位，這是一般人難以達到的成就。

1927年起諾伊曼於柏林大學擔任３年的講師，期間因發表代數學、集合論、量子力學等領域的論文而聞名世界。1930年受邀至美國普林斯頓大學任教，餘生在美國度過。1933年轉任至普林斯頓高等研究院。這所機構積極召募因納粹勢力抬頭而遭受迫害，且不得不逃亡的諾伊曼和愛因斯坦等人。

諾伊曼的計算能力贏過他自己開發的原始電腦，他的數學家同事要花３個月推導的結論，他只要幾分鐘就推導出來。總之，他的數學能力驚人。因為諾伊曼真的太超乎常人，甚至傳聞說諾伊曼其實就是神，對人類了解透徹，因此行為舉止能表現得很像人類。

實際上，諾伊曼的研究除了本行的數學之外，還涉及物理學、計算機科學、氣象學、經濟學、心理學、政治學等。在他諸多成就中常為人樂道的是發表於1926年的「賽局理論」（game theory）。

所謂「賽局理論」是「分析數名參與者各自選擇的戰略會如何影響當事者或當事者之環境的理論」。簡單來說，當兩人以上的參與者存在利害關係時，這個理論會顯示未來發生的結果，並指引參與者應該如何決定策略。「參與者」可以是國家，也可以是企業或組織、個人。

在賽局理論發表後數年，於1944年由諾伊曼與經濟學家摩根斯特恩（Oskar Morgenstern，1902～1977）所著的《博弈理論與經濟行為》首次將賽局理論系統化。這本巨作被譽為「20世紀前半葉最偉大的成就」、「繼凱因斯的一般理論後最重要的經濟學成就」，在當時大受好評。

賽局理論自發表以來雖還不滿百年，如今已應用於許多領域，包括經濟學、經營學、政治學、社會學、資訊科學、生物學、應用數學等。

「零和賽局」與「極小極大算法」

諾伊曼發明賽局理論時，一開始考慮的是像圍棋或西洋棋這種一對一「非贏即輸」的賽局。這種一方勝則另一方敗的賽局，雙方的利益與損失剛好會互相抵消，變成不賺不賠，所以稱為「零和賽局」（zero-sum game）。

零和賽局中的最佳戰略在於「如何不輸」。換句話說，就是如何在最壞的情況下將自身的損失（最大的損失）降到最低（最小），諾伊曼稱之為「極小極大算法」。這裡以桌球比賽為例子來解釋。

假設對手會從右側來球，若事先預測到右側來球，則有80%的機率擊回，若預測到左側來球，則有30%的機率擊回。此外，對手從左側來球的情況下，預測到右側或左側來球的擊回機率分別為20%和50%（如表）。

擊回的機率

比例	自己 ＼ 對手	右側來球	左側來球
p	預測右側來球	80%	20%
$1-p$	預測左側來球	30%	50%

在實際的桌球比賽場上，應該沒有人會認為所有擊球都是右側來球或都是左側來球。因此，還要考慮到預測右側來球的比例。此處假設預測右側來球的比例為 p，預測左側來球的比例為 $1-p$。

對手從右側來球時，擊回的機率 w 為

$w=0.8\times p+0.3\times(1-p)=0.5p+0.3$

另一方面，對手從左側來球時，擊回的機率為

$w=0.2\times p+0.5\times(1-p)=-0.3p+0.5$

以 p 為橫軸，w 為縱軸來表示這兩個機率值，如下圖。

於是這場桌球比賽中，最壞的情況是對手打出讓自己擊回機率較低（圖的下方）的來球時。因此，最壞情況下（損失最慘重時）的擊回機率會落在圖中山峰形狀的折線上。也就是說，在最壞情況下，能將損失降到最小（擊回機率最大）的 p 為兩線交點的值。此時 $p=0.25$（25%），由此可知這場比賽中的極小極大算法是四次中要預測一次右側來球。

1940年代以後，諾伊曼成為「震波」與「爆炸波」方面的專家，漸漸捲入戰爭的工作。1943年為了研發原子彈而參與曼哈頓計畫。諾伊曼也表示：「巨大炸彈在落地前爆炸，造成的災害威力會更大。」這個建議也用在投擲於日本廣島和長崎的原子彈。

諾伊曼於1957年在美國首都華盛頓因癌症病逝。有人認為是因為參與曼哈頓計畫和核實驗時照射到大量放射線所致。

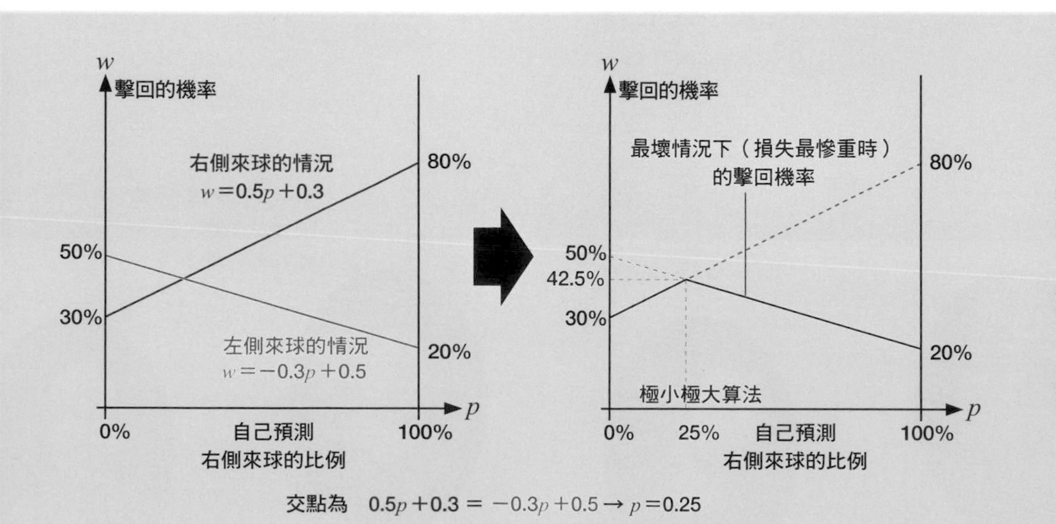

即使遇到最壞的情況（更糟的狀況）也要將損失降到最低（利益最大化），這就是「極小極大算法」。在這個例子中，即使對手來球與自己的預測相反，也要有1/4的比例去預測右側來球，才能獲得最大擊回機率。

在歷史上大放異彩的數學家
偉大的成就足跡

古代

泰利斯
希臘
（前624～約前546）
泰利斯定理

畢達哥拉斯
希臘
（約前582～約前497）
畢氏定理、畢氏音程、正多面體

歐幾里得
希臘
（約前300）
出版「幾何原本」，幾何學之父

阿基米德
希臘
（前287～前212）
拋物線求積法、阿基米德原理、圓周率的近似值、槓桿原理

阿耶波多
印度
（476～約550）
代數學、微分方程式的解法、線性方程式的解法

中世紀

婆羅摩笈多
印度
（598～約665）
婆羅摩笈多定理、婆羅摩笈多公式

花拉子米
伊拉克
（約780～約850）
最早的代數學書

費波那契
義大利
（約1170～約1250）
出版「計算之書」、費波那契數列

近代早期

塔爾塔利亞
義大利
（1499～1557）
發現一元三次方程式的公式解

卡爾達諾
義大利
（1501～1576）
引進虛數的概念，發表一元三次方程式的公式解

納皮爾
蘇格蘭
（1550～1617）
發現對數

梅森
法國
（1588～1648）
梅森質數名稱的由來、聲學之父

笛卡兒
法國
（1596～1650）
笛卡兒座標系、圓的方程式、創立解析幾何學

費馬
法國
（1601～1665）
費馬最後定理、數論之父

帕斯卡
法國
（1623～1662）
帕斯卡原理、創立機率論

關孝和
日本
（約1640～1708）
發明行列式、發現白努利數、出版「括要算法」

牛頓
英國
（1642～1727）
發明二項式定理、發明微積分

萊布尼茲
德國
（1646～1716）
發明微積分符號、發明2進制

白努利
瑞士
（1654～1705）
發現白努利數

歐拉
瑞士
（1707～1783）
歐拉公式、歐拉恆等式、歐拉多面體公式

拉格朗日
義大利
（1736～1813）
創立分析力學（拉格朗日力學）、三體問題

傅立葉
法國
（1768～1830）
傅立葉級數、傅立葉分析

高斯
德國
（1777～1855）
證明代數學的基本定理、整數論、高斯平面

柯西
法國
（1789～1857）
柯西定理

羅巴切夫斯基
俄羅斯
（1792～1856）
非歐幾何學

阿貝爾
挪威
（1802～1829）
橢圓函數、阿貝爾函數

畢達哥拉斯

歐幾里得

卡爾達諾

笛卡兒

費馬

亞諾什
匈牙利
（1802～1860）
提倡雙曲線幾何學（即後來的羅巴切夫斯基幾何學）

雅可比
德國
（1804～1851）
橢圓函數、發明雅可比矩陣（Jacobian）

庫默爾
德國
（1810～1893）
引進理想數（ideal）

伽羅瓦
法國
（1811～1832）
伽羅瓦理論、發明群的概念

魏爾施特拉斯
德國
（1815～1897）
橢圓函數論、複分析

黎曼
德國
（1826～1866）
黎曼積分、黎曼幾何學、黎曼猜想

戴德金
德國
（1831～1916）
戴德金環、戴德金切割

康托爾
德國
（1845～1918）
確立集合論

龐加萊
法國
（1854～1912）
拓樸學、龐加萊猜想

希爾伯特
德國
（1862～1943）
希爾伯特的23個問題

哈代
英國
（1877～1947）
分析數論、協助拉馬努金、哈代－溫伯格定律

拉馬努金
印度
（1887～1920）
蘭道－拉馬努金常數、拉馬努金 θ 函數

近代

岡潔
日本
（1901～1978）
多變數複變函數論

諾伊曼
匈牙利
（1903～1957）
賽局理論、建立電腦設計原則

哥德爾
捷克
（1906～1978）
完備性定理、不完備性定理

圖靈
英國
（1912～1954）
圖靈機、破解恩尼格瑪密碼

許瓦茲
法國
（1915～2002）
（許瓦茲的）分布論

伊藤清
日本
（1915～2008）
確立隨機微分方程（伊藤引理）、對金融工程學的貢獻

小平邦彥
日本
（1915～1997）
發明複變流形、小平嵌入定理

塞爾伯格
挪威
（1917～2007）
初步證明質數定理、塞爾伯格篩法

塞爾
法國
（1926～）
對韋伊猜想的貢獻、對類體論的貢獻

谷山豐
日本
（1927～1958）
谷山－志村猜想

格羅滕迪克
德國
（1928～2014）
大幅修正代數幾何學、提出數論幾何一詞

奈許
美國
（1928～2015）
奈許均衡、微分幾何學、偏微分方程式

志村五郎
日本
（1930～2019）
谷山－志村猜想

廣中平祐
日本
（1931～）
代數簇奇點解消

森重文
日本
（1951～）
解決哈茨霍恩猜想、解決三維極小模型猜想

懷爾斯
英國
（1953～）
證明費馬最後定理

數學家裴瑞爾曼
俄羅斯
（1966～）
證明龐加萊猜想

米爾札哈尼
伊朗
（1977～2017）
黎曼曲面的模空間理論

帕斯卡

歐拉

高斯

康托爾

凡例
●人名
●國籍
●生卒年
●主要成就

挑戰有趣的數學題！

人們一談到數學，就會覺得它是艱深難懂的學問。不過，透過解謎和問答等益智遊戲，就能體驗到它的趣味。第 4 章可以用解謎的心態來挑戰各種不同的例題，包括密碼破解和足球的製作方法等。不需要用到繁雜的數學式。讓我們一起來腦力激盪吧。

監修、撰文（110～119頁，122～139頁） 馬淵浩一
協助（120～121頁） 塚田芳晴
撰文（140～147頁） 佐藤健一

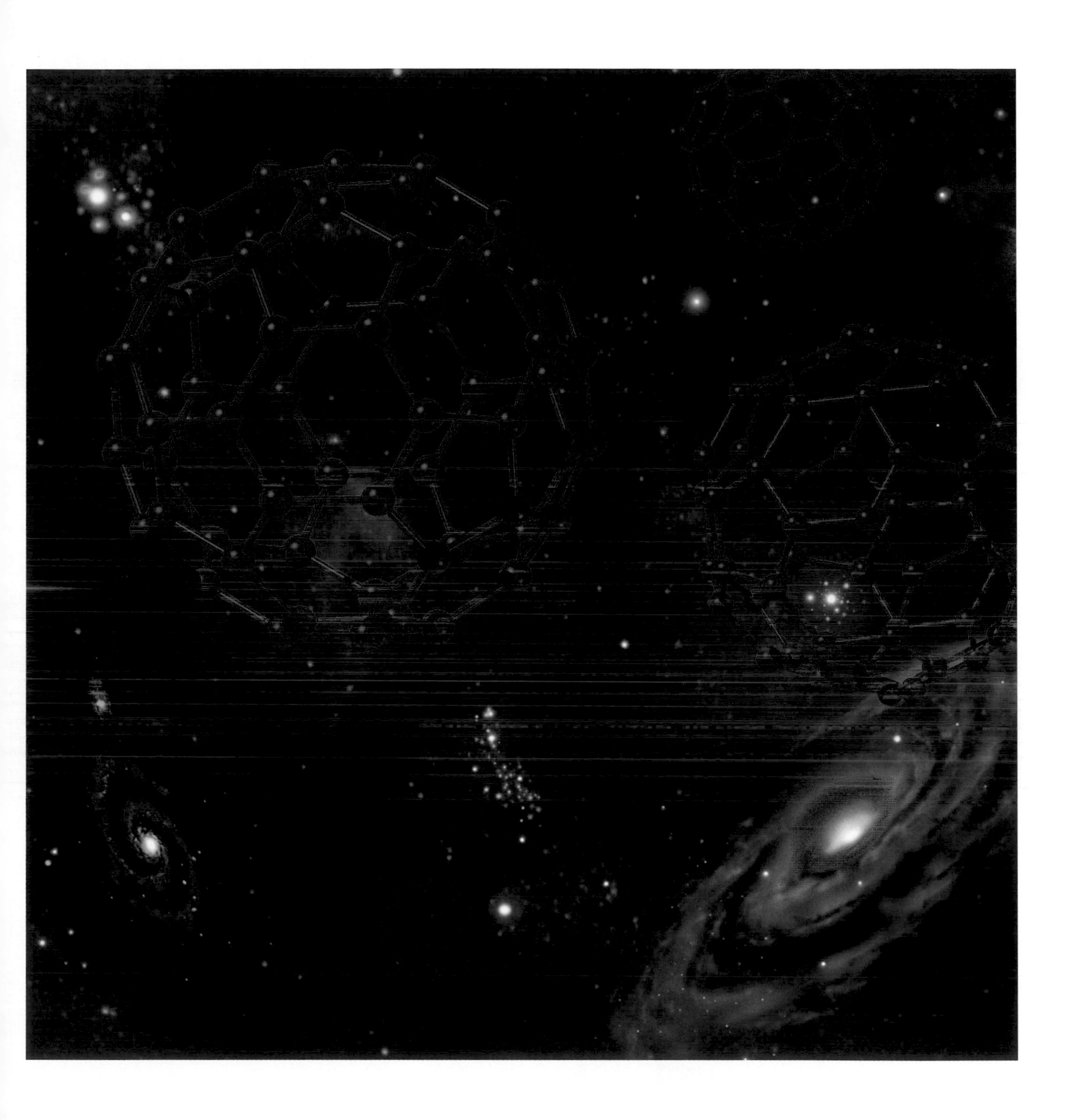

五日圓硬幣量月亮

用五日圓硬幣測量月亮大小

月球是距離地球最近，且是地球以外人類首次踏上的星球。1969年，阿波羅11號登陸月球，電視轉播阿姆斯壯在月球表面的活動。

月亮自古就常出現於文學和藝術領域，是大家特別熟悉的星球。

月亮的外觀看起來很大。它是除了太陽之外唯一可用肉眼觀測的星球。古時候，希臘有一位名為希帕求斯（Hipparkhos，190BC～120BC）的哲學家。他在月蝕的時候，從照映在月亮上的地球陰影輪廓來推測地球的大小，算出月球的大小大約是地球的四分之一。這是西元前的測量方法。

現代究竟要如何測量月亮的大小呢？本篇將會介紹一種簡單的方法，各位讀者也做得到，一起來試看看吧。

測量月亮大小前須知的基礎知識

體積太大或是太遙遠的物體無法直接測量它的長度。遇到這種情況，經常會使用「相似」三角形法來計算。古希臘數學家泰利斯曾經使用過這個方法計算金字塔的高度。

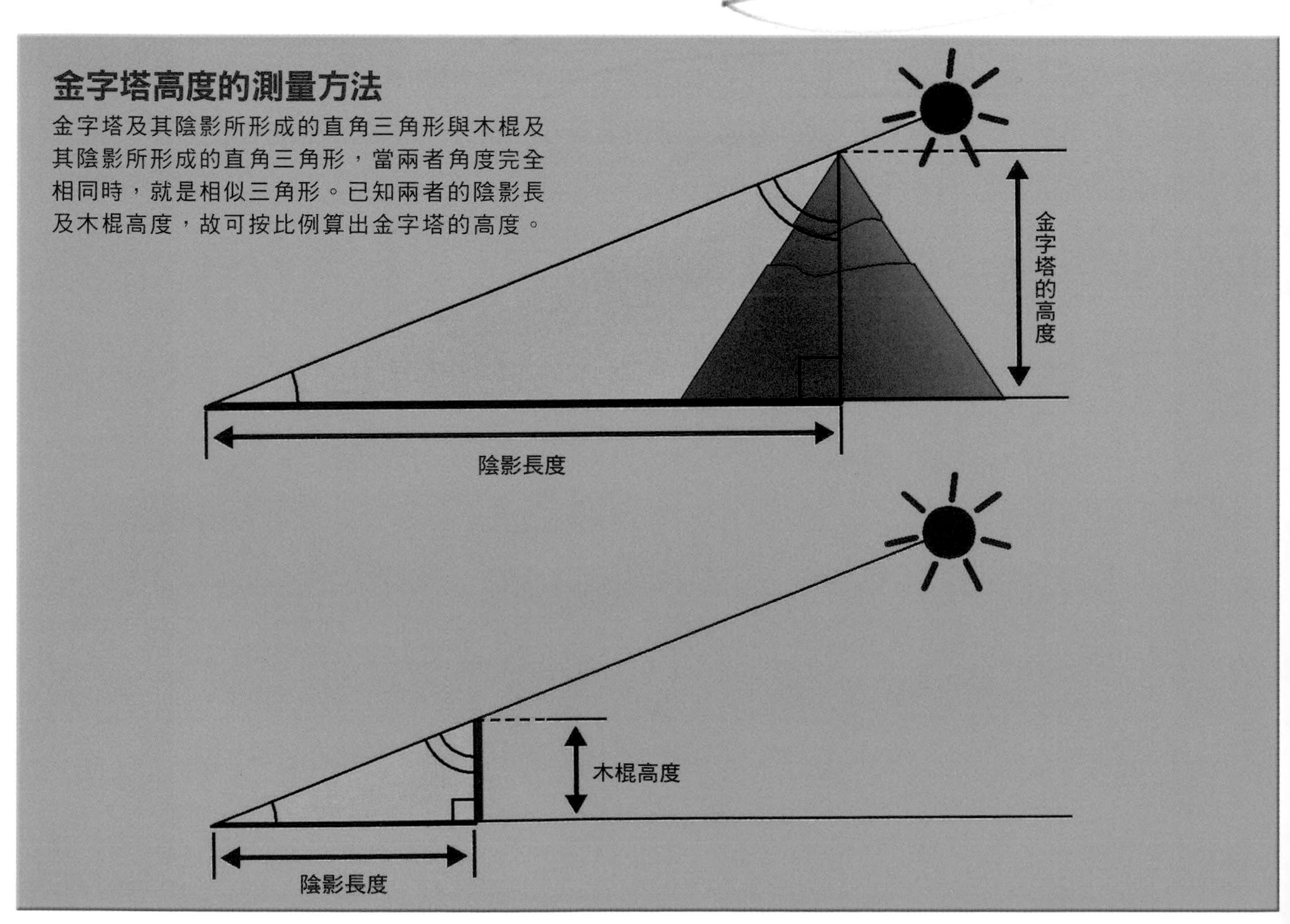

如下圖所示，金字塔和木棍分別會形成兩個相似的直角三角形。泰利斯利用的原理是，金字塔之高度及其陰影長的比值會等於同時間與地面形成直角之木棍長與棍影長的比值。若知道木棍長及其陰影長，還有金字塔陰影長，就可以求出金字塔的高度。

測量月球實際的直徑時，也要以月球的視直徑為頂點（以角度代表所見的直徑），而地球至月亮的距離可視為等腰三角形的中線來計算。測量火星、木星等其他太陽系的行星直徑也同樣利用這個方式。

接下來的問題就剩下地球到月球的距離了。所有太陽系的行星繞行太陽的軌道都是橢圓形，最具代表性的就是地球。同理，月球繞行地球的軌道也是橢圓形，所以要特別注意，月球和地球間的距離並非定值。

現在都是利用強力電磁波發射到月球，再反射回地球的時間來計算該時刻月球與地球的實際距離。結果發現月球與地球的距離介於35至43萬公里左右。

取其平均距離時，月球的視直徑約為31分6秒。但是60秒為1分，60分為1度。這個角度可想成站在1公尺遠的地方看大約1公分的物品，也大致等於站在50公分遠的地方看著直徑為5公釐的圓。

問題

五日圓硬幣上有個大小為5.2毫米的錢孔。在滿月的夜晚，尋找一個適當位置，透過錢孔觀察月亮，使月亮剛好填滿這個孔，並測量眼睛到硬幣的距離。製作一個如下圖所示的道具。然後，由於月球到地球的平均距離為38萬4400公里，所以就來求出月球的概略大小吧。

若是用當下月球與地球的距離來算會更為準確，不過用平均值來算，也能得到滿意的結果。

（詳解請見113頁）

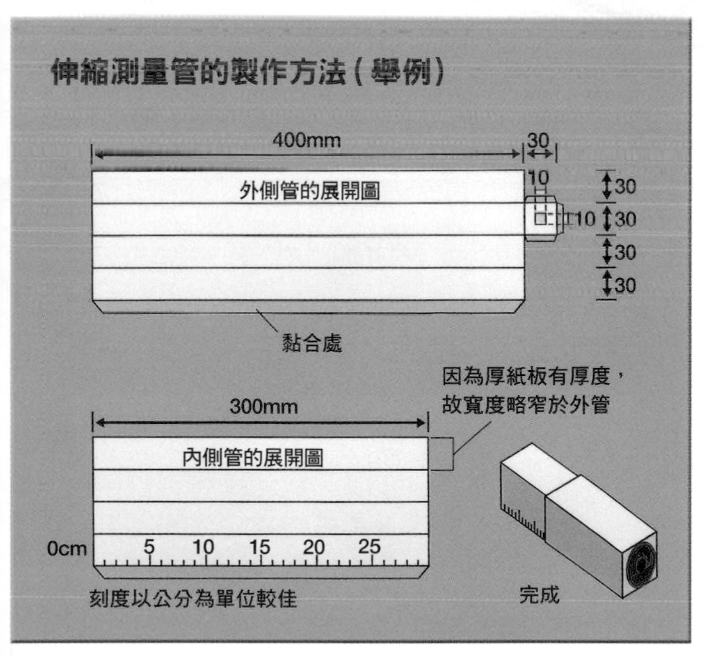

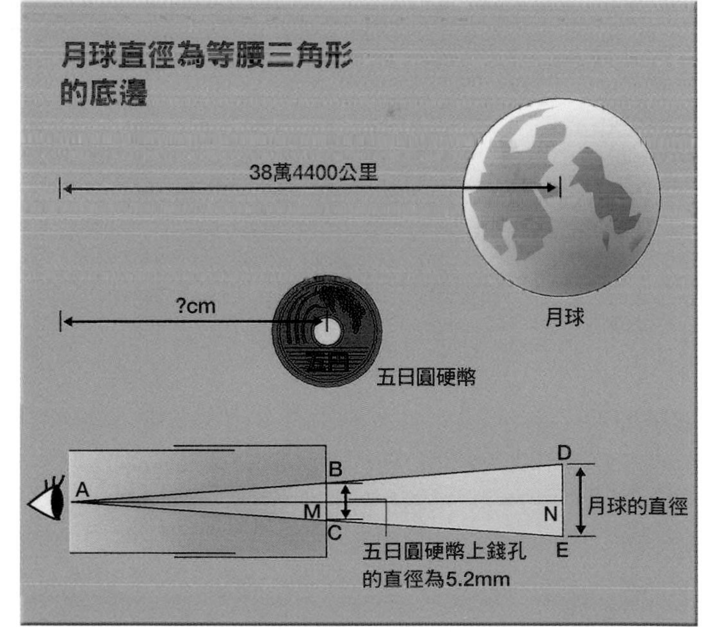

測量管的使用方式與訣竅

1）如上圖所示，用厚紙板製作一個可伸縮測量管。一端固定黏上五日圓硬幣，內側管可伸縮來調整管體的長度。

2）在滿月之夜使用測量管觀看月亮。伸縮測量管的長度，調整到月亮剛好填滿五日圓硬幣上的錢孔，記錄此時的測量管全長。若測量管會晃動，則只要靠著樹木或建築物來觀測即可。

3）如圖所示，利用等腰三角形ABC與ADE相似來比例計算，可求出月球的直徑。

設計
熱氣球

熱氣球的設計原理

乘坐熱氣球翱翔天際是很吸引人的戶外運動，如果有機會，很多人一定也想乘熱氣球飛上天空，山川美景盡收眼底。本篇的主題就是設計一個能飛上天空的熱氣球。

設計熱氣球前須知的基礎知識

想像一下物體放入水中的畫面。輕的物體會上浮，重的物體會下沉。這是非常自然的現象，但決定「物體上浮或下沉的標準」究竟是什麼呢？

位於水和大氣等流體中的物體會受到所謂「浮力」向上的作用力。浮力的大小會等於「流體中的物體等體積之流體重」。例如，有一個物體的體積為100立方公分，若完全沒入水中，則浮力會等於「100立方公分的水重」。這就是著名的「阿基米德原理」，物體重量大於浮力則下沉，小於浮力則上浮。

氣球的情況也可用此原理來解釋。內部的氣體重量和吊籃機械設備、搭乘者的重量若小於施於氣球的浮力，氣球就會上升。也就是說，將輕於空氣的氣體裝入氣球內，包含機械設備等重量在內的氣球整體重量若小於浮力，應該就能製作出「浮在空中的氣球」。首次氣球升空實驗所使用的氣體是氫氣。

熱氣球最需要注意的問題是「氣體受熱其體積會變大」。對此做了定量研究的是法國物理學家查理（Jacques Charles，1746～1823）。查理發現，溫度每上升1℃，氣體體積就會增加為其在0℃、1大氣壓時的273分之1，這就是著名的「查理定律」（Charles's law）。而「波以耳定律」（Boyle's law）是指定溫下氣體的壓力與體積成反比。這兩個定律合併起來就是很多人學過的「波查定律」。

將空氣裝入像熱氣球般定容的容器中並加熱時，空氣將會逐漸膨脹，一部分的空氣會外流，容器內所含的空氣重量會漸漸的減少。於是浮力終於大於熱氣球整體重量，就會開始升空。

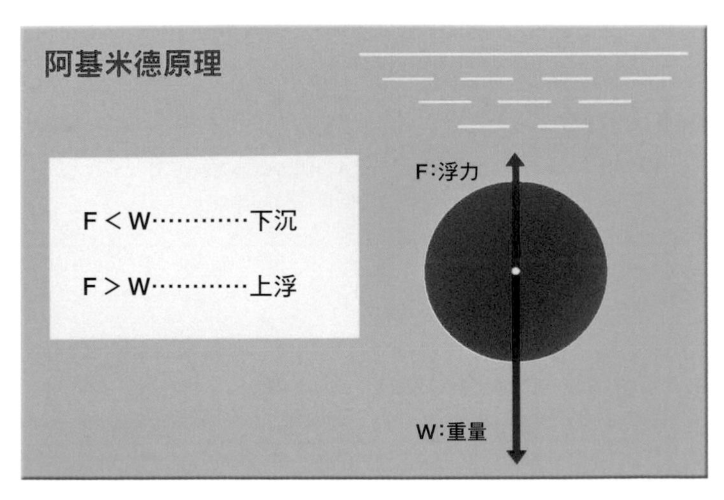

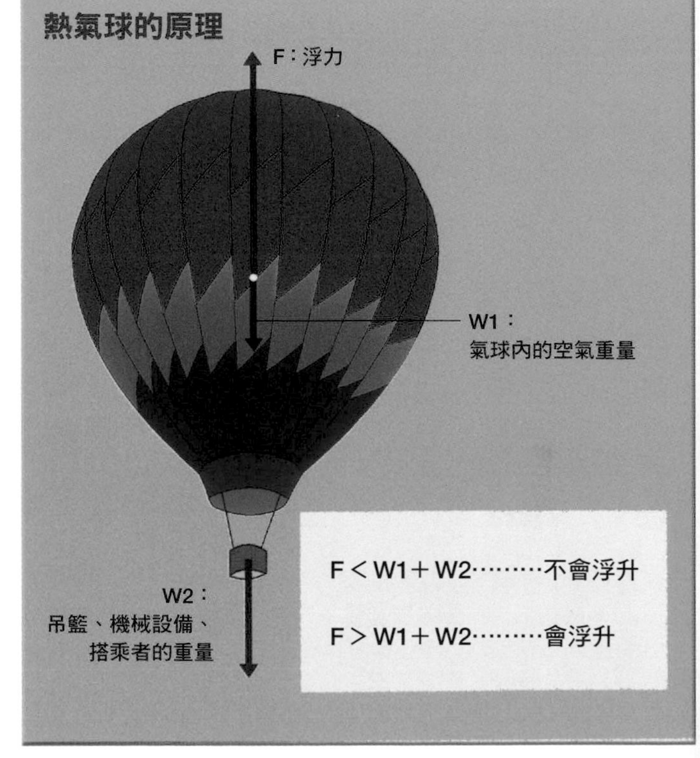

歷史上首次施放熱氣球的是法國的孟格非兄弟（Montgolfier brothers）。他們的父親在經營造紙工廠，注意到裝滿熱空氣的紙袋會往上升。1783年，他們在老家的安諾內廣場公開進行實驗，使用的是麻布（亞麻織成的薄布）製的熱氣球，直徑為10公尺。但是他們以為燃燒羊毛和稻桿產生的黑煙中有氫氣，似乎沒有考慮到熱氣球要加熱才能升空。

由於孟格非兄弟的實驗，學界紛紛投入氣球的研究。查理也奉巴黎皇家科學院之命，進行氣球的研究。1787年發現的「查理定律」也成為氣球研究的開端。

問題

我們來計算熱氣球升空的問題。現在要製造一個無人的小型熱氣球，直徑為8公尺。材質使用耐熱的耐綸66（耐熱120℃）為佳。氣球視為正圓球體，該氣球與其周邊設備的總重量為45公斤。假設大氣溫度為10℃，氣球內的溫度均勻分布。請問氣球內的溫度要達到幾度才會升空？先不管空氣對流對氣球的抬升作用力。請從以下三個選項中選出最有可能的答案。

①50℃　②60℃　③70℃

（詳解請見115頁）

空氣的密度表

溫度（℃）	10	20	30	40	50	60	70	80	90	100
密度（kg／m³）	1.247	1.204	1.164	1.127	1.093	1.060	1.029	1.000	0.972	0.946

提示：

氣球的體積＝$(\frac{4}{3})\pi \times$半徑^3

氣體的重量＝體積×氣體的密度

簡單的熱氣球製作

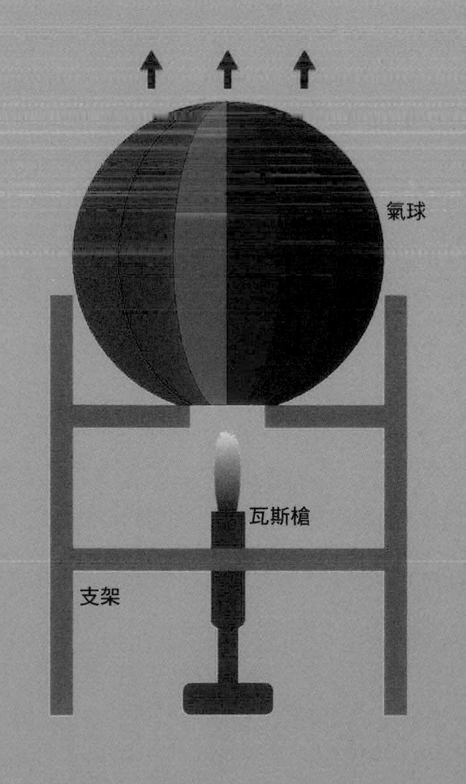

動手來製作一個簡單的熱氣球吧。要搭建一個支架會比較好操作。一定要特別小心用火。

製作載人的大型氣球必須要有專門的材料和機械設備。不過這裡要教的無人氣球比較方便用在校慶上。以下簡單講解製作方法。

這個方法是利用置於地面上的燃料或瓦斯槍使氣球浮升。氣球的材質要使用遊艇用的帆布，或用於飛行傘、降落傘等的輕質耐熱纖維。例如，市面上有賣耐綸66或聚酯纖維等材料做成的布。

將這塊布裁成像世界地圖的等積投影所出現的船底形狀，再用縫紉機縫合成球狀。請注意，縫成球袋時接縫處必須要密合，儘量讓空氣不致從接縫處流失。

用繩索將氣球固定於地面上，再用瓦斯槍加熱空氣並送進氣球內。瓦斯槍要選噴嘴開口大且火力強的款式。只要將加熱後的高溫空氣不斷送進氣球內，氣球應該就會漸漸浮升了。

111頁的詳解

伸縮內側的測量管，調整到月亮剛好填滿五日圓硬幣孔，此時管長約為57公分。這跟手臂完全伸直時，眼睛與手持的五日圓硬幣的距離大致相等。此時三角形ABC與三角形ADE相似，所以BC與AM的比值會等於DE（＝x）與AN的比值。測量管的長度為57公分，五日圓硬幣的直徑為5.2毫米，而且地球到月球的距離為38萬4400公里，代入這三個數值便可按比例求出月球的直徑。

$5.2 : 570 = x : 384400$

$570 \times x = 5.2 \times 384400$

$x \fallingdotseq 3510$

於是便算得月球的直徑約為3510公里，較之月球真正直徑3474公里，數值非常接近。

破解密碼

破解隱藏在DNA中的密碼！

地球上所有生物都是根據位於DNA（去氧核糖核酸）中的遺傳訊息所設計而成的。DNA就像一條密碼鏈，由類似長螺旋狀的鎖鏈組成。這條DNA鏈是依照某種規則所構成的。DNA的發現和分析被譽為20世紀最偉大的發現。本篇的DNA中藏有一段加密訊息。請各位讀者扮演調查局的探員來破解看看。

破解密碼前須知的基礎知識

1953年，美國的華生（James Watson，1928～）與英國的克立克（Francis Crick，1916～2004）兩位分子生物學家發現DNA的立體螺旋結構，並發表於英國的《自然》雜誌。華生和克立克因此獲得1962年的諾貝爾生理醫學獎。

據說人體由大約40兆個細胞所組成。幾乎所有的細胞都有細胞核，核內的「染色體」在細胞分裂時會呈現條狀結構。人類有23對染色體，即46條染色體。將染色體解開螺旋就會看到DNA。華生所發表的模型顯示，DNA為右旋的雙股螺旋結構，外側由五碳糖和磷酸交錯排列構成，內側則由腺嘌呤（A）、胸腺嘧啶（T）、鳥糞嘌呤（G）、胞嘧啶（C）等鹼基互相連接而成。螺旋結構的直徑為2奈米（1奈米等於10^{-9}公尺），相鄰鹼基對的間距為0.34奈米。不論是如大腸桿菌般構造單純的生物，或是如人類般構造複雜的生物，DNA的結構都是相同的。只有腺嘌呤、胸腺嘧啶、鳥嘌呤、胞嘧啶等4種鹼基的排列順序會影響生物體的構造。

要將DNA所含的遺傳訊息正確傳遞給所有細胞，並使細胞合成蛋白質以表現功能時，需要進行DNA複製和轉錄。當要複製時，雙股螺旋結構會暫時解開，兩股DNA鏈會各自產生互補的另一股DNA鏈。於是一組DNA經過複製就會變成兩組完全相同的DNA。另外，所謂轉錄是將紀錄於DNA上的「細胞生存的必備資訊」傳遞至名為「訊息RNA」的RNA（核糖核酸）上。訊息RNA是傳遞遺傳訊息的重要物質，會按照細胞內DNA的指示來合成蛋白質。

研究指出，排列於訊息RNA上的四種鹼基（RNA中以尿嘧啶取代胸腺嘧啶來和腺嘌呤配對）中，三個相鄰的鹼

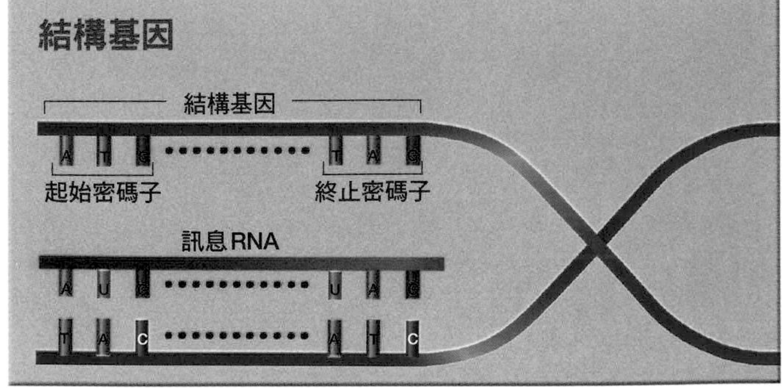

單股DNA鏈的主架構由五碳醣和磷酸交錯連接而成，且伸出四種不同的鹼基。雙股DNA鏈的鹼基會互相配對並形成梯狀的螺旋結構。一般認為與合成蛋白質相關的DNA（＝結構基因）只占全部DNA的一小部分。結構基因必定以「ATG」起始，以「TAA或TAG、TGA」結束。

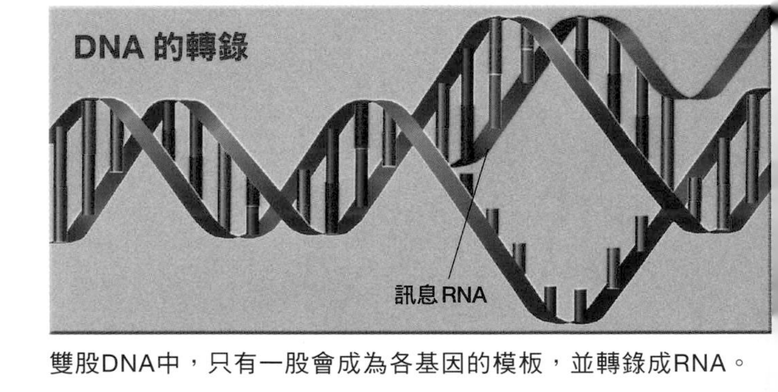

雙股DNA中，只有一股會成為各基因的模板，並轉錄成RNA。

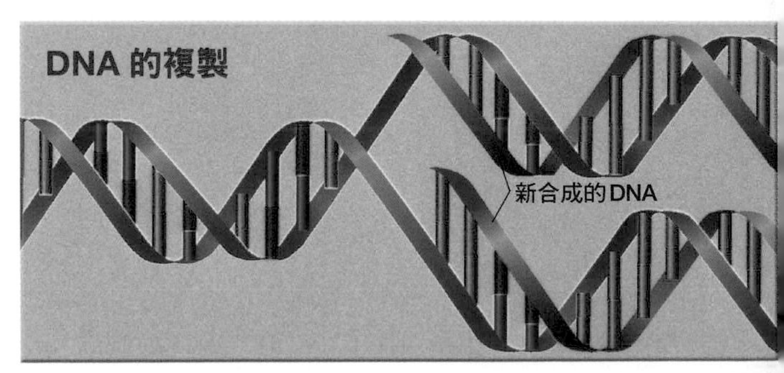

DNA複製時雙股會解開，兩股都會當作模板，各自合成互補的另一股。

基會對應到「20種胺基酸的其中一種」（見下表）。生物體的蛋白質由胺基酸構成，而命令細胞製造胺基酸的指令便記錄在DNA和訊息RNA上。

「一段能合成蛋白質的功能性DNA」稱為「結構基因」（structural gene），其序列必以「ATG」起始。ATG通常會對應到名為「甲硫胺酸」的胺基酸，同時也具有起始密碼子（codon）的功能。此外，現在也知道結構基因會結束於「TAA或TAG、TGA」其中一個。但是，即使發現一條序列為「……CATGAC……」，也很難判斷是從ATG開始讀起，所以會對應到甲硫胺酸，亦或ATG是讀錯，應該位移一格讀成CAT和GAC才對。這種時候，要先往後尋找終止密碼子是否存在來當作判斷的標準。這個尋找的工作通常會用電腦來執行。

問題

如上所述，三個一組的鹼基序列原本會對應到其獨特的胺基酸。不過這裡將胺基酸和26個英文字母配對整理成右表。請破解下列鹼基序列中所隱藏的訊息。（英文字母是專門為本謎題所準備，所以不具任何科學上的意義。此外，隱藏訊息採用的是日式羅馬拼音）

（詳解請見117頁）

DNA密碼子一覽表

第一個鹼基		第二個鹼基												第三個鹼基
		A	胺基酸	英文字母	G	胺基酸	英文字母	C	胺基酸	英文字母	T	胺基酸	英文字母	
A		A A A	Lys	B	A G A	Arg	M	A C A	Thr	G	A T A	Ile	S	A
		A A G	Lys	B	A G G	Arg	M	A C G	Thr	G	A T G	Met	起始	G
		A A C	Asn	D	A G C	Ser	O	A C C	Thr	J	A T C	Ile	S	C
		A A T	Asn	D	A G T	Ser	O	A C T	Thr	J	A T T	Ile	S	T
G		G A A	Glu	H	G G A	Gly	N	G C A	Ala	N	G T A	Val	B	A
		G A G	Glu	H	G G G	Gly	N	G C G	Ala	N	G T G	Val	B	G
		G A C	Asp	F	G G C	Gly	P	G C C	Ala	Q	G T C	Val	R	C
		G A T	Asp	F	G G T	Gly	P	G C T	Ala	Q	G T T	Val	R	T
C		C A A	Gln	L	C G	Arg	L	C C A	Pro	C	C T A	Leu	E	A
		C A G	Gln	L	C G G	Arg	L	C C G	Pro	C	C T G	Leu	E	G
		C A C	His	K	C G C	Arg	I	C C C	Pro	V	C T C	Leu	E	C
		C A T	His	K	C G T	Arg	I	C C T	Pro	V	C T T	Leu	E	T
T		T A A	終止	終止	T G A	終止	終止	T C A	Ser	O	T T A	Leu	U	A
		T A G	終止	終止	T G G	Trp	Y	T C G	Ser	O	T T G	Leu	U	G
		T A C	Tyr	T	T G C	Cys	W	T C C	Ser	X	T T C	Phe	A	C
		T A T	Tyr	T	T G T	Cys	W	T C T	Ser	Z	T T T	Phe	A	T

Ala 胺基丙酸　Arg 魚精胺酸　Asn 天門冬醯酸　Asp 天門冬胺酸
Cys 半胱胺酸　Gln 麩胺酸醯胺　Glu 麩胺酸　Gly 甘胺酸
His 組織胺酸　Ile 異白胺酸　Leu 白胺酸　Lys 離胺酸
Met 甲硫胺酸　Phe 苯丙胺酸　Pro 脯胺酸　Ser 絲胺酸
Thr 息寧胺酸　Trp 色胺酸　Tyr 酪胺酸　Val 纈胺酸

左側縱列為第一個鹼基，上方橫排為第二個鹼基，右側縱列為第三個鹼基。例如序列為「GGC」，則檢索左起第二列，上方第七列即可找到。查表可知GGC對應的是甘胺酸，故在本篇謎題中以P表示。

……AAGGGCCATATGGCATTGTGCTATGATCGCACCTCGGCCATATGGCACTG
TGTTACAGCGCAGCAAGCATCTGGTCAAATTTCCGTGAACTCGGGATTTGGTTG
TTATACTGGTCATTGGAGTTCAATTTCGTCCTCCACTTCTGAGGCAGGTTA……

提示

先找出正確的起始密碼子和終止密碼子，中間的序列只要按順序讀過來就可以了。破解這個密碼後，會發現密碼本身還隱藏著另一個問題。

113頁的詳解

氣球的體積為$V=\frac{4}{3}\pi r^3$，所以
　$V=268\text{m}^3$
先算出浮力。大氣溫度10℃時的密度為1.247kg/m³，所以
　浮力＝268×1.247
　　　＝334kg重
熱空氣在50℃時的重量為
　268×1.093＝293kg重
在60℃時的重量為
　268×1.060＝284kg重
在70℃時的重量為
　268×1.029＝276kg重
將這些空氣重量和附加設備的總重與浮力相比，
50℃時
　293＋45＝338＞334kg重
60℃時
　284＋45＝329＜334kg重
70℃時
　276＋45＝321＜334kg重
可知溫度達60℃或70℃就會上浮，故正解為②和③。

暖化與海平面上升

地球暖化會造成海平面上升嗎？

本篇要討論的主題是我們生活中隨處可見的物質「水」。水會以海水、河水、冰雪、大氣中的水蒸氣等形態存在，是地表附近存量最為豐富的物質。但近年來地球暖化日趨嚴重，地球上冰和水的比例很可能會失衡。來看看水的特殊性質和環境問題之間有什麼關聯吧。

「阿基米德原理」的發現與水

前面提過阿基米德。他是發現「阿基米德原理」和「槓桿原理」的古希臘科學家。有一天，敘拉古的國王希倫二世出了道難題，要阿基米德「鑑定皇冠的真偽」。因為國王給了金匠一批純金來打造皇冠，但卻陸續有人舉發金匠私藏黃金，偷摻純銀在皇冠裡造假。

阿基米德在泡澡時想到了好方法，就是在裝滿水的容器中分別放入「與皇冠等重的純金」、「與皇冠等重的純銀」、「已打造好的皇冠」，並比較這三者溢出的水重。單位體積的重量稱為「密度」，純物質有固定的密度值，例如純金為 $19.3g/m^3$，純銀為 $10.5g/m^3$。他從皇冠的重量和體積（溢出的水量）求出密度，並鑑定是否為純金。

他也發現一個現象，即「物體放入水中時，該物體排開的水重會等於浮力」。這就是「阿基米德原理」。

水在4℃時密度最大

溫度上升時，物質的組成分子會變得活躍，分子間距會變大，於是體積就會增加。另一方面，由於物質的整體重量不會隨溫度改變，所以物質的密度會變小。然而，水卻呈現出與眾不同的密度變化。如下圖所示，水在4℃時密度最大。

水分子是由一個氧原子和兩個氫原子所組成。氧原子會強烈吸引氫原子，所以氧原子會帶負電，而電子被拉走的氫原子會帶正電。溫度下降時水分子的運動減緩，分子間距會縮小，於是水分子中帶正電的氫原子會和另一個水分子中帶負電的氧原子互相吸引。結果如下圖所示，會變成冰的狀態，為間隙較大的晶體結構。

相反地，從冰變成水時，部分水分子會脫離晶體結構而自由運動。游離的水分子會開始填滿原本的晶體空隙，體積會逐漸變小。接著溫度繼續上升，所有水分子都會自由運動，體積便會再度變大，這個

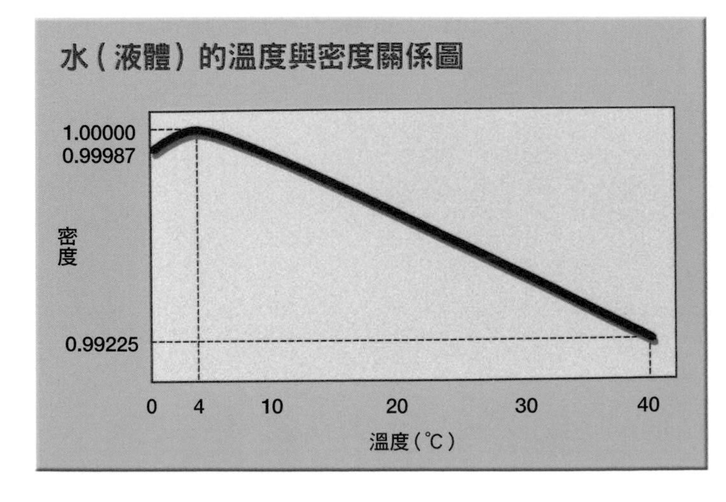

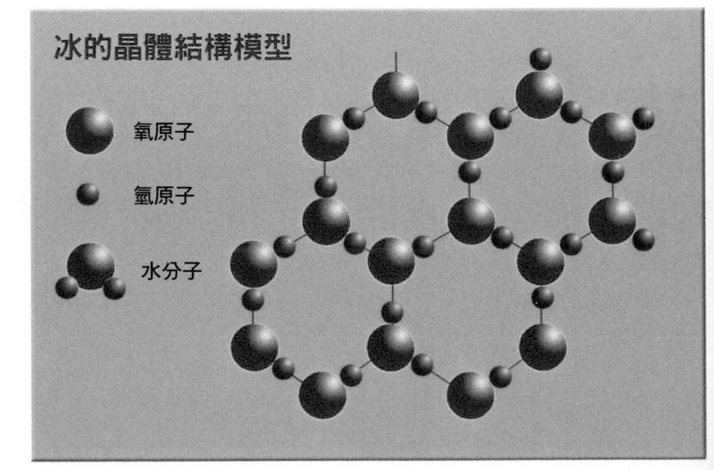

溫度的分歧點就是4℃。

杯子的水位會如何變化？

這裡要考各位一個問題：「將冰塊放入裝水的杯子裡，並記錄此時的水位高度。經過一段時間，冰塊已完全融化，請問水位高度會如何變化？」已知冰和水的密度分別為0.9g/cm^3與1.0g/cm^3，故冰塊浮出水面的體積為冰塊整體的10分之1，水面下的體積為10分之9。因為根據阿基米德原理，若冰塊的重量為9公克，該冰塊的體積便為10立方公分，浸在水中的局部體積會等於「和冰塊重量互相平衡的9公克浮力所產生的水的體積，換句話說也就是9立方公分體積的水」。

冰塊融化，密度變成1時，相當於減少了「冰塊融化前的10分之1體積」。也就是說，冰塊浮出水面的那部分體積不見了。因此答案是「水面高度不變」。

為什麼地球暖化會導致海平面上升？

接著，我們試著將杯子問題的情境想成是「浮在海水上的冰」。請問水面會上升還是下降？海水的密度比淡水大（密度1.04g/cm^3），所以冰塊浮出水面的體積一定會超過10分之1。計算出來理應會達13%。因此浮在海水上的冰塊融化時，水位會上升。

然而，這個影響其實很微小。但是陸地上的冰層就會產生劇烈的影響。很多人以為南極大陸是浮在海上的一大塊冰層，但其實它是塊承載著冰層的大陸，若是上面的冰融化，海平面就會上升。這就是地球暖化會導致海平面上升的原因之一。

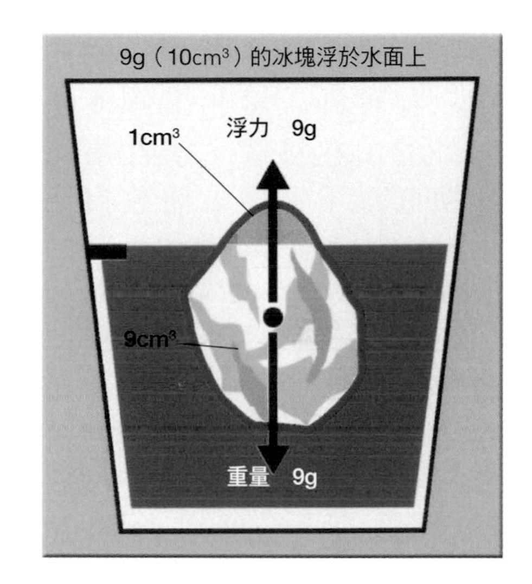

問題

假設南極與格陵蘭島上分別具有2.5×10^{16}立方公尺和2.0×10^{15}立方公尺的冰層。某研究機構的計算結果顯示，二氧化碳會造成地球暖化，若不抑制二氧化碳排放量，2050年南極與格陵蘭島的冰層會融化0.5%，致使海平面上升。南極和格陵蘭島的陸地上都有冰層，融化的冰會注入海中。假設地球的半徑約為6370公里，地表有4分之3為海洋，則海平面會上升幾公分呢？不過，據推測海平面上升會造成一部分陸地被水淹沒，海洋面積會增加，但增加的部分不多，所以忽略不計。請從以下三個選項中選出最接近的答案。

①3.7公分
②37公分
③3.7公尺

（詳解請見119頁）

提示
球體的表面積公式為$4\pi r^2$（r＝地球的半徑）。此外，海平面上升的高度遠小於海洋面積，故使用面積×高度來代表體積即可。

115頁的詳解
密碼文中，ATG密碼子總共出現三組。從ATG開始每三個鹼基為1組來讀取時，最後有出現終止密碼子（TAA、TAG、TGA）的只有第三組ATG密碼子。該ATG之後的序列是「GCA，CTG，……TTC」，檢索密碼表會發現，對應到的英文字母為

NEWTON NO SYODAI HENSYUUTYOU HA DAREKA。所以答案為「竹內均」。

（註：本書譯自NEWTON別冊，密碼對應的英文字母在日文中為「NEWTON的第一任總編輯是誰？」而第一任總編輯就是竹內均先生。）

透過數學計算，體驗神奇的相對論世界

本篇主題是認識相對論的基礎知識。請讀者扮演物理學家，並且使用國際研究機關的實驗設備來證明相對論。

相對論的基礎知識

您有這樣的經驗嗎？當您搭乘火車眺望遠山時，明明自己在移動，看起來卻像是窗外的山在移動。這件事可轉換成以下情境：假設自己正坐在以時速150公里行駛的列車上。

此時和一列時速100公里的特快車交錯而過，「特快車看起來像以250公里的時速向後方駛去」。接著，又和時速80公里的平快車並行時，「平快車看起來像以70公里的時速向後方駛去」。等速直線運動的理論認為，觀測和自己運動方向相反的物體時，其速度要「相加」，而和自己運動方向相同的物體則要「相減」。

這裡要注意的是「觀察者的運動狀態會影響速度加成」。以上述情境為例，在特快車上觀察列車的速度會是「以250公里的時速向後方駛去」，而在平快車上觀察列車的速度會是「以70公里的時速向前方駛去」。

光沒有速度加成

速度加成乍看適用於「所有類型的運動」。但是在如光速般的超高速運動上卻不能成立。

1895年，年少的愛因斯坦思考一個異想天開的問題，那就是「以光速從後方追趕光會怎樣」？以「速度加成理論」來說，此時光看起來應該是靜止不動的。同一時期，蘇格蘭的物理學家馬克士威（James Maxwell，1831～1879）以數學方式證明「光也是電磁波的一種，其速度為定值，不因觀察者的狀態而改變」。但這和速度加成理論互相矛盾。而且當時包括馬克士威在內的物理學家都認為「宇宙空間充滿了傳遞光的介質，名為乙太」。

解決這個難題的是美籍物理學家邁克森（Albert Michelson，1852～1931）和莫利（Edward Morley，1838～1923）。他們認為若地球自轉或公轉於乙太中，光會受到乙太風的影響，速度應該會改變，並使用大規模的設備做實驗，包括光源、反射鏡、望遠鏡等。但卻發現光速沒有改變，故否定了乙太的存在，證實光速維持每秒約30萬公里。

距離和時間並非定值

物理學家愛因斯坦於1905年發表了第一篇相對論的論文。內容為「光速不變且不受任何影響，所以〔速度＝距離÷時間〕中的距離（長度）和時間並非定值，以接近光速的速度運動時距離會縮短，或者時間會變慢」。當時

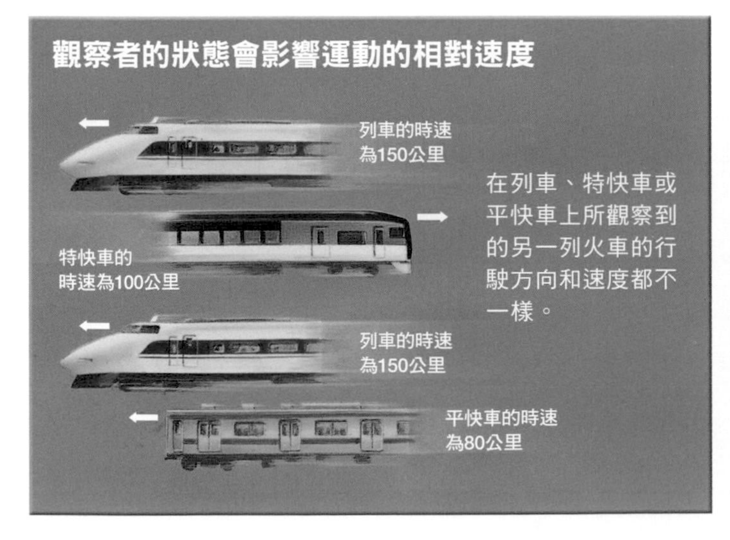

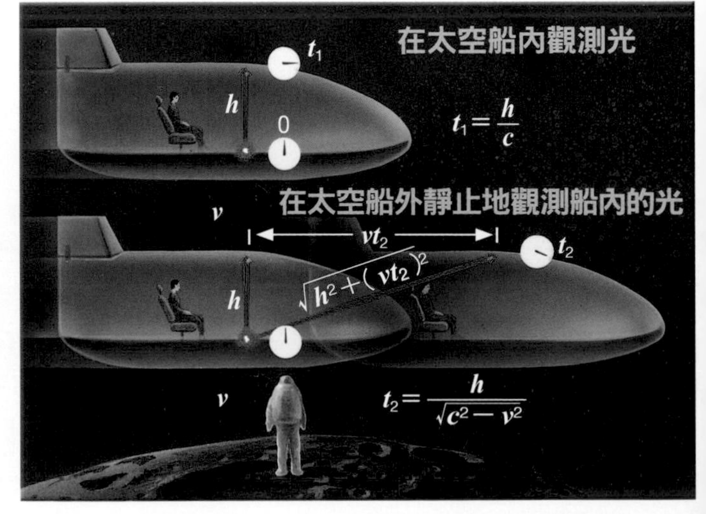

這是一個非常前衛的理論。

那麼，時間會延遲多久呢？以一艘高速前進的太空船為例，討論船內地板發出的光線到達天花板需要多久時間（請參考上頁插圖）。設地板到天花板的距離為 h，光線從地板到達天花板的時間為 t_1，光速為 c，則

$$t_1=\frac{h}{c}\cdots\cdots①$$

在船外以靜止狀態觀察這個現象時，因為光線在到達船內天花板之前，太空船本身以高速在移動，所以光線看起來是斜射。斜射的光線從地板到達天花板所需的時間設為 t_2，太空船的速度為 v，依據畢式定理可以得到距離為

$$\sqrt{h^2+(vt_2)^2}$$

將這個值除以光速 c 應該就是對船外觀察者而言的「地板發出的光線到達天花板所需的時間」。意即

$$t_2=\frac{\sqrt{h^2+(vt_2)^2}}{c}$$

式子整理後可寫作

$$t_2=\frac{h}{\sqrt{c^2-v^2}}\cdots\cdots②$$

因此，①式跟②式之間會形成一個關係式，代表船內與船外兩者所經過之時間的關係。

$$\frac{t_2}{t_1}=\frac{c}{\sqrt{c^2-v^2}}=\frac{1}{\sqrt{1-(\frac{v}{c})^2}}$$

假設太空船以80％光速移動，則

$$\frac{t_2}{t_1}=\frac{1}{\sqrt{1-0.8^2}}≒\frac{1}{0.6}≒1.67$$

故得知時間會延遲約1.67倍左右。

接著，來解釋為何長度會縮短。相對論在考慮長度時的重要概念是「同時性」。假設高速移動的太空船正中央發射出光線。對船內的人而言，光線「同時」抵達船的前端和後端。但是對船外靜止的人而言，光線先抵達後端後才抵達前端。因為光傳遞的過程中太空船仍在高速移動。

為了要測量長度，必須「同時」標記太空船的前端與後端。利用太空船中央發射出的光線來作標記時，船內的人會偵測到光線同時抵達船的前端和後端，所以沒有問題。但是船外靜止的人偵測到的光線不會同時抵達前後端。船外的人所看見的「抵達前後端的這兩道光」，是在不同時間點發射出來的。這就是長度縮短的原因。經過計算可知，以速度 v 運動時，長度會比靜止時縮短為

$\sqrt{1-(\frac{v}{c})^2}$ 倍。

上述思維只適用於等速直線運動，所以稱為「狹義相對論」。另外，討論加速度運動的「廣義相對論」發表於1916年。

問題

某間高能物理研究所有一台名為「伊索德」的巨型圓形加速器，直徑為2600公尺。他們使用這台加速器進行以下實驗。

有一種名為「π 介子」的基本粒子。它非常容易衰變，平均壽命只有 1 億分之 3 秒。若忽略相對論的效應，則光速移動 9 公尺後它就會衰變。假設伊索德從圖中A地點以95％光速加速射出一顆 π 介子，則位於距 A 地點25公尺的 B 地點會觀測到這顆 π 介子嗎？

基本粒子的移動距離相對於圓周而言極小，可以將 π 介子視為等速直線運動來計算。另外，光速為 1 秒30萬公里。（※伊索德是虛構的加速器）

（詳解請見121頁）

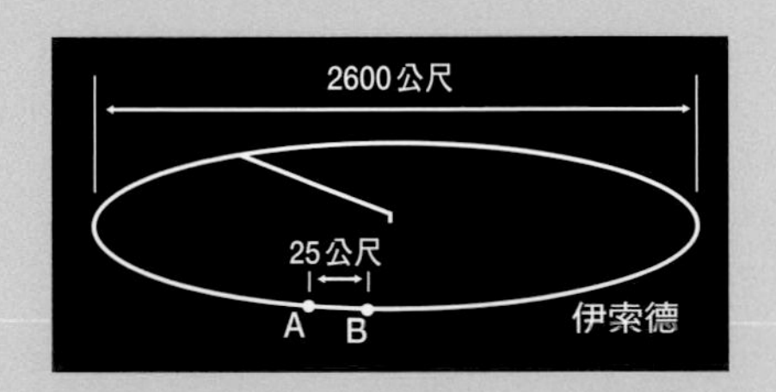

117 頁的詳解

假設海平面會上升 h（公尺），則 $4\pi(6.37\times10^6)^2\times(\frac{3}{4})\times h=(2.5+0.2)\times10^{16}\times0.005$。因此 $h=0.37$ 公尺。正確答案為②37公分。

圖形與數學謎題

一起來玩數學圖形謎題

協助 塚田芳晴
Kids Factory董事長

古今中外的人都會利用圖形和數學設計出益智遊戲。本篇將介紹其中幾個遊戲謎題。有些謎題看似無解或像變魔術一樣讓人摸不著頭緒，但只要用心思索應該都會想出答案。

莫比烏斯環

莫比烏斯環是由19世紀的德國數學家暨天文學家家莫比烏斯所發明的神奇圖形。莫比烏斯環是將紙膠帶扭轉半圈連接而成。從環的外側起始沿著此面繞行，不知不覺中就繞到內側，然後又回到外側。意即無法區分環的內外面。莫比烏斯環是一個二維圖形，且只具有一個面。這種曲面稱為「不可定向曲面」。將莫比烏斯環沿中心線剪開會變成什麼形狀呢？若是一般沒有扭轉的環，剪開會形成兩個較細的環。但莫比烏斯環剪開則會形成一個扭轉兩次的細環。

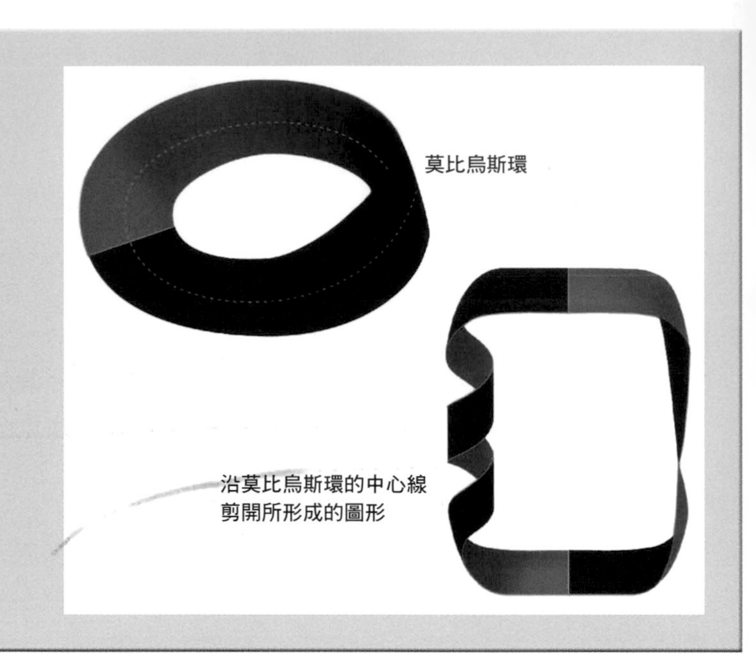

問題 .1

這是莫比烏斯環的應用題。已知用紙膠帶做成的紙環兩個互相連接後再剪開會形成的圖形如圖 1。請問紙環要如何連接，又要如何剪開才會形成圖 1 的形狀呢？

兩個相扣的心形環如圖 2，也是由兩個紙環連接後剪開所形成的。同樣請問原本的紙環是如何連接跟剪開的呢？

（詳解請見122頁）

問題 .2

這是利用繩索進行的雙人益智遊戲。首先準備兩條繩索，每一條繩索的兩端各做成直徑約10公分的繩環。繩環之間的繩長預留1公尺。接著，其中一人的兩手先穿過繩環，另一人的繩索與第一人的繩索相扣，同樣地也將兩手穿過繩環如圖3。請問要如何解開這個結讓兩人分開呢？

請注意，手腕不可以抽離繩環，也不可以剪斷繩索。

（詳解請見122頁）

圖3

魔方陣

將1到n的數字排列於正方形內，任意行、列、對角線的數字和皆相等，這個方陣就稱為魔方陣（magic square）。自古就已知魔方陣，曾出現於中國古代的傳說和歐洲的版畫上。日本也有一名江戶時代的數學家關孝和在研究魔方陣。

魔方陣依格子數不同而有「四階魔方陣」或「五階魔方陣」等不同名稱。而且格子數若為偶數，就稱為「偶數階魔方陣」，若為奇數，則稱為「奇數階魔方陣」。另外也有僅由質數所形成的「質數魔方陣」，或具立體結構的「立體魔方陣」。最簡單的三階魔方陣（奇數階魔方陣）如右圖。

2	9	4
7	5	3
6	1	8

橫列的總和
2＋9＋4＝15
7＋5＋3＝15
6＋1＋8＝15
縱行的總和
2＋7＋6＝15
9＋5＋1＝15
4＋3＋8＝15
對角線的總和
2＋5＋8＝15
4＋5＋6＝15

魔方陣的製作方法

這裡會講解最簡易的五階魔方陣（奇數階魔方陣）製作方法。採用的是統一往左下方格子移動並按順序填寫數字的方法，如圖4。

首先於最下列中央的格子填上1。1的左下方沒有格子，所以在左列最上方的格子填上2。接著往左下方移動並填上3。3的左下方沒有格子，所以在下一列的最右邊格子填上4。4的左下格填上5。5的左下格已經填上1了，所以這時要在5的上方格填上6。有一個例外情況，最左下的格子填完後，要往上移動填在該格的上方格。按照規則將數字填完所有格子，就會形成一個任意行、列、對角線的數字和都等於65的魔方陣。

若能學會這個基本方法，就能製作出無限多個奇數階魔方陣。這些格子中的數字可以加減乘除同樣的數字變成其他數字，變成負數或分數也可以，因為行、列、對角線的總和仍然皆相等。而且利用這個方法，也能製作出很高階的魔方陣。製作完成後請用計算機驗算一遍。

圖4
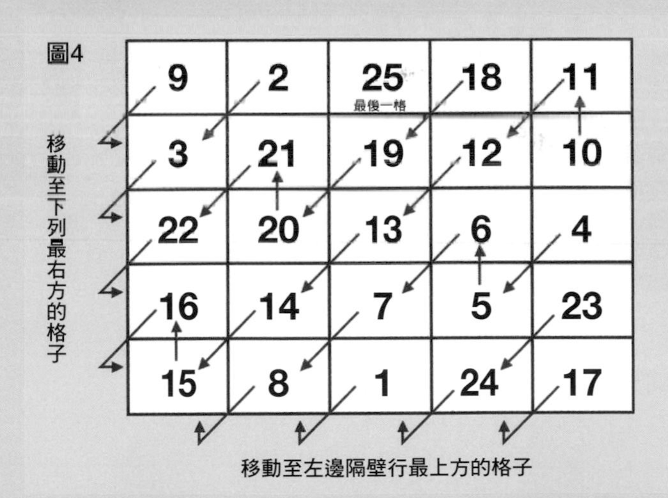

119頁的詳解

假設忽略相對論的效應，則基本粒子的平均壽命為t_1，而考慮相對論的效應時，基本粒子的平均壽命為t_2，在$\frac{t_2}{t_1}=\frac{1}{\sqrt{1-\left(\frac{v}{c}\right)^2}}$的關係式中，代入$v=0.95c$，會得到$\frac{t_2}{t_1}=3.21$，即$t_2=3.21t_1$，故時間會延遲約3.21倍。

另外，若先不考慮時間延遲，則以95%光速運動的基本粒子在衰變前所移動的距離為9×0.95＝8.55公尺。而時間會延遲3.21倍，所以移動距離為8.55×3.21＝27.4公尺。因此在B地點非常有可能看得到這顆基本粒子。

計算
圓周率

利用簡單的方法計算圓周率的值

一個圓的圓周長與直徑的比值稱為「圓周率」。圓周率自古便令許多科學家魂牽夢縈。舊約聖經中已提到圓周率的值約為3。此外，中國古代也稱呼圓周率為「徑三」。

知名的古希臘數學家阿基米德所採用的方法，是以圓周大於圓內接正96邊形的周長，及圓周小於圓外切正96多邊形的周長來比較計算，正確求出圓周率的值為3.14。也有人畢生都在研究圓周率的值，例如英國的尚克斯。他求到小數點以下707位，但遭人指出當中的第528位有誤。從前經常發生類似的情境。過去曾有眾多數學家執著於計算圓周率值，但現在透過電腦計算，已可求到小數點以下22兆位。

圓周率具有兩項很神奇的特性。第一項是所有圓形的圓周率值皆相同。第二項是圓周率值的小數位有無限多，屬於「無理數」。

學校會教導「圓周率 $\pi = 3.1415\cdots\cdots$」，但實際驗證過圓周率值的人卻出乎意料地非常少。教科書所寫的這個數值是真的嗎？按照右頁的步驟，一起來計算。

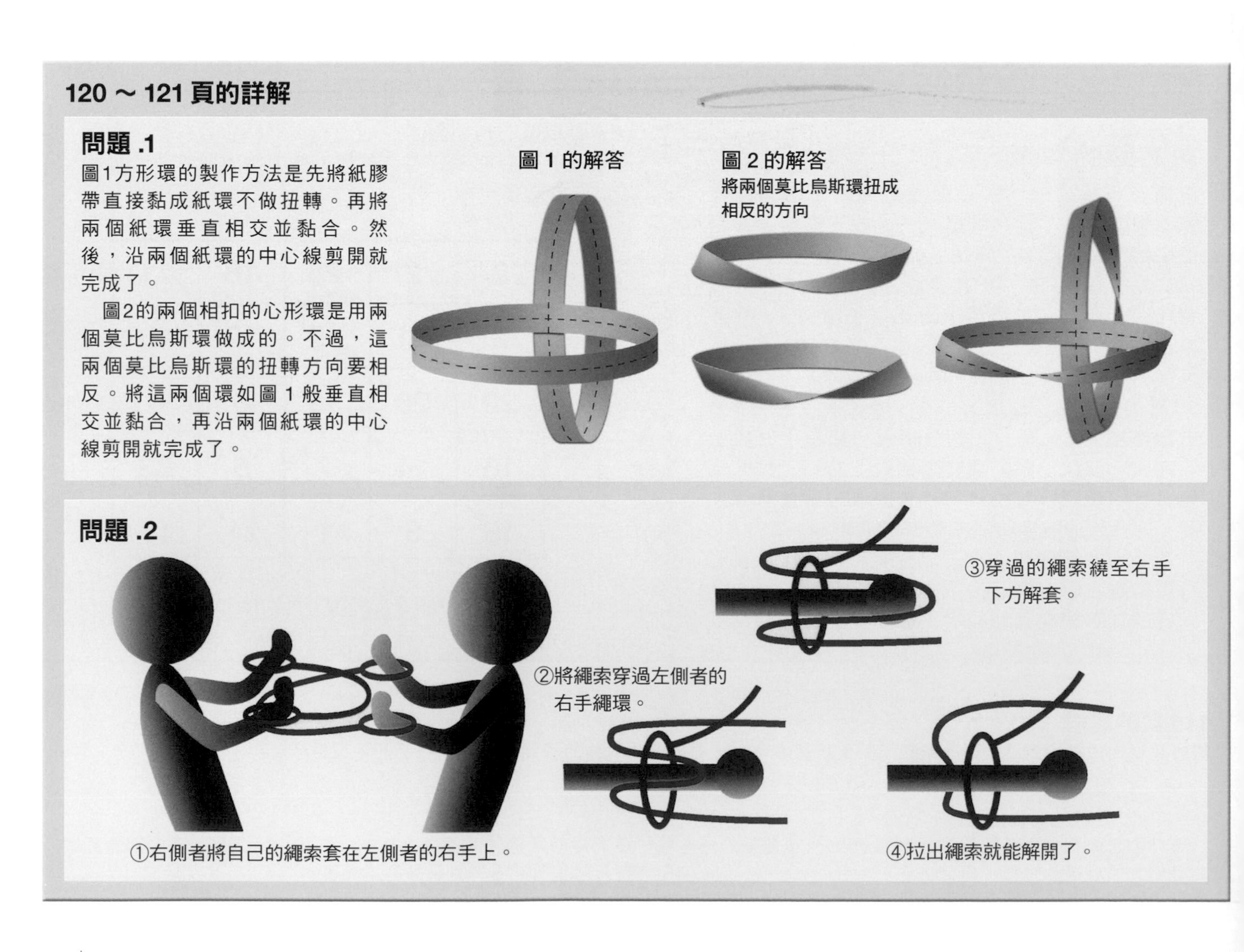

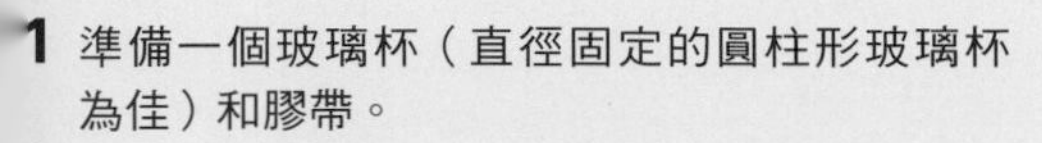

1 準備一個玻璃杯（直徑固定的圓柱形玻璃杯為佳）和膠帶。

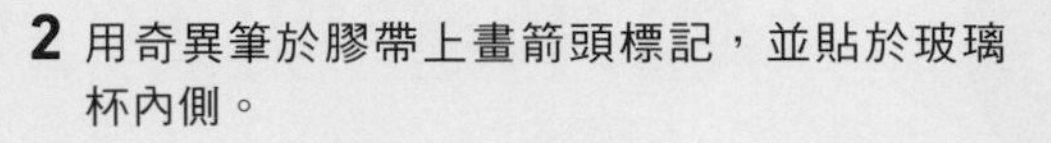

2 用奇異筆於膠帶上畫箭頭標記，並貼於玻璃杯內側。

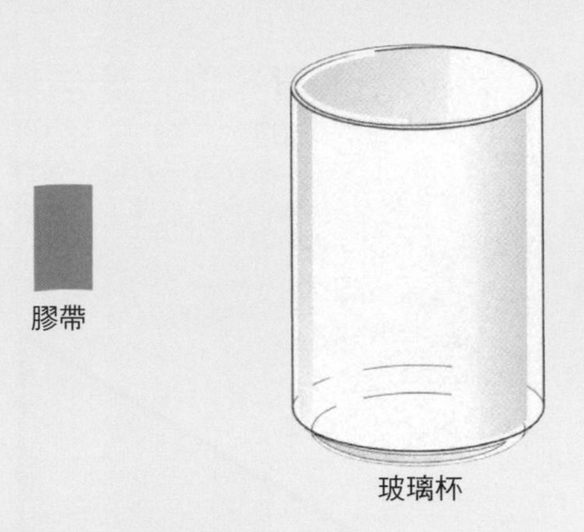

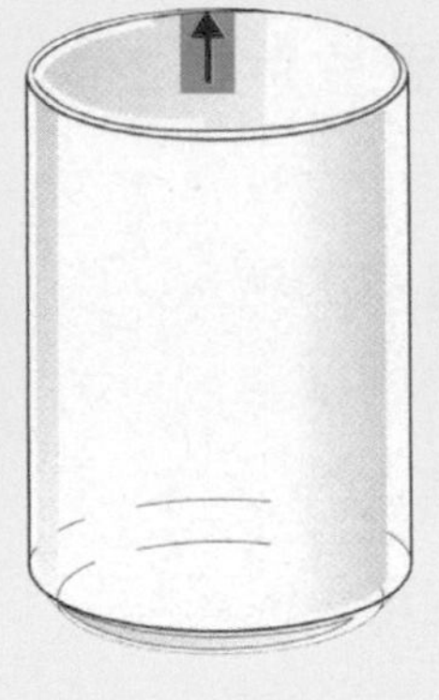

3 準備一把尺，將玻璃杯放在尺旁，且箭頭對準刻度 0 的位置。

4 將玻璃杯慢慢滾動一圈，並注意滾動時不要滑動或滾至別處。此時玻璃杯口的平面須和刻度線保持90度垂直。

5 當箭頭再度指向刻度時，讀取刻度並紀錄下來（令此值為 A）。

6 測量玻璃杯的直徑（外徑）（令此值為 B）。

7 計算 $\frac{A}{B}$ 的值。應該會很接近3.14。

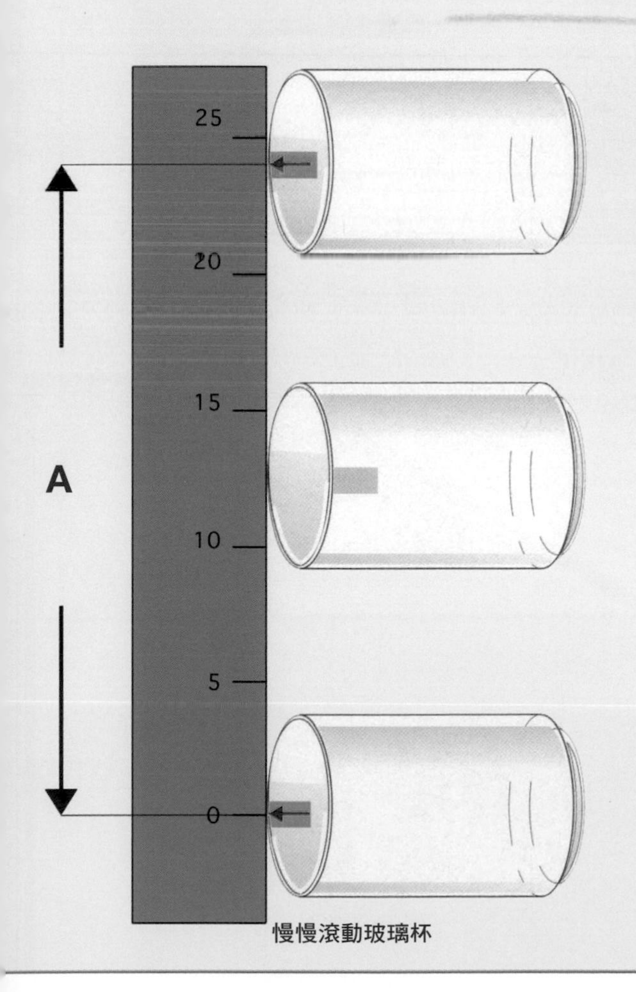

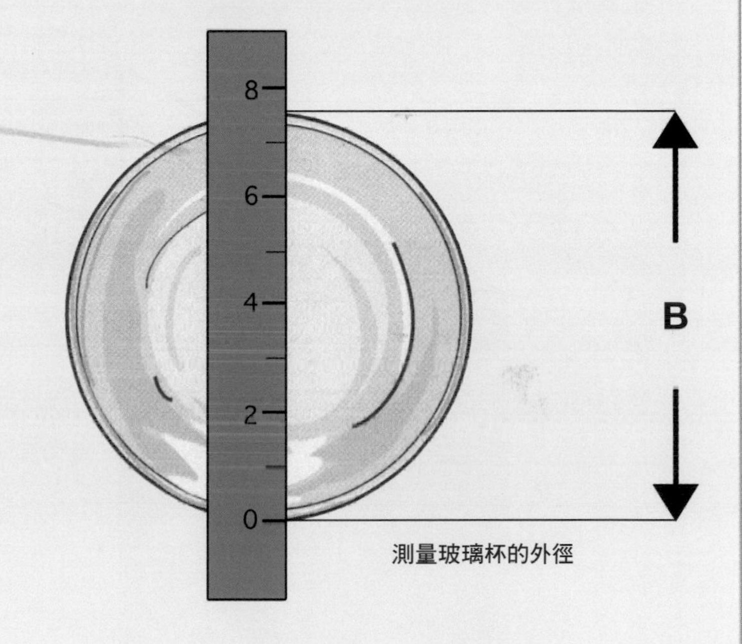

圓周率 $\pi = \frac{\text{圓周長}}{\text{直徑}} = \frac{A}{B} = 3.1415926\cdots$

您的計算值很接近這個值嗎？用上述簡便的方法測量出來的數值很容易產生誤差，所以難以求出正確的圓周率值。是否會產生誤差是取決於操作時的精密度及不同人讀取刻度等因素。若能將誤差壓在 3% 以內（$\frac{A}{B}$ =3.05～3.23），實驗就算成功了。

若要求得出更正確的數值，需要使用同一個玻璃杯或是使用各種不同的玻璃杯重複實驗數次，並求其平均值，就能得到比較準確的結果。數值應該會很接近3.14。

證明
畢式定理

一起來證明畢式定理

著名的「畢式定理」是由西元前古希臘的數學家畢達哥拉斯所發現的定理，是指「直角三角形斜邊長的平方會等於兩股邊長的平方和」。也稱作「商高定理」。

國中數學有學到要利用相似三角形來證明這個定理，不過它的證明方法超過300種。您能使用哪種方法來證明呢？本篇將講解利用拼圖般移動圖形的證明方法。

1 首先準備一個直角三角形，並將 a、b、c 分別標記於三個邊上，如圖 1。

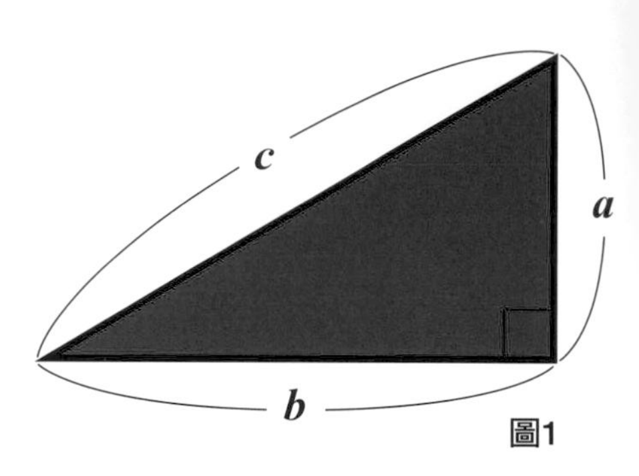

圖1

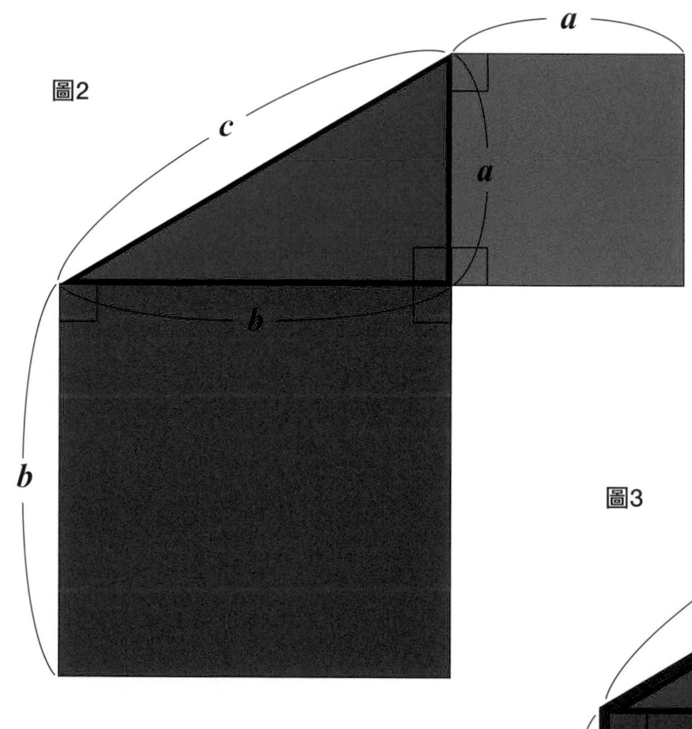

圖2

2 從圖 1 中三角形的 a、b 邊各畫出一個正方形（如圖 2）。分別延長這兩個正方形的 1 邊，形成的圖形如圖 3。

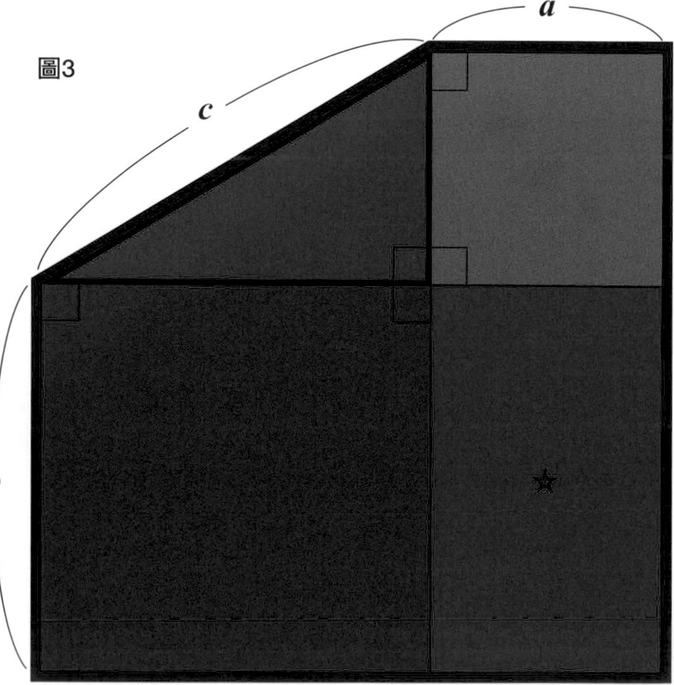

圖3

3 圖 3 中帶☆區塊的面積剛好會等於兩個圖 1 的三角形面積。為方便稱呼，圖 4 中會將圖 1 的三角形稱為①，圖 3 帶☆區塊分為②跟③兩個三角形。

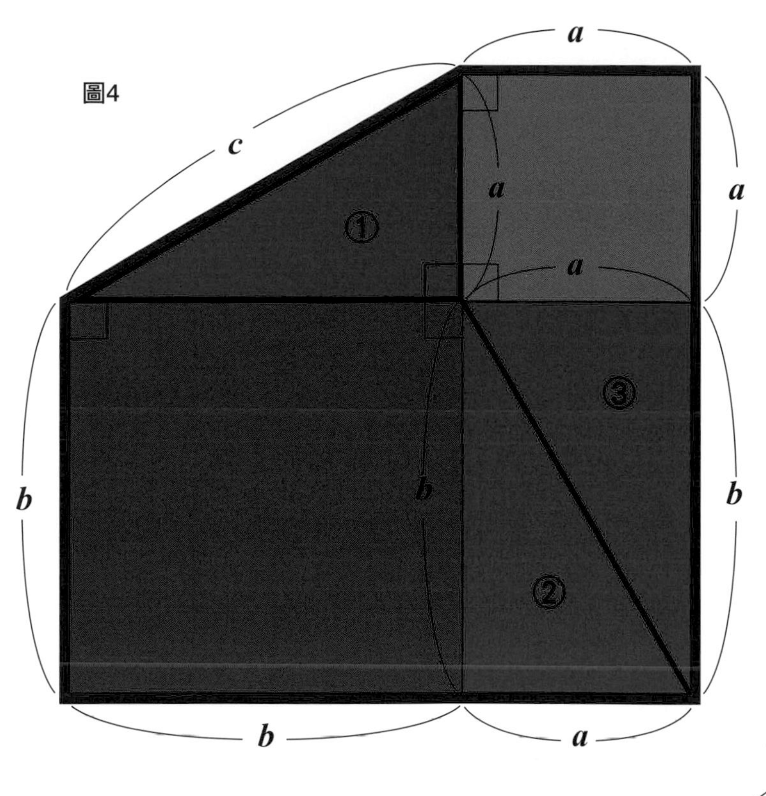

4 圖 4 為一個大五邊形，扣除①、②、③等三個三角形的面積後，剩下的面積為「邊長為a的正方形面積a^2」及「邊長為b的正方形面積b^2」之總和，即「a^2+b^2」。

整體面積－（①＋②＋③）$=a^2+b^2$

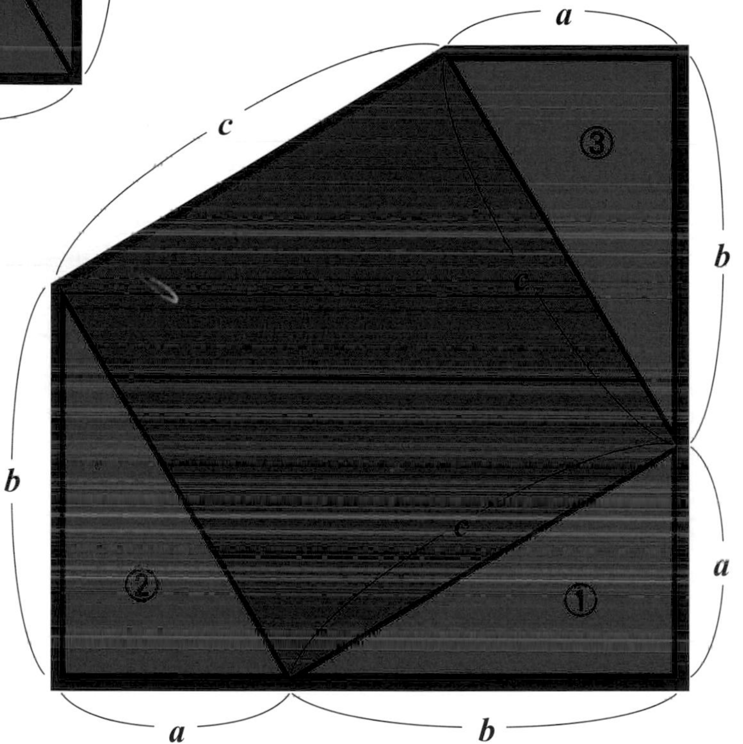

5 接著，將①、②、③等三個三角形重新排列成大五邊形如圖 5。整體面積扣除①、②、③等三個三角形的面積後，剩下的面積為「邊長為 c 的正方形面積 c^2」。

整體面積－（①＋②＋③）$=c^2$

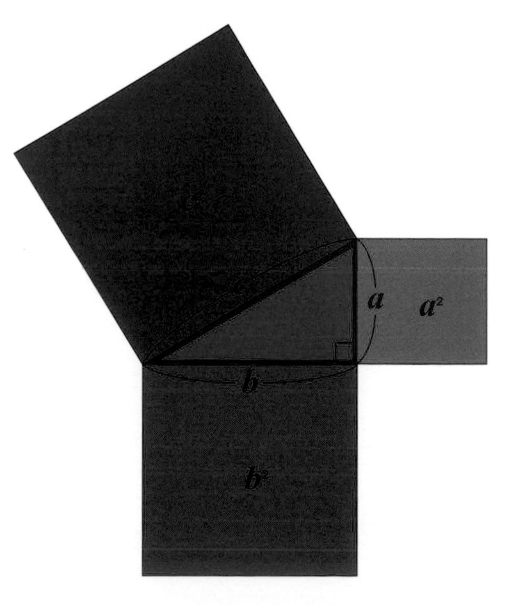

6 由 4 與 5 可知

$$a^2+b^2=c^2$$

嚴謹的證明方法

必須要先證明圖 5 中間的四邊形為正方形。只要證明四邊形的四個角皆直角即可。利用直角三角形的內角和為180度即可輕鬆證明。

神奇的小町算

將數字按１到９依序排列如下，並使用加或減連接這些數字，使其計算結果為100。

$$1+2+3-4+5+6+78+9=100$$

這種算式稱為「小町算」。一般認為該名稱源自平安時代的詩人小野小町要深草少將連續一百個晚上來找她的「百夜通」傳說。據說小野小町對熱烈追求她的深草少將說：「如果你連續一百個晚上來找我，我就接受你的心意。」少將已連續99個晚上都去拜訪小野小町，卻在第一百個晚上凍死於路途上。也代表要達到一百並不容易。小町算常被視為是日本獨有的數學遊戲，但其實全世界都有類似的遊戲。

來實際玩看看吧。從1到9依序相加最多只會得到45，所以必須要在某些地方將數字合併成兩位數才能算出更大的數字。解答共有12種，包括上述範例。

□1□2□3□4□5□6□7□8□9＝100

【解說】

從１到９全部相加最多只會得到45。所以必須要在某些地方將數字合併成兩位數才能算出更大的數字。例如將６跟７合併成67時，會得到

$$1+2+3+4+5+67+8+9=99$$

可知還必須要合併出更大的兩位數。如果合併成78時，會得到

$$1+2+3+4+5+6+78+9=108$$

減掉８就剛好會是100。只要將局部的加法換成減法來減掉８即可。例如將４前面的＋換成－就可以了。

當然也可以隨便組合數字，重複個幾次就能找到答案。但是耗費大量時間和勞力可不是聰明人的作法。數學有土法煉鋼的解法，也有像這樣先稍微推理一下，再根據邏輯尋求正解的方法。

【詳解】

$1+2+3-4+5+6+78+9=100$

$-1+2-3+4+5+6+78+9=100$

$1+2+34-5+67-8+9=100$

$1+23-4+5+6+78-9=100$

$12-3-4+5-6+7+89=100$

$1+23-4+56+7+8+9=100$

$12+3-4+5+67+8+9=100$

$12+3+4+5-6-7+89=100$

$123-4-5-6-7+8-9=100$

$123+4-5+67-89=100$

$123+45-67+8-9=100$

$123-45-67+89=100$

萬能天平

萬能天平是萬能的嗎？

很多人在學校上理化課實驗時都有用過上皿天平的經驗吧。它是測量物體重量最基本的工具之一，可利用數種重量的砝碼（＝秤錘）來測量不同重量的物體。例如，有1公克、2公克、2公克、5公克、10公克、20公克等6種重量的砝碼，就能秤量出1公克到40公克中間所有的整數重量值。

1公克　2公克　2公克　5公克　10公克　20公克

假設因為某個因素現在只有以下4種重量的砝碼，請問用這4種砝碼能測出1公克到40公克之間所有整數的重量值嗎？請逐一確認是否已秤出各種公克值的重量。操作關鍵在於天平的兩臂都要放置砝碼。

詳解 —— 是有可能的。
兩臂皆需放砝碼的幾個範例如下。

秤量2公克　秤量5公克　秤量6公克　秤量7公克　秤量8公克　秤量11公克

1，3，4，9，10，12，13公克等重量可用一個或數個砝碼的組合來秤量。因此，可將砝碼皆置於右臂直接秤重。而2、5、6、7、8、11公克等重量無法使用上述4種砝碼的組合直接秤量。但可將砝碼分別置於天秤兩臂，利用兩臂重量差來秤重。使用的砝碼組合整理如右表所示。

砝碼的使用組合表

待測物重量(公克)	使用的砝碼重量				盛放砝碼的托盤
	1g	3g	9g	27g	
1	●				右臂
2	●	●			兩臂
3		●			右臂
4	●	●			右臂
5	●	●	●		兩臂
6		●	●		兩臂
7	●	●	●		兩臂
8	●		●		兩臂
9			●		右臂
10	●		●		右臂
11	●	●	●		兩臂
12		●	●		右臂
13	●	●	●		右臂
14	●	●	●	●	兩臂
15		●	●	●	兩臂
16	●	●	●	●	兩臂
17	●		●	●	兩臂
18			●	●	兩臂
19	●		●	●	兩臂
20	●	●	●	●	兩臂
21		●	●	●	兩臂
22	●	●	●	●	兩臂
23	●	●		●	兩臂
24		●		●	兩臂
25	●	●		●	兩臂
26	●			●	兩臂
27				●	右臂
28	●			●	右臂
29	●	●		●	兩臂
30		●		●	右臂
31	●	●		●	右臂
32	●	●	●	●	兩臂
33		●	●	●	兩臂
34	●	●	●	●	兩臂
35	●		●	●	兩臂
36			●	●	右臂
37	●		●	●	右臂
38	●	●	●	●	兩臂
39		●	●	●	右臂
40	●	●	●	●	右臂

＊右臂……砝碼置於天平右臂
兩臂……砝碼置於天平左右兩臂

一筆畫問題

哥尼斯堡七橋問題

俄羅斯有一塊領土名為「哥尼斯堡」（現在的加里寧格勒），位於緊臨波羅的海的立陶宛與波蘭之間。它以前是德國的領土，所以才會有德式名稱。「普列戈利亞河」流經此地，河上架有七座橋。

有一位市民提出一個問題：「可以每座橋只經過一遍，就把七座橋全部走過一遍嗎？」解決這道難題的是瑞士數學家歐拉。歐拉將題目轉換成「一筆畫問題」來思考。然後得出「通過頂點的邊數在三以上的奇數條時，就不能夠以一筆畫完成」的結論。

一筆畫問題後來便成為「拓樸學」的一環。簡單來說，拓樸學是不考慮圖形的長度和角度的幾何學。生活中的例子就是地下鐵路線圖。路線圖只顯示路線如何連接，其他如車站間的距離、路途遠近和彎道等詳細內容都是參考用。像這樣無視量值，只考慮位置關係的幾何學就是拓樸學。

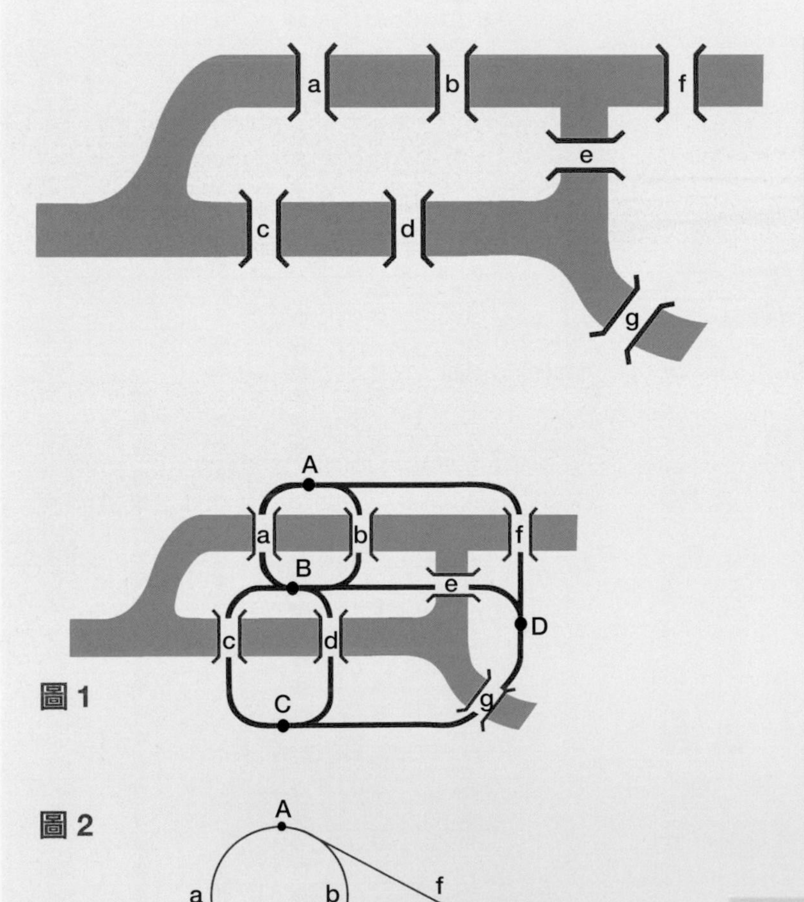

解說

這題要用土法煉鋼的方式確認每一條路徑，不能先簡單推理再解題。必須要畫出一個樹狀圖來分析每一條路徑。從樹狀圖可知從 a 到 g 任一座橋出發都無法再回到原出發地。

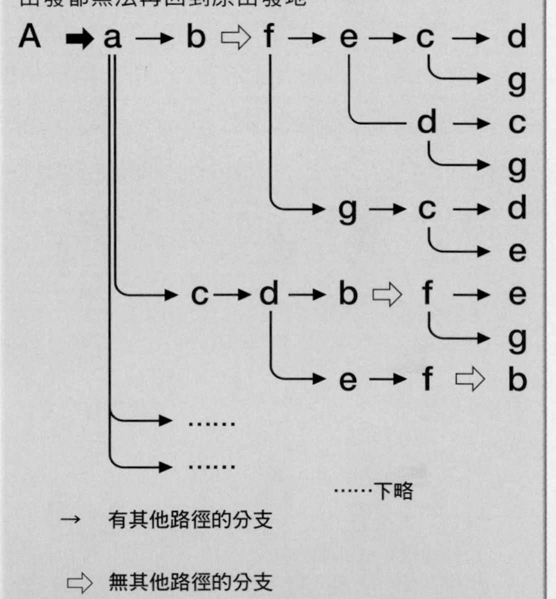

詳解

設定 A、B、C、D 等四個出發地點如圖 1。橋的名稱分別設為 a、b、c、d、e、f、g。各地點和橋的位置關係簡化如圖 2。可從 A、B、C、D 任一地點出發。但應該無法一筆畫完成。

1日圓硬幣可放幾枚？

在一個圓裡面最多可以放入幾枚一日圓硬幣呢？一起來想想看吧。一日圓硬幣的直徑剛好為 2 公分。直徑 4 公分的圓裡面可放 2 枚（如圖 1），直徑 6 公分的圓裡面可放7枚，如圖 2。那麼，如圖 3 所示，直徑 8 公分的圓裡面可放入幾枚一日圓硬幣呢？

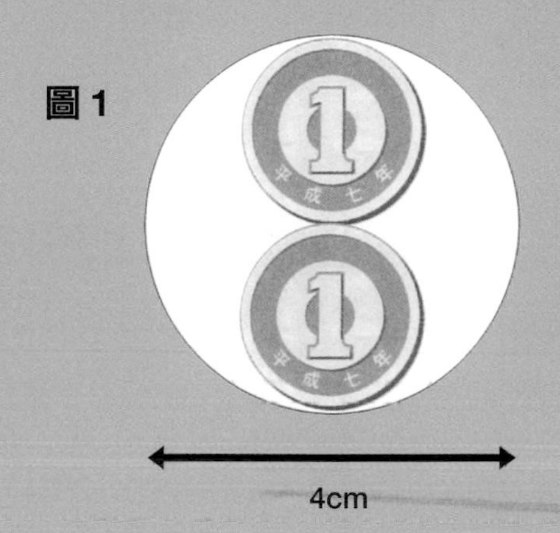

圖 1

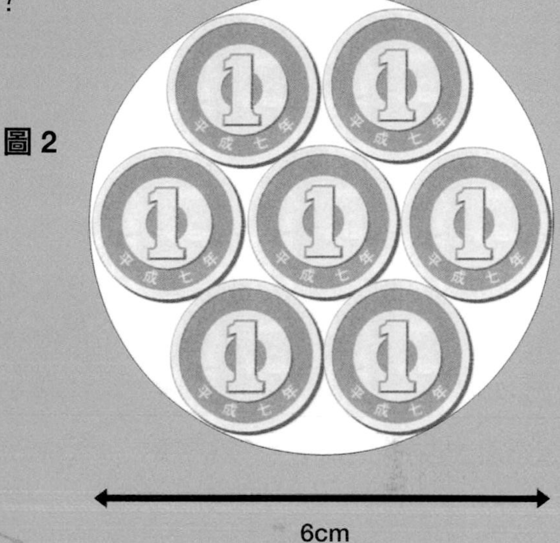

圖 2

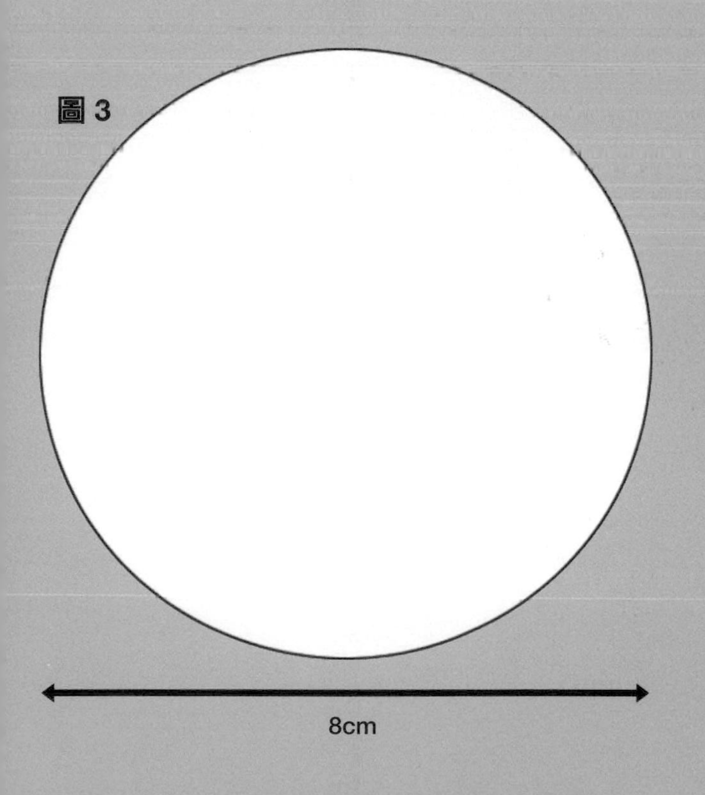

圖 3

這題難以用嚴謹的方法證明，所以使用土法煉鋼的方法來試。沿著直徑 8 公分的圓之圓周內側可以放滿幾枚一日圓硬幣呢？應該可放入 9 枚硬幣，而且還留下一些空間。放10枚一定不行。此時，9 枚 1 日圓硬幣內側的空間還可以放幾枚呢？應該只能再放 2 枚。

詳解

最多放入 11 枚

挑戰
馬雅數字

與·與一
馬雅文明的奇妙數字

距今約2000年前，在現今墨西哥南部和瓜地馬拉一帶誕生了名為「馬雅文明」的古文明。至今已有許多考古學家挖掘出石碑和神殿的遺跡，證實這裡曾經是個繁榮的大都市。

馬雅文明擁有所謂「馬雅文字」的神祕圖文，以及非常發達的天文學，這是由260天的短曆與365天的長曆所組合而成的特殊曆法。而且也發現馬雅文明使用很奇妙的數字。0寫成像眼睛形狀的貝殼圖案「」，1寫成圓點「•」，而5寫成1根棍子「一」，並縱向書寫這些符號來代表各種數字。

這些奇妙的馬雅數字的特點是以20為一個單位。我們平常生活中使用的是以10為單位的十進位法，而馬雅文明使用的是二十進位法。

以130為例，馬雅數字會怎麼寫呢？130含有6個20單位，餘10，寫成以下形式比較好計算。

20) 130……10
6

20進位法的130寫作「第一個位數是10，第二個位數是6」的兩位數。馬雅數字由下往上書寫，以符號表示如下。

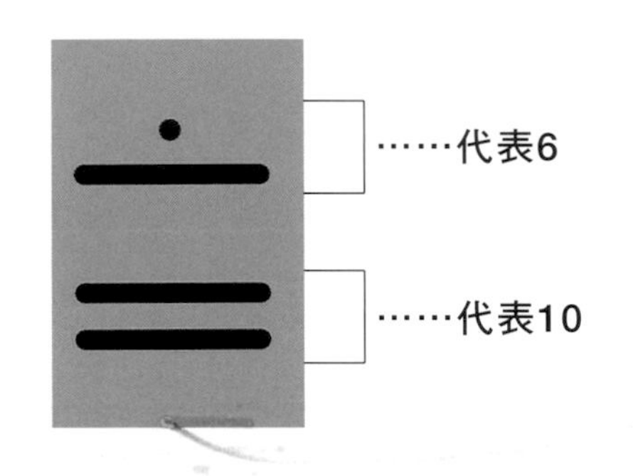

重現馬雅文明全盛時期的生活場景示意圖。背景是顏色鮮豔的金字塔，球場上正舉行儀式性的球賽，祈求豐收。當時的馬雅社會很流行舉行這類儀式性的球賽。馬雅國王及統治階級的人熱衷於觀賞球賽。

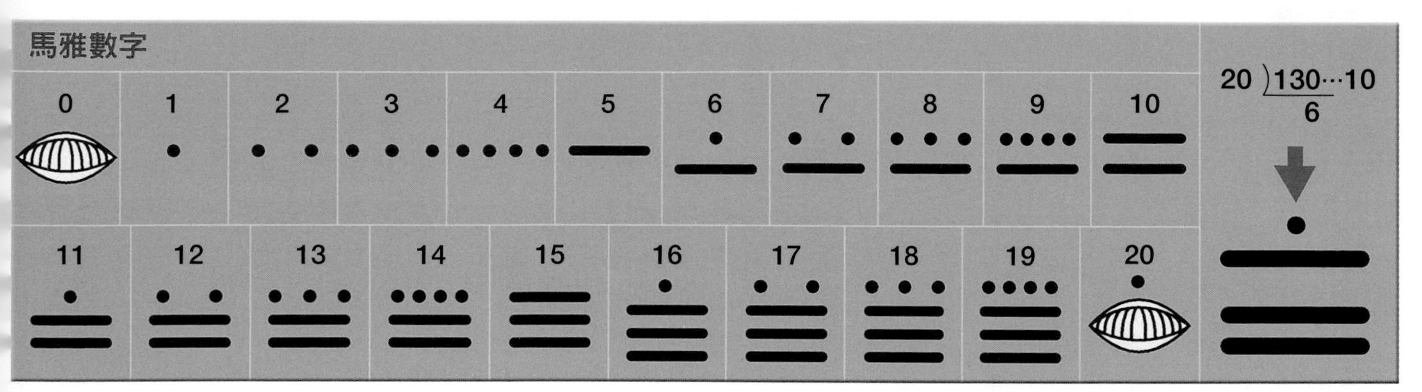

一般認為馬雅人會使用這些數字，進行10億以上的複雜計算，還能求出正確答案。但馬雅人如何學會並使用這些數學知識，仍是個謎。

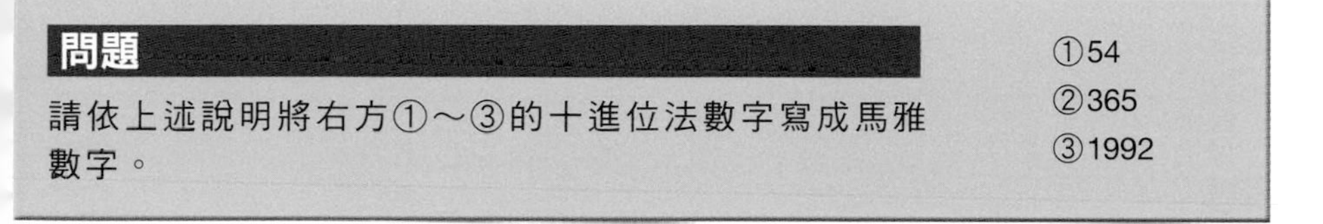

問題

請依上述說明將右方①～③的十進位法數字寫成馬雅數字。

①54
②365
③1992

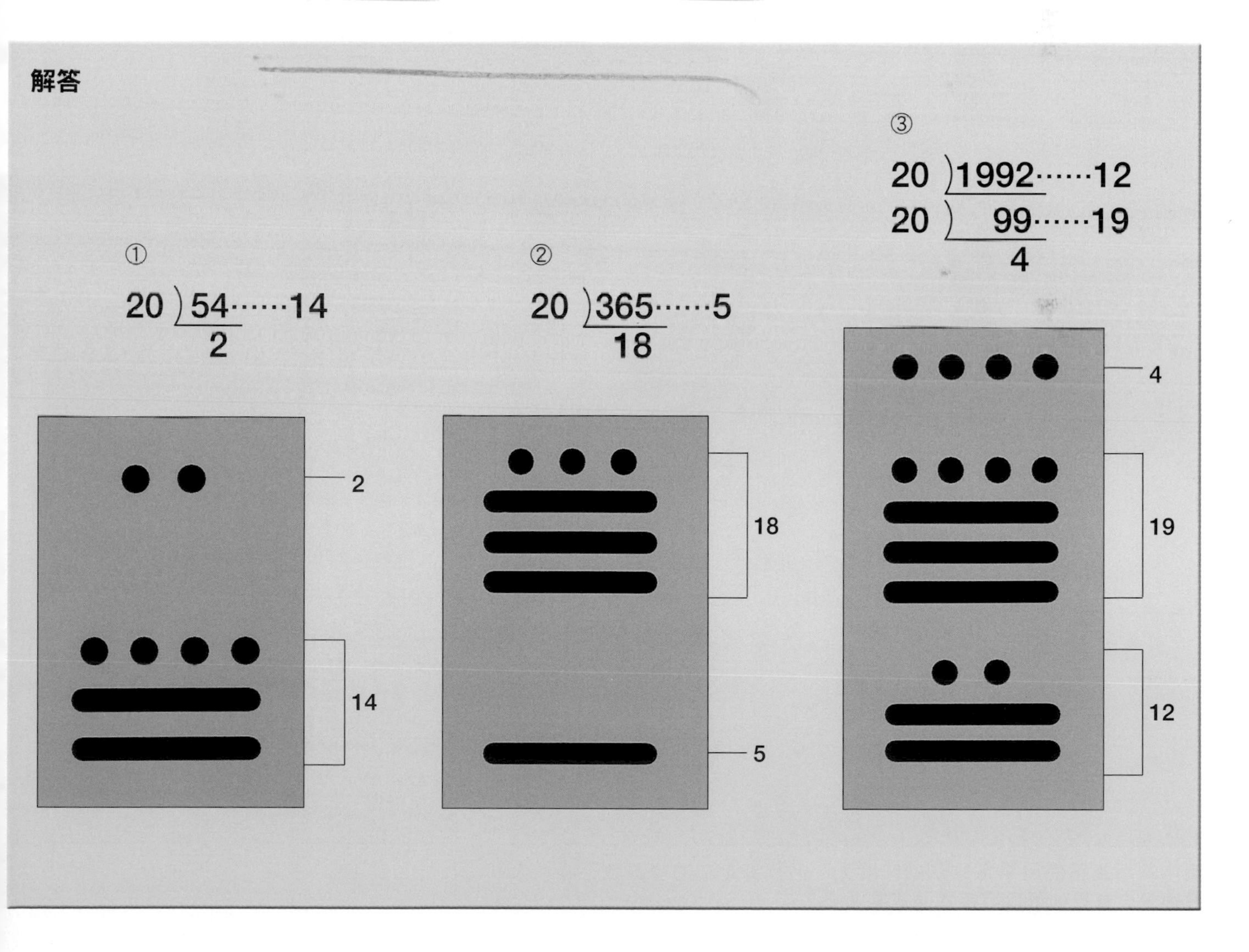

手指乘法

使用雙手就能做「手指乘法」？

聽說有人動動手指頭就能算乘法。下圖是位看似圍著頭巾的印度人正在彎手指算數，右手為7，左手為6。他正在算7×6的乘法。

作法非常簡單。右手彎曲的指頭數為3（＝10－7），左手彎曲的指頭數為4（＝10－6），先將兩者相加。3＋4＝7。再將10減去這個數字。10－7＝3。再乘以10會得到30，請先記得這個數字。接著將左右手彎曲的指頭數相乘。3×4＝12。剛才的30加上12。30＋12＝42，這就是7×6的答案。

聽起來有點難，不過我們也可以用其他數字，測試能不能算出正確答案。不過這個方法只適用於6以上的數字相乘。

圖中所示為正使用手指乘法的印度人，但其實此法的發源地不詳。大概很少人會想到可以用手指頭算乘法吧。

問題

請用同樣的方法計算兩位數的乘法。請算出86×97的答案。

詳解

① 100減86為14
② 100減97為3
③ ①和②相加，14＋3＝17，100減17等於83，請先記得8300這個數字。
④ ①和②相乘，14×3＝42
⑤ ③和④相加，8300＋42＝8342

以下討論為何這個方法會算出正確答案。

A×B時，令100－A＝X，100－B＝Y
AB＝（100－X）×（100－Y）
＝10000－100（X＋Y）＋XY
＝100〔100－（X＋Y）〕＋XY

因此，求出100分別減掉A、B的所得到的X、Y，再將100減去X與Y之和乘以100，加上X與Y的乘積就會算出答案。此外，由算式也可知這個方法僅適用於X＋Y小於100的乘法。
將題目中的86×97置換成A×B並製作成流程圖，如右頁。

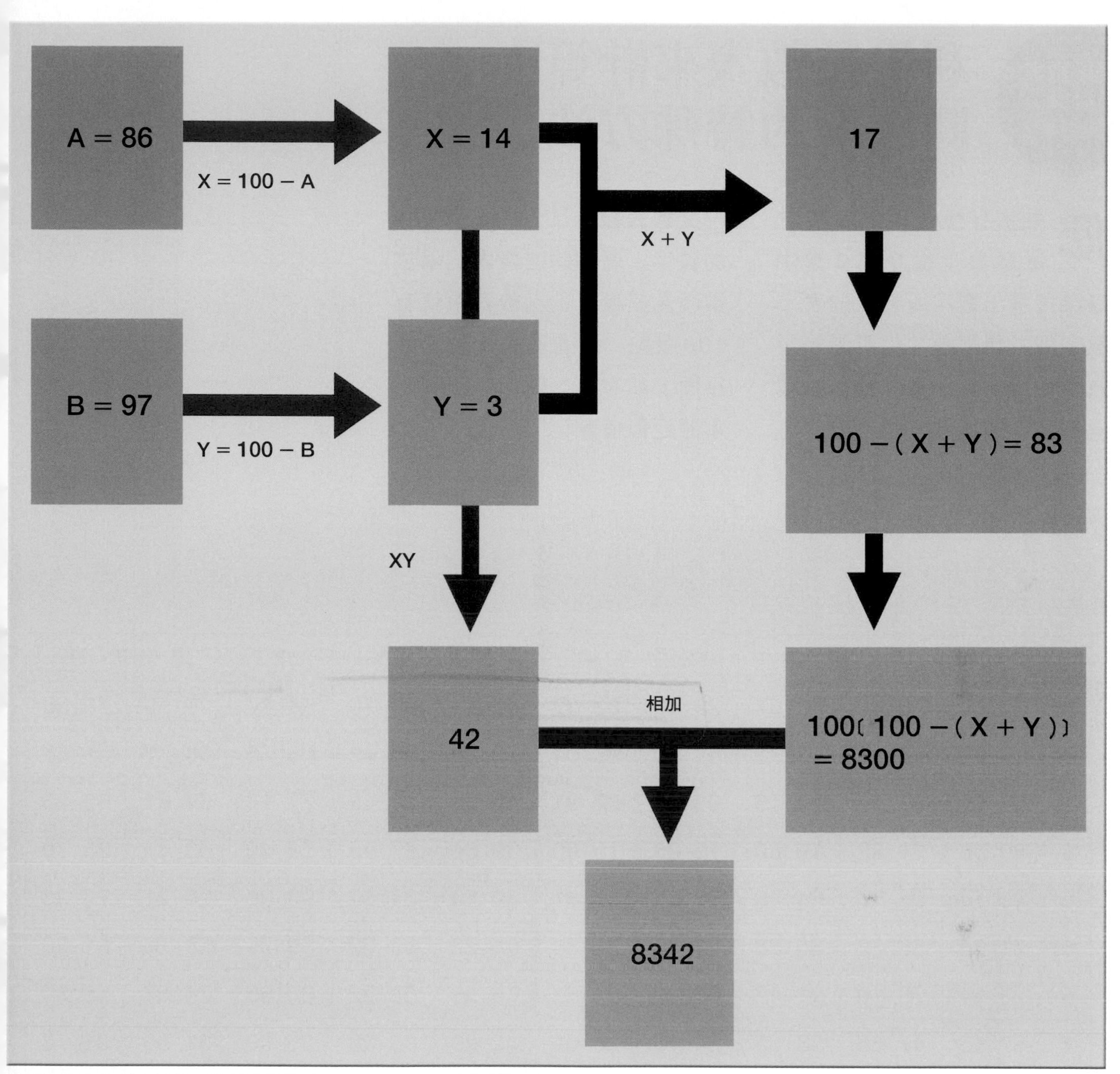

背九九乘法表是學算術的基本功

台灣的小學在低年級就會教九九乘法表，因此，每個人都會算乘法是很普遍的事，同時對學習算術也很有幫助，譬如除法運算，就可藉九九乘法表之助輕鬆駕馭。但很多國家幾乎沒有相當於九九乘法表的東西，所以小朋友學乘法較為辛苦。本篇所談論的手指乘法，其發明原因可能就是來自這樣的時空背景。

最後，再介紹一個簡易計算乘法的方法。這個方法稱為「俄羅斯農民的乘法」。以13×237為例，重複將13除以２（忽視餘數）後，除到商變成1為止。此時將商中屬於奇數的答案圈起來（包括13）。接著，也將237不斷乘以２，並將結果一一對應至13及商那列的數字，依序往下寫。最後，將圈起來的數字所對應到237那列的數字全部相加，即為乘法的答案。

俄羅斯農民的乘法

⑬………………237
↓　　　　　　↓
6 ………………474
↓　　　　　　↓
③………………948
↓　　　　　　↓
①………………1896

13×237
＝237＋948＋1896
＝3081

利用亂數表來計算圓周率的特殊方法

您知道什麼是亂數表嗎？亂數表是從0到9當中隨機挑選出數字所製成的表。數字列為無限長，但平常為了方便使用，會將數字列分割成兩位數或四位數，如下表。

亂數表顯示了200個兩位數的數字。假設將連續兩個兩位數視為座標，則亂數表中就有100個點。將這些點繪於座標平面上如右頁，就能求出圓周率的近似值。

亂數表

	0	1	2	3	4	5	6	7	8	9
0	31 80	76 88	46 67	28 49	63 87	02 14	92 70	06 87	25 50	78 98
1	87 36	48 35	95 73	59 99	97 04	12 78	86 42	03 25	80 71	37 62
2	68 81	31 56	70 15	03 20	01 91	40 93	78 45	77 17	54 61	63 23
3	80 30	21 82	19 80	12 26	15 50	39 64	67 45	55 49	69 17	95 70
4	48 14	05 77	64 48	78 85	37 81	39 50	37 82	90 35	25 21	73 35
5	71 34	66 22	85 88	22 99	21 84	64 23	69 72	59 79	57 85	51 86
6	75 54	73 10	21 47	87 38	64 67	75 55	52 22	85 63	74 67	95 34
7	67 43	47 55	33 59	94 18	26 04	72 20	05 20	25 06	31 65	31 78
8	44 75	41 97	49 39	44 86	88 21	49 98	79 24	21 97	17 61	32 19
9	41 22	80 50	32 99	60 53	00 11	86 31	59 12	42 24	65 57	25 46

準備九張分別寫有0到9數字的卡片，從中抽取一張並放回去，然後再次抽取卡片，如此重複數次便能製作出一張亂數表。也可以將0到9的數字各寫兩次於正二十面體上，製成亂數骰來製作亂數表。

問題

可利用繪於座標平面上的100個點及事先畫好的四分之一圓來計算圓周率（π）的近似值。接著來說明如何操作。關鍵在於要利用圓形與正方形的面積比。而且，已知條件有π為圓的周長和直徑的比值，以及圓面積公式$S=\pi r^2$。

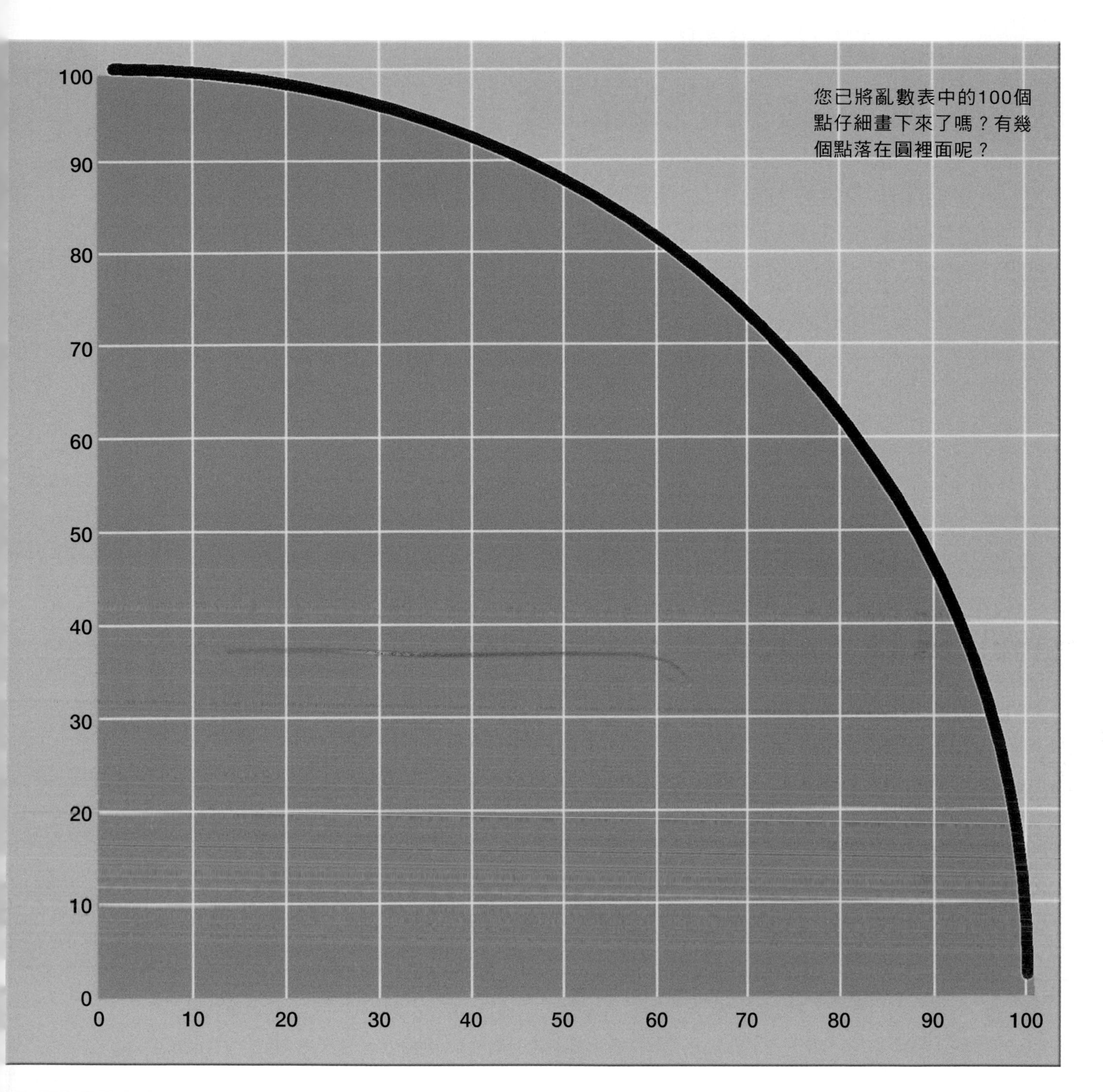

詳解

100個點為隨機選出，所以會平均分布於正方形的座標平面上。假如是平均分布，則「100個點和四分之一圓內所有點的數量比」應該會近似於「正方形和四分之一圓的面積比」。因此，

正方形內點的數量（＝100）：$\frac{1}{4}$ 圓內點的數量

＝正方形的面積：$\frac{1}{4}$ 圓的面積

$= r^2 : \frac{\pi r^2}{4}$

$= 1 : \frac{\pi}{4}$

將亂數表中的數字從（31,80）至（25,46）依序繪於座標平面上，會得到78個點。有一個點落在圓周上，算0.5個點，總計78.5個點。將這個數值代入算式，

$100 : 78.5 = 1 : \frac{\pi}{4}$

$\pi = 3.14$

會得到近乎正確的圓周率值。

一起來繪製
黃金比例的長方形

下圖為希臘著名的帕特農神殿(The Parthenon)的復元示意圖，畫的是神殿的正面。請問這三張圖中哪一張才是神殿正確的長寬比呢？

正解為②。神殿的長寬比呈現「黃金比例」，為

$1 : \frac{1+\sqrt{5}}{2} = 1 : 約1.62$

古希臘時代認為這是地球上最和諧的優美比例，故命名為黃金比例。

圖形中也藏有黃金比例的痕跡，已知正五邊形的對角線與邊長的比例即為黃金比例，而且正五邊形的對角線會被另一條對角線分割成黃金比例。

除了帕特農神殿以外，很多古希臘的建築物和美術品、工藝品都蘊含黃金比例。而且，據說文藝復興時期的天才達文西也利用黃金比例的長方形來作畫。

帕特農神殿復元後的示意圖。其他三張示意圖乍看都很相似，但①的長寬比為約2.5：1，③為約1.4：1。

問題

請使用尺和圓規繪製長寬比為黃金比例的長方形。

解答

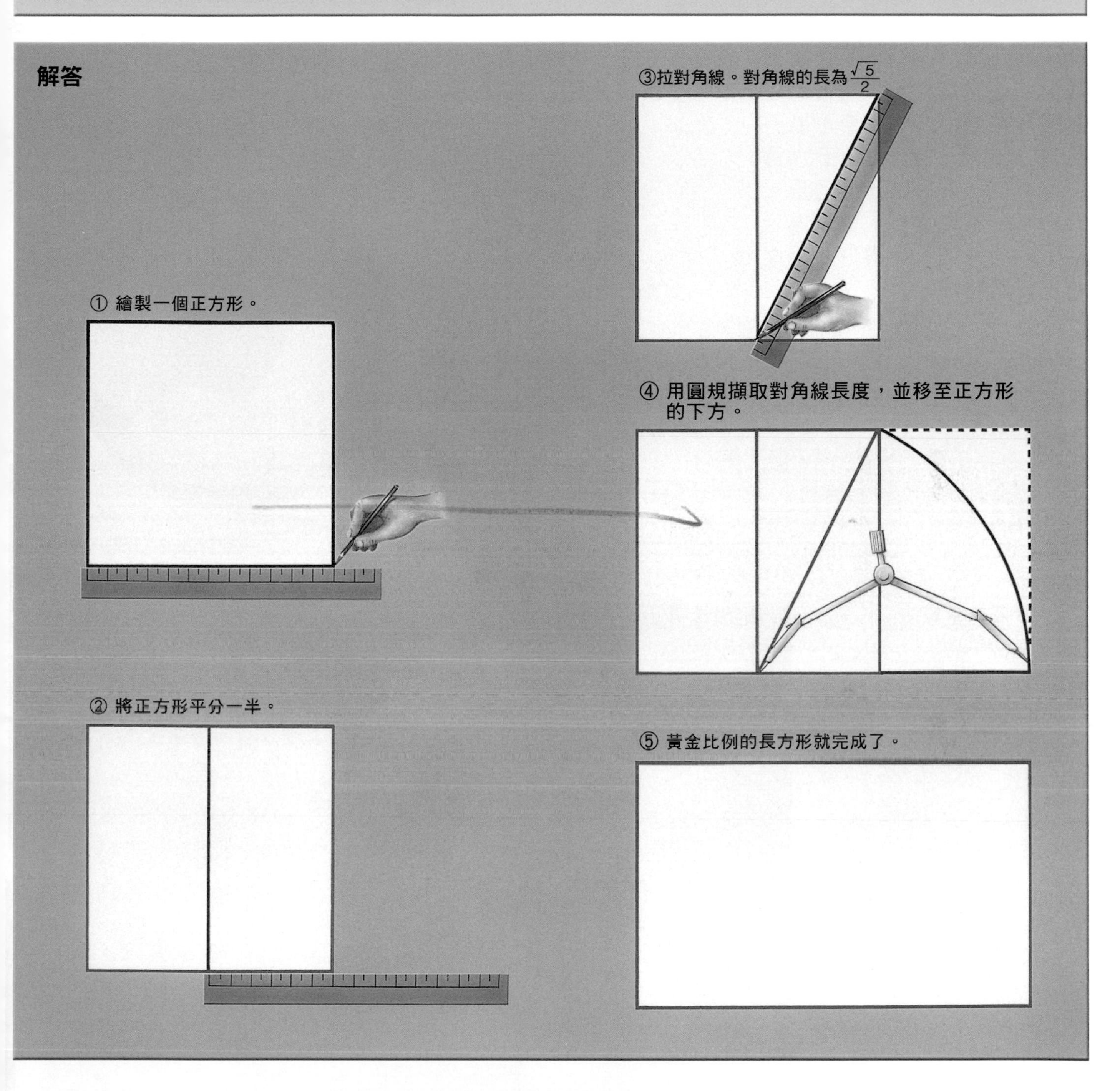

黃金比例常見於現代社會

黃金比例經常使用於主打視覺效果的平面圖形和立體圖形上。例如，信用卡的寬為54毫米，長為86毫米，長寬比約為1.6：1。此外，名片的寬為55毫米，長為91毫米，也呈現黃金比例。最初的黃金比例長方形可能是刻意設計的，但也有可能在潛移默化中選擇了平衡美感最佳的長方形。一起來找找看周遭哪裡有黃金比例吧。

如何製作足球

仔細觀察足球的形狀

足球是很熱門的運動。您是否曾仔細觀察過足球的形狀？它是由正六邊形和正五邊形組合而成的神奇形狀。足球上白色的部分為正六邊形，黑色的部分為正五邊形，如右圖。應該很多人都以為足球是由同一種正多邊形所構成的正多面體吧。

數學上認為，足球這類由多種正多邊形所組成的多面體為「準正多面體」。準正多面體共有13種，據說是由阿基米德所發現的。

足球上的正五邊形為黑色，正六邊形為白色。可清楚分辨出這2種圖形。

問題

足球的形狀是由某種正多面體加工後所形成的。請問是哪種多面體，又是如何加工的呢？

足球在化學世界也很受歡迎

化學世界中也有引人注目的足球結構。是由60個碳原子所組成的神奇分子，其構造與足球完全相同。科學家將這個C_{60}分子命名為「富勒烯」（fullerene），它不僅是結構罕見，而且和鈉或鉀結合時還會變成超導體。因此，吸引了全世界的科學家爭相研究，後來還發現了橄欖球狀的C_{70}分子。

C_{60}分子的發現完全是偶然。它是由萊斯大學的卡爾（Robert Curl，1933～）教授和斯莫利（Richard Smalley，1943～2005）教授這兩位美國科學家，以及英國薩塞克斯大學的克羅托（Harold Kroto，1939～2016）教授所發現的，三人並且於1996年共同獲得諾貝爾化學獎。

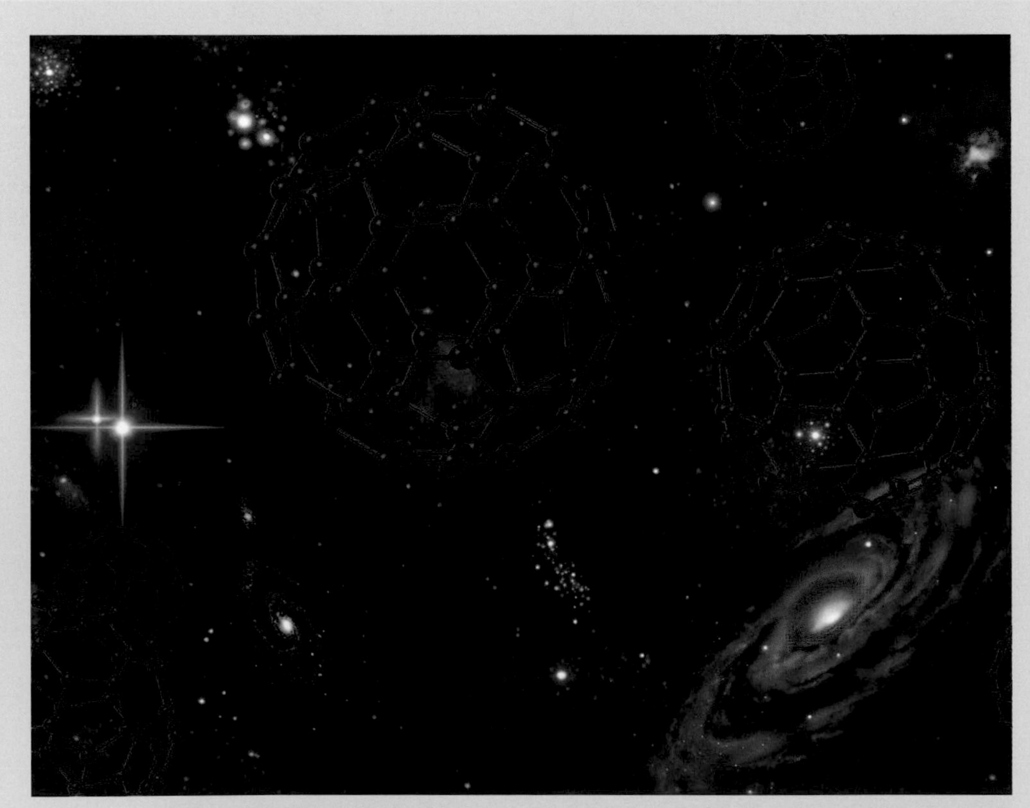

克羅托在實驗室裡製備碳鏈分子，用以吸收來自太空的微波進行訊號分析。過程中偶然發現了C_{60}。

詳解

正多面體中最常見的是正六面體。它屬於立方體（骰子）。接下來比較熟悉的應該是正四面體。它是由四個正三角形所組成的立體，以前的牛奶鋁箔包經常做成這個形狀。除此之外還有什麼形狀的正多面體呢？

一般來說，n 邊形的內角和為（$n-2$）×180度（因為從 n 邊形的一個頂點畫出所有對角線時，圖形內部會形成（$n-2$）個三角形）。

意即，

正 n 邊形一個內角的角度為

$$\frac{n-2}{n} \times 180度$$

接著要討論的是每個頂點皆與 m 個正 n 邊形相鄰的正多面體。m 個正 n 邊形的內角和理應要小於360度。因為若為360度，頂點就會變成平面，所以不合理。

因此，會得到以下的不等式。

$$m\left[\frac{(n-2)}{n} \times 180\right] < 360$$

算式可改寫成

$$(m-2)(n-2) < 4$$

也就是說，（$m-2$）（$n-2$）為1，或2或3。

（m,n）＝（3,3）……正四面體
＝（3,4）……正六面體
＝（4,3）……正八面體
＝（3,5）……正十二面體
＝（5,3）……正二十面體

故正多面體只有以上五種而已。雖然感覺好像會有正五十面體或正百面體，但最多就只到正二十面體。

這五種當中，最接近球形的是正二十面體。但由下圖可知，正二十面體的表面凹凸不平，稱不上是球形。因此，把正二十面體的所有頂點削掉，使每個面皆為正五邊形時，就會非常接近球形，模樣很像足球。而真正的足球就是由12個正五邊形與20個正六邊形，共32個正多邊形所連接組成的。

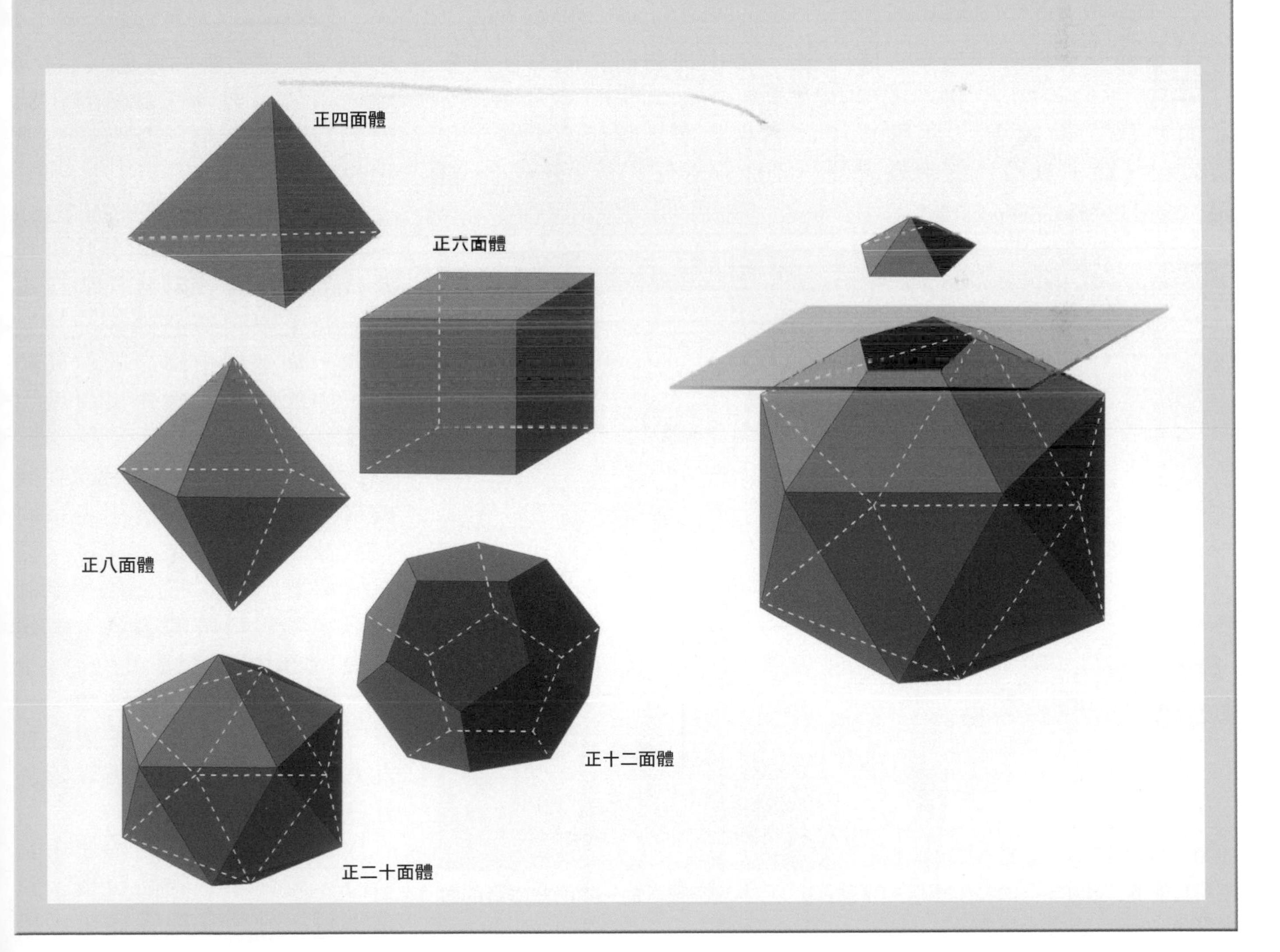

日本自成一家的數學──和算

在江戶時代風靡一時，卻隨著西洋數學的引進而式微

現在日本所使用的數學為明治時代所引進的西洋數學。但是日本也曾有獨創發展的數學，就是「和算」。和算盛行於江戶時代，這裡泛指引進西洋數學以前的日本數學，一起來回顧這段歷史吧。

撰文 佐藤健一
日本和算研究所理事長

和算源自飛鳥時代至奈良時代（592～794）從中國引進的數學。中國有《九章算術》和《孫子算經》等數學書籍，書中提到面積的算法和畢式定理。

日本於奈良時代的大寶元年（701）頒布了「大寶令」，當中制定了所謂「算師」的官職。數學主要由任職於縣市政府的算師所使用，為執政者掌握政權的工具。

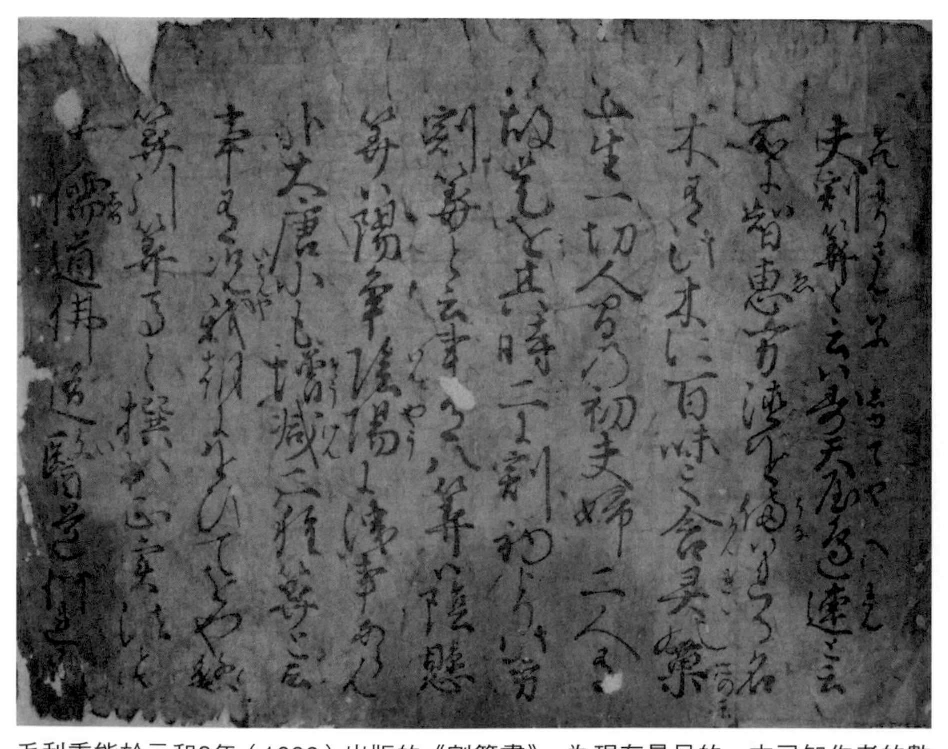

毛利重能於元和8年（1622）出版的《割算書》。為現存最早的一本已知作者的數學書籍。

後來，到了寶町時代（1336～1573），那時已不再使用奈良時代的數學。寶町時代的日本僧侶為了學習新的佛教而遠渡中國，加上與中國之間貿易頻繁，中國的新興數學又再度引進日本。

比叡山延曆寺為僧侶的養成機構，在此修行的僧侶光宗將17年來的修行成果寫成了《溪嵐拾葉集》，書中提到數學老師的名字和教科書的書名。這是名為《事林廣記》的百科全書，數學出現在「算法類」一章。內容並不艱深，主要包括九九乘法和面積及體積等等的計算問題。

而且，當生活中開始使用貨幣時，就會產生物品買賣、貨幣借貸、外幣兌換等需求，所

以會需要用到加減乘除或比例分配等生活常用的數學。

據說算盤自中國傳入日本是在寶町時代末期。和中國做生意的商人對中國人所使用的算盤很有興趣，加以改良後使用。現存的一個算盤據考證是前田利家在萬曆朝鮮之役（1592）時所使用的。算盤自江戶時代前朝的安土桃山時代起平民百姓間便已普遍使用。

隨著民間數學的普及，許多自家獨到的算法如雨後春筍般湧現，也出現了算術書籍。其中一本就是於江戶時代發行的《算用記》。

現存最早的《算用記》收藏於龍谷大學，出版於1600～1620年。此外，最早提到《算用記》的作者和出版年份的書是元和8年（1622）毛利重能初版發行的《割算書》（如左頁下方）。這本書是最早已知作者的日本數學書籍，教導一般百姓日常會使用到的生活數學。

毛利重能在1600年之前都仕宦於池田輝政領主，之後在京都二条京極一帶開設一間算盤教室。來算盤教室學習的學生中，出現了幾位對和算發展貢獻重大的人物。他們是吉田光由、今村知商與高原吉種。雖然毛利重能的算盤教室只有教基本的生活數學，但這三人後來都自行做數學研究。

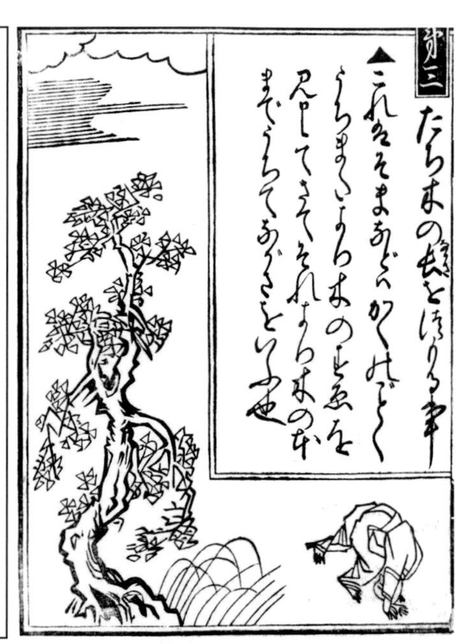

《塵劫記》五冊版中的「立繼承人」插圖（左）和「樹高估算」的插圖（右）。「立繼承人」是源自寶町時代的一種數學遊戲，玩法是多人圍成一圈，並決定一個數字（號碼），數到那個號碼的人依序離開，最後留下的人為繼承人。而另一個「樹高估算」的插圖則顯示測量樹高的方法。

吉田光由的《塵劫記》

吉田光由出身京都知名的富商家族角倉家，生於慶長3年（1598），是醫生父親吉田周庵的三男。他小時候上過毛利重能的算盤教室，學了一些數學基礎。後來，他拜角倉了以為師，學習「吉田流算術」。角倉了以是土木工程的專家，最有名的事蹟是他在嵯峨嵐山西北部的岩石間開闢了保津川，丹後和丹波的物產和木材大量運輸來京都，造就了京都的繁榮。因此，人們都稱他為「河川領主」。

吉田光由在角倉門下除了學習「開平法」（求正實數平方根的方法）和「開立法」（求正實數立方根的方法）之外，還研讀中國的《算法統宗》，加強生活數學以外的數學知識。而且，吉田光由還擴增《割算書》的內容，將日常生活中會使用到的數學寫成數字的形式，撰述《塵劫記》（上）一書，出版於寬永4年（1627）。「塵劫記」意即「永恆不變的真理之書」。

這本書大受好評，初版約五百本銷售一空。但市面上也出現了大量盜版。由於當時沒有所謂著作權，所以吉田光由也束手無策，只好再新增部分內容，全書重新編纂後，於寬永5年出版了一本通稱為「五冊版」的《塵劫記》來對抗盜版。新增了「多件組算」、「鼠算」、「烏鴉算」、「分油算」、「減一零五算」等諸多題目。但盜版仍不斷發生，《塵劫記》的後續版本又陸續於寬永8年（1631）、寬永11年（1634）、寬永18年（1641）出版。

不過，盜版現象也促進和算的發展。影響發展最深的是寬永18年的版本，書本最後的第

12題為沒附解答的「遺題」。遺題是指書中不附解法或解答，要讀者自行求解。因此，後來的書都習慣在下一本新書才附解答，甚至又留下新的遺題。這種作法稱為「遺題繼承」。

今村知商的《豎亥錄》

今村知商的出生年不詳，但卒年為寬文8年（1668），故推測他和吉田光由差不多同一時代。他自幼便表現出數學的興趣，並進入毛利重能的算盤教室學習。

今村知商對圓特別感興趣，但毛利重能已無法教他更多這方面的知識，所以他一邊參考中國的數學書籍，一邊自行研究數學，導出了一個名為「圓弦之術」的公式。

有一個圓如下圖，弦AB＝a，矢CD＝h，直徑CC'＝d，弧AB＝s，這4者間的關係如圖說。

事實上，「徑矢弦法」是成立的，但「弧矢徑法」只是近似公式。

今村知商離開大坂河內的老家來到江戶開設數學教室，使用中國的數學書籍當教科書來教授數學。後來，到了寬永16年（1639），今村知商在學生的鼓勵下出版了《豎亥錄》，將人們的注意力從以往的日常數學轉移到理論性的研究。

《豎亥錄》全篇以漢文寫成，不過今村知商後來將數學公式寫成五七五七七形式的詩歌，並於隔年出版了《因歸算歌》一書。磐城平藩的藩主內藤忠興深知這本書的價值，便決定招攬今村知商，於是今村知商於寬永20年（1643）出仕磐城平藩。

繼今村知商之後，赤穗藩士的村松茂清以推論的計算方式求出圓周率值。他透過圓內接正32768邊形的邊長求出正確的圓周率值為3.1415926，並於寬文3年（1663）出版《算俎》一書。這本書影響後世眾多的數學家，特別是當時年僅20歲左右的關孝和。

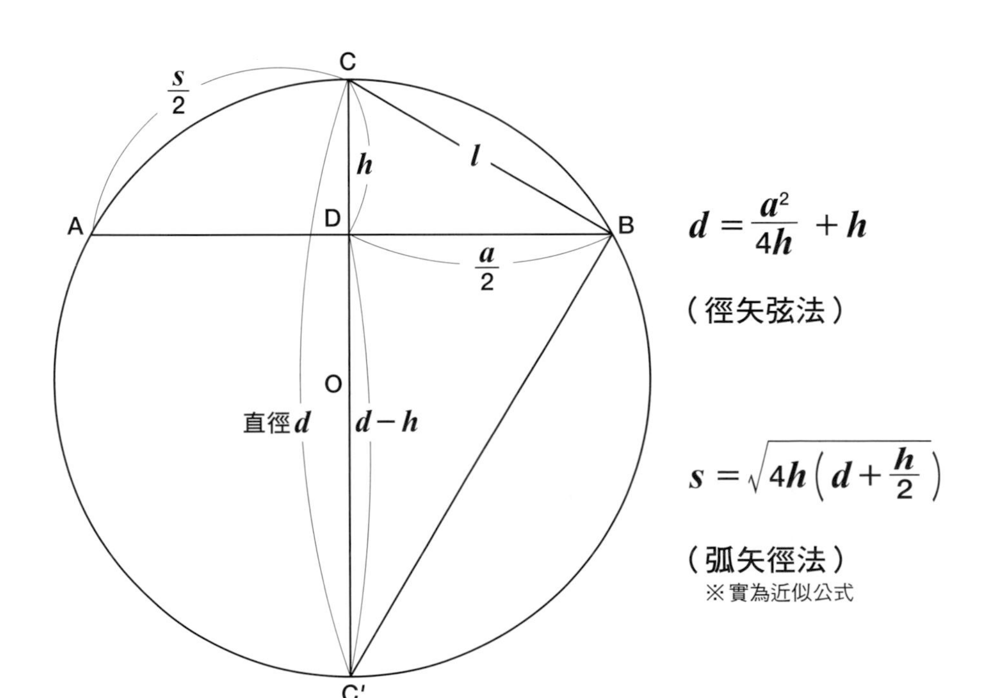

$$d=\frac{a^2}{4h}+h$$

（徑矢弦法）

$$s=\sqrt{4h\left(d+\frac{h}{2}\right)}$$

（弧矢徑法）
※實為近似公式

遺題繼承促成和算的進步

吉田光由在《塵劫記》留下的遺題大多和數學理論有很密切的關係，要對數學有研究的人，才解得出答案。

起初在承應2年（1653），榎並和澄所出版的《參兩錄》中記載了《塵劫記》的遺題解答，接著，藤岡茂元的《算元記》、初坂重春的《圓法四卷記》、柴村盛之的《格致算書》，以及後來山田正重的《改算記》和礒村吉德的《算法闕疑抄》都承襲了遺題繼承。

於是遺題變得愈來愈難，連一元高次方程式都出現了。日本沒有一元高次方程式的解法，但橋本正數從中國朱世傑所著的《算學啟蒙》（出版於1299年）中學到一種叫「天元術」的解法，便叫他的徒弟澤口一之用天元術求解，並將解法寫於《古今算法記》，於寬文11年（1671）出版。所謂天元術是將算籌排列於算格上來解一元高次方程式的方法。

澤口一之將天元術解不出來

的多元高次方程式問題作為遺題留下。後來解決這個問題的就是對和算發展有重大貢獻，現在尊稱為「算聖」的關孝和，而且他將解法收錄於延寶2年（1674）所出版的《發微算法》中。

促進和算蓬勃發展的關孝和

將日本逐漸進步的數學推廣至各個領域的是關孝和（1640～1708）。他從《算學啟蒙》中學到天元術。於是將天元術加以改進，建立了代數方程式求解的方法，名為「傍書法」。他使用筆算代數的傍書法求解澤口一之的多元高次方程式遺題，如同現代的做法一般，將方程式的未知數減少到只剩一個，便成功解決了這個遺題。

關孝和還有很多其他成就，包括發明行列式和發現白努利數、正多邊形的計算等。驚人的是，他比白努利更早發現白努利數，關孝和去世後，他的學生將其遺稿整理成《括要算法》，並於正德2年（1712）出版，書中就有提到白努利數。

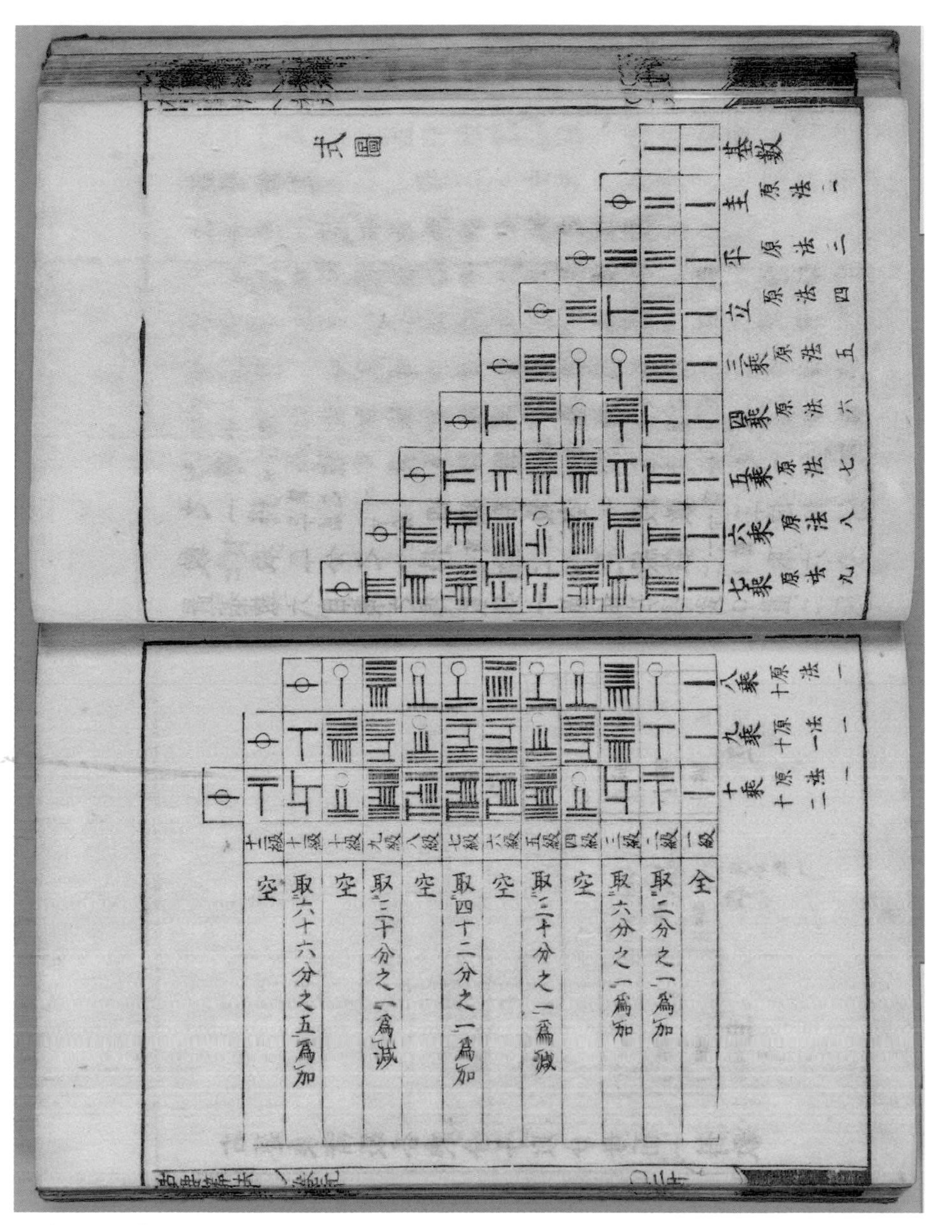

關孝和於《括要算法》〔正德2年（1712）出版〕一書中提到白努利數和二項式係數的內頁。

圓周率π方面，他模仿村松茂清於寬文3年（1663）出版的《算俎》中的方法，利用圓內接正131072邊形求出圓周率值為3.14159265359。

關孝和雖然沒能導出一般圓周率值的計算公式，但是他的得意門生建部賢弘後來成功導出日本第一條圓周率值的計算公式。

如此一來，由吉田光由之《塵劫記》所開創的遺題繼承文化為發端，經由以關孝和為首的多位天才數學家，包括建部賢弘、田中由真、久留島義太等人的研究，將和算全力發展成高等數學。

此外，不僅在數學方面，他們也促進了曆法學和天文學、測量等方面的發展。興盛於江戶時代的和算發展至幕末已有類似積分的概念，但在和算體系集大成之前就進入了明治時代。明治5年（1872），西洋數學正式引進學校作為教材，並取代了和算，於是和算很快就消失於時代的洪流之中。

挑戰 和算問題

從貼近生活的數學入門，賞玩趣味數學，再進階到高等數學

和算分成三大部分。第一部分為使用算盤計算的生活數學，第二部分為趣味數學，第三部分為理論數學。一起來看看這三部分各列出了什麼樣的問題。

撰文：佐藤健一
日本和算研究所理事長

1　生活數學題

以日常生活中，買賣物品方面的金錢關係問題為最大宗。

問題1：米有27石。市價1石為58銀錢。請問27石米總價是多少錢？

※「石」是日本古代度量衡制度「尺貫法」中的體積（容量）單位之一。1石相當於10斗或100升或1000合。當時，每1石米的價格稱為「市價」。「錢」是江戶時代銀製秤量貨幣的重量單位。

詳解：1566錢

$27\times58=1566$

問題2：貸款的年利率為25％。第一年要還500錢，第二年再還500錢就還清。請問當初貸款多少錢？第二年的利息是以複利計算。

詳解：

設第一年還款500錢的本金為x，第二年還款500錢的本金為y，則

$x(1+0.25)=500$，

$x=500\div1.25=400$

$y(1+0.25)^2=y\times1.5625=500$，

$y=500\div1.5625=320$

$x+y=400+320=720$錢

吉田光由《塵劫記》中所附的絹盜賊算插圖，畫出盜賊在橋下分贓的情景。

2　趣味數學題

在室町時代很流行猜數字的遊戲。

絹盜賊算

問題3：有一群盜賊在橋下分贓。有人在橋上偷聽到他們說：「每人分8份會不夠7份，一人分7份會多8份。」請求出盜賊人數和贓物數量。

詳解：盜賊15人，贓物113份。盜賊的人數由不足數和餘數相加求得。首先，每人平均分配的結果會剩 8 份贓物，所以每人再多分配 1 份時，反而會不夠 7 份。因此7＋8＝15為盜賊人數。而贓物數量為15×8－7＝15×7＋8＝113

多件組算

一升米斗盒中裝有五合米斗盒。五合米斗盒中裝有一合米斗盒，就像大鍋裝小鍋一樣。如果有六個就稱為「六件組」，若有七個就稱為「七件組」。

當時和《塵劫記》一樣熱賣的另一本書為山田正重著作的《改算記》，裡面也出現了多件組算。那時的「多件組」是很貼近生活的東西，裡面包括了鍋具、容器、箱子、米斗盒等各式用品。

問題 4：有人要來買七件組的容器。總價為21銀錢。從最大的容器起每個容器的價格依序減少6分。請問各個容器的價格為多少？
※ 1 分＝0.1錢

詳解：第一個容器為 4 錢 8 分，第二個容器為 4 錢 2 分，第三個容器為 3 錢 6 分，第四個容器為 3 錢，第五個容器為 2 錢 4 分，第六個容器為 1 錢 8 分，第七個容器為 1 錢 2 分。
1＋2＋3＋4＋5＋6＝21
21×0.6（錢）＝12.6
此為下圖灰色的部分。
21＋12.6＝33.6
33.6÷7＝4.8
因此第一個容器為 4 錢 8 分。第二個容器起依序減少0.6錢。

鶴龜算

鶴龜算是和算的必考題。鶴與烏龜首次出現於江戶時代的末期。今村知商的《因歸算歌》〔寬永14年（1637）出版〕中用的是雉雞和兔子，到了《算法點竄指南錄》〔文化12年（1815）出版〕才改用了鶴與烏龜。即我們的雞兔同籠問題。

問題 5：雉雞和兔子共50隻。總

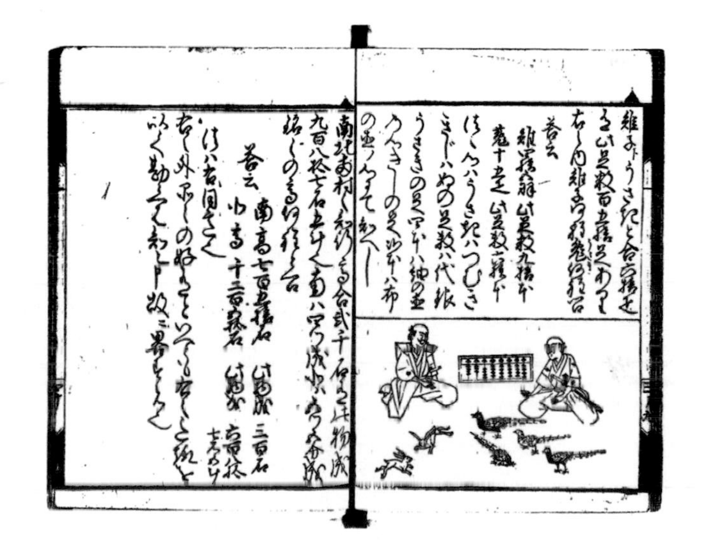

0.6 0.6 0.6 0.6 0.6 0.6
21 錢
1 2 3 4 5 6 7

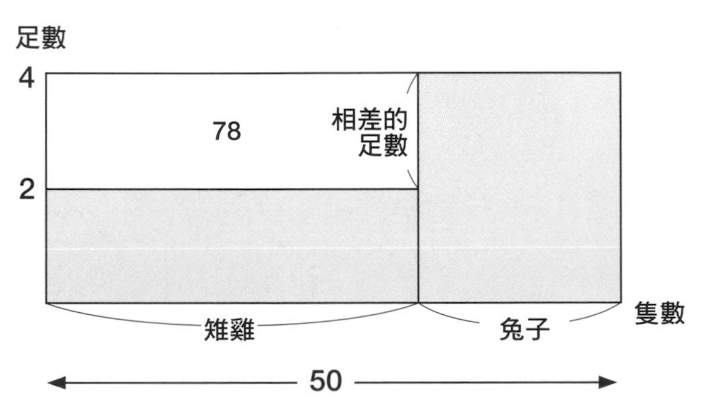

中國的算術書籍《孫子算經》已提到雉雞與兔子的「雞兔同籠」問題，被視為最早的鶴龜算。今村知商的《因歸算歌》（1637年出版）中也使用雉雞和兔子作為例題。

共有122隻腳。請問雉雞和兔子各有幾隻？

詳解：雉雞39隻，兔子11隻。兩種動物共50隻，一隻兔子有4隻腳，所以乘以4為200隻腳。減去實際的足數200－122=78。雉雞和兔子相差2隻腳，所以78除以2就是雉雞的隻數。

3　理論數學

理論數學隨著時代進步愈趨深奧，而全力推動理論數學發展的就是關孝和。

關孝和的「累裁招差法」

是將某個變數寫成n次方程式時，求其次數和係數的方法。關孝和沒有使用實際數字來舉例，不過這裡我們用實際數字代入來解題。

例題：

$y=a_1x+a_2x^2+a_3x^3+\cdots\cdots$，當$(x_i,y_i)$為$(10,48841000)$，$(20,92576000)$，$(30,131019000)$，$(40,163984000)$時，$a_1$、$a_2$、$a_3$分別為多少？

※每一組的x、y數字不限，不過這裡為了方便解題所以有挑過數字。重複以下計算方式便能逐漸收斂數值。當數值相等時，就能求出次數和係數。若不相等則無法求解。而且，這裡雖然設定了四組x、y的數字，但可視情況增減。

詳解：$a_1=5133200$，
$a_2=-24600$，
$a_3=-31$

即
$y=5133200x-24600x^2-31x^3$

計算方式：先計算$z_i=\frac{y_i}{x_i}$。

$$z_1=\frac{48841000}{10}=4884100,$$

$$z_2=\frac{92576000}{20}=4628800,$$

$$z_3=\frac{131019000}{30}=4367300,$$

$$z_4=\frac{163984000}{40}=4099600,$$

這四個值皆相異，所以接著要計算$u_i=\frac{z_{i+1}-z_i}{x_{i+1}-x_i}$

$$u_1=\frac{4628800-4884100}{20-10}=-25530,$$

$$u_2=\frac{4367300-4628800}{30-20}=-26150,$$

$$u_3=\frac{4099600-4367300}{40-30}=-26770,$$

這三個值也相異，故要計算
$v_i=\frac{u_{i+1}-u_i}{x_{i+1}-x_i}$

$$v_1=\frac{-26150+25530}{20-10}=-62,$$

$$v_2=\frac{-26770+26150}{30-20}=-62,$$

直到第三次，即算到z、u、v的v時數值才相等，所以為三次方程式。
意即$y=a_1x+a_2x^2+a_3x^3$

$x=10$，$y=48841000$時，
$10a_1+100a_2+1000a_3=48841000$
$\therefore a_1+10a_2+100a_3=4884100$
$\cdots\cdots$①

$x=20$，$y=92576000$時
$20a_1+400a_2+8000a_3=92576000$

關孝和（約1640～1708）。江戶時代的和算家（數學家）。（一關市博物館提供）

$\therefore a_1 + 20a_2 + 400a_3 = 4628800$ …… ②

$x = 30$，$y = 131019000$時

$30a_1 + 900a_2 + 27000a_3 = 131019000$

$\therefore a_1 + 30a_2 + 900a_3 = 4367300$ …… ③

$x = 40$，$y = 163984000$時

$40a_1 + 1600a_2 + 64000a_3 = 163984000$

$\therefore a_1 + 40a_2 + 1600a_3 = 4099600$ …… ④

由①、②、③、④可得

$a_1 = 5133200$

$a_2 = -24600$

$a_3 = -31$

$y = 5133200x - 24600x^2 - 31x^3$

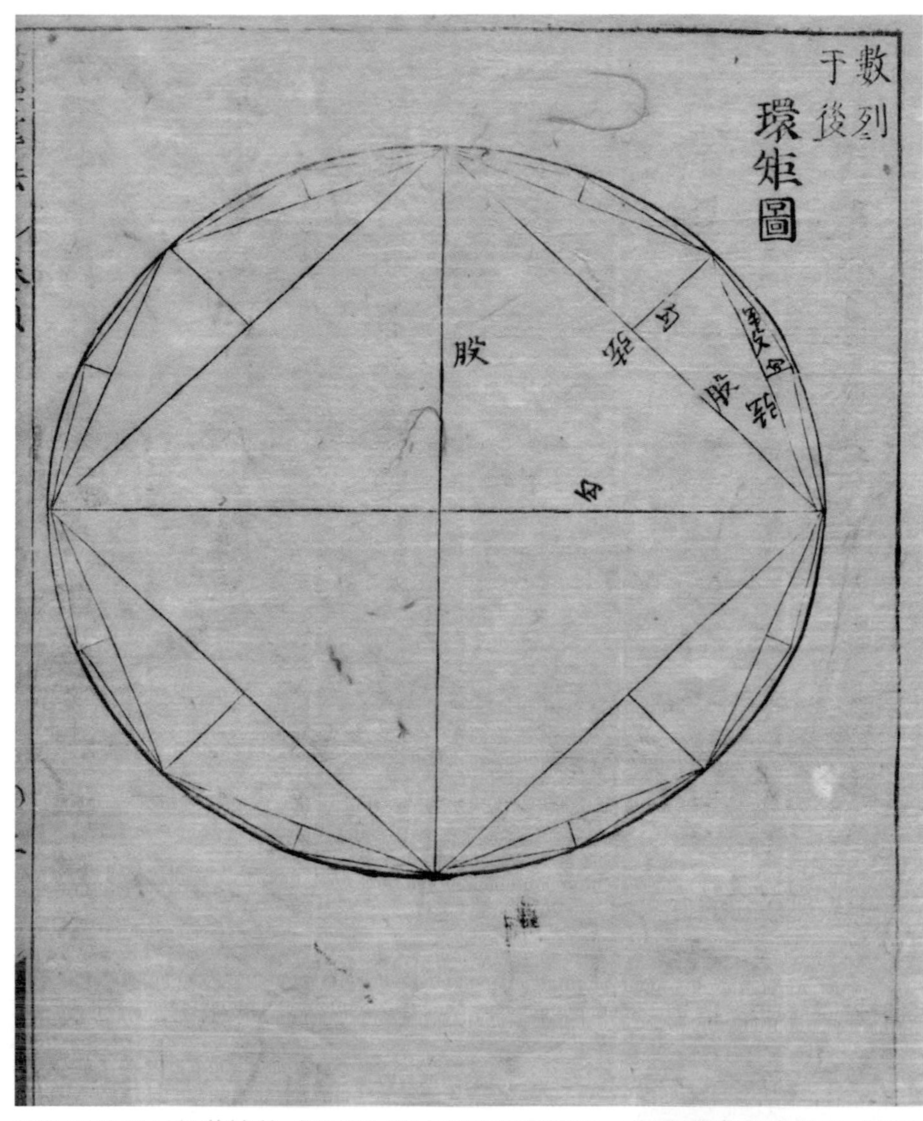

關孝和參照村松茂清的《算俎》的方法計算圓周率。圖為關孝和出版的《括要算法》第四冊圓周率章節中出現的「環矩圖」。（和算研究所提供）

關孝和將π寫成近似分數

關孝和根據村松茂清的《算俎》〔寬文3年（1663）出版〕所提及的方法算出圓周率，接著他所要探討的是將圓周率值近似為分數的方法，名為「零約術」。

圓周率3.14159265358979323……，是介於3和4之間的數。

因此，先假設它為$\frac{3}{1}$。這個數小於π，所以分母加1，分子加4。變成$\frac{7}{2}$。

這個數為3.5，大於π，所以分母加1，分子加3。變成$\frac{10}{3}$。

這個數也大於π，所以分母加1，分子加3。變成$\frac{13}{4}$。

這個數還是大於π，所以分母加1，分子加3。變成$\frac{16}{5}$。

這個數還是大於π，所以分母加1，分子加3。變成$\frac{19}{6}$。

這個數還是大於π，所以分母加1，分子加3。變成$\frac{22}{7}$。

像這樣，若分數小於π就在分母加1，分子加4，若分數大於π就在分母加1，分子加3。

持續進行上述操作，會得到$\frac{355}{113} = 3.1415929$……，小數點以下6位完全相同於實際值。

補充一下，其實加在分母和分子上的數字可以是其他的數，不過關孝和指出當分母加1，分子加4時就會大於前一個數，當分子加3就會小於前一個數，所以使用3跟4就能逼近π值。不過實際上這個方法還是不夠接近真正的π值，所以後世的人發明了更有效率的求算方法。

挑戰數學史上的未解難題

數學的世界有時候會出現讓數學家挑戰好幾百年的難題。這些難題不但令數學家魂縈夢繫，絞盡腦汁，在嘗試解題的過程中所做的研究也會大幅推動數學的發展。第5章要揭曉數學家挑戰難題的歷史，包括費馬最後定理、龐加萊猜想、ABC猜想等數學史上著名的難題。

協助（150～161頁、168～173頁） 小山信也
撰文（162～167頁） 中村 亨

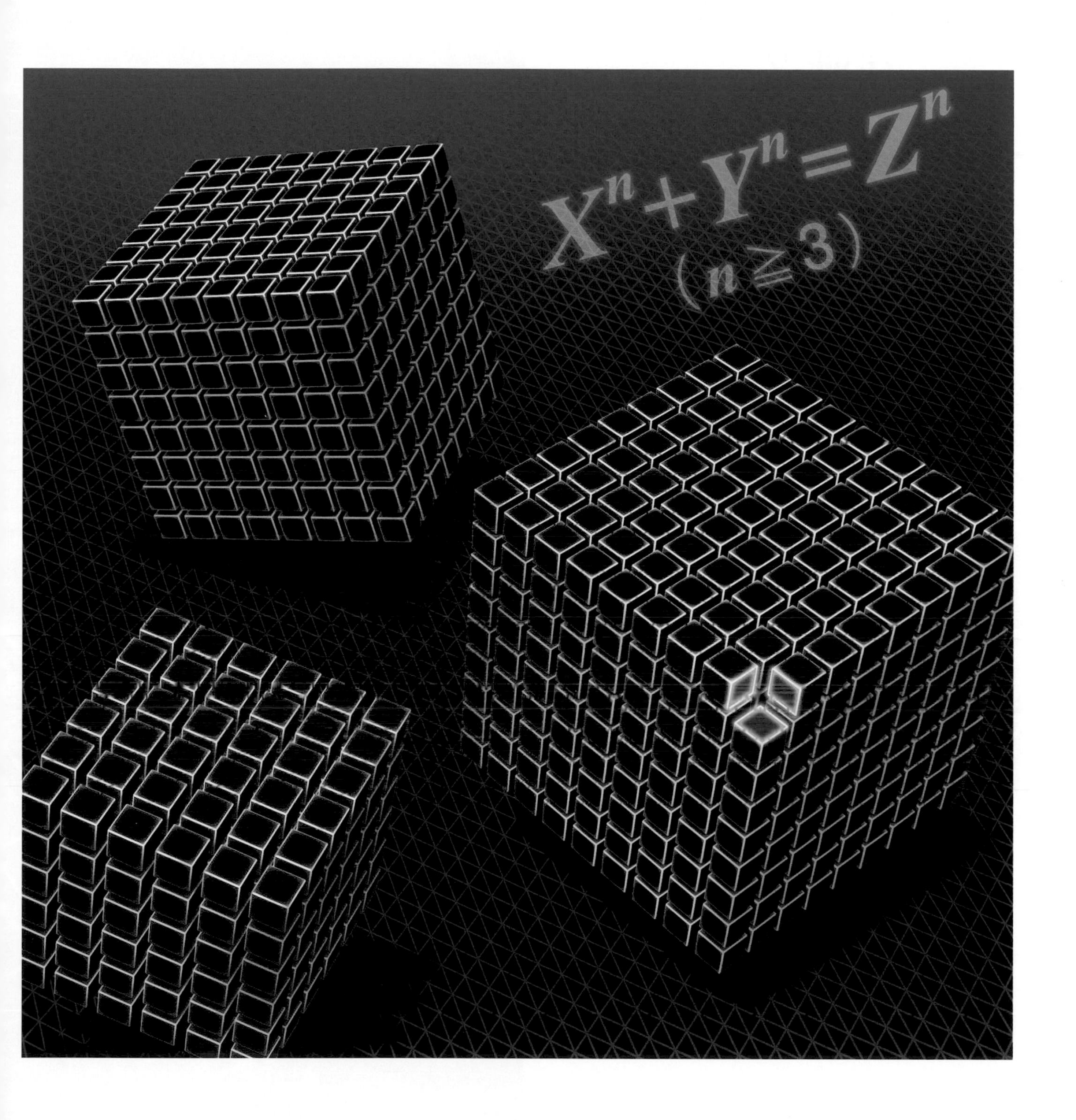

滿足「$X^3+Y^3=Z^3$」的1組正整數解X、Y、Z存在嗎？

「我發現了一個很厲害的證明方法，可惜旁邊的空白處太小寫不完。」伴隨著這句名言留給後世的就是17世紀的數學家費馬所寫下的「費馬最後定理」。這究竟是個什麼樣的定理呢？

舉例來說，6的3次方為216，8的3次方為512。總和為728，而9的3次方為729，才差1而已。也就是說，$X=6$，$Y=8$，$Z=9$不滿足公式「$X^3+Y^3=Z^3$」（如右圖）。那麼，有沒有1組正整數會滿足這個公式呢？「費馬最後定理」是指「不存在這樣的1組正整數解」的定理。這個定理即使從3次方改成4次方也同樣成立。

儘管費馬最後定理的公式如此簡單，連國中生都能明白，但直到1995年獲真正證明成立之前，已足足過了360年的歲月。152頁開始一起來追溯數學家的奮鬥史，看他們如何挑戰這道世紀難題。

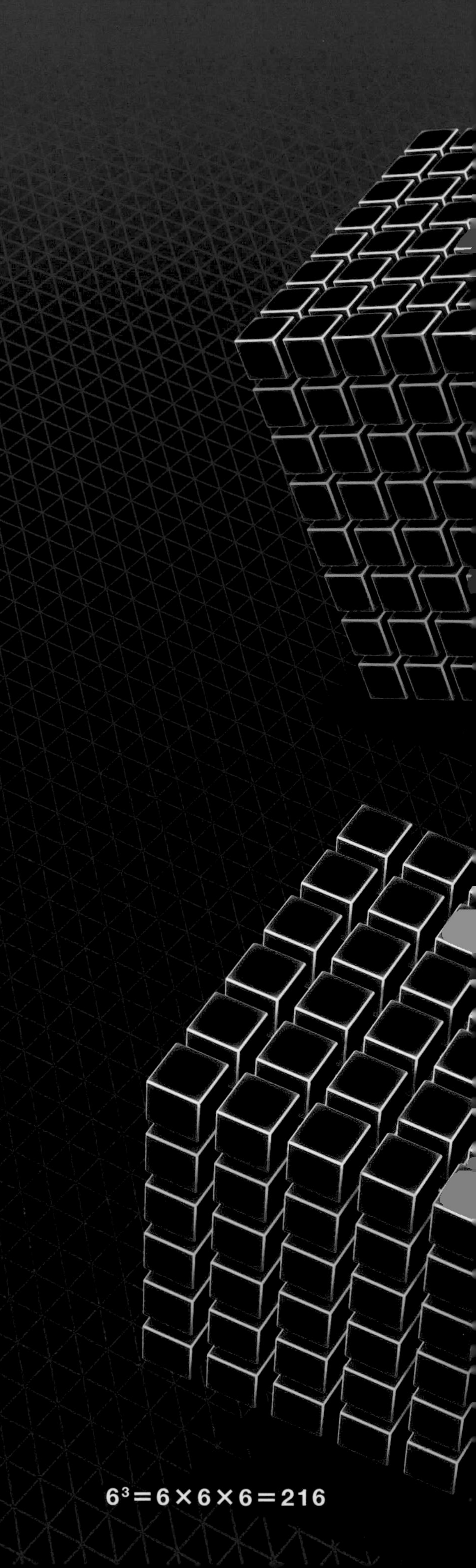

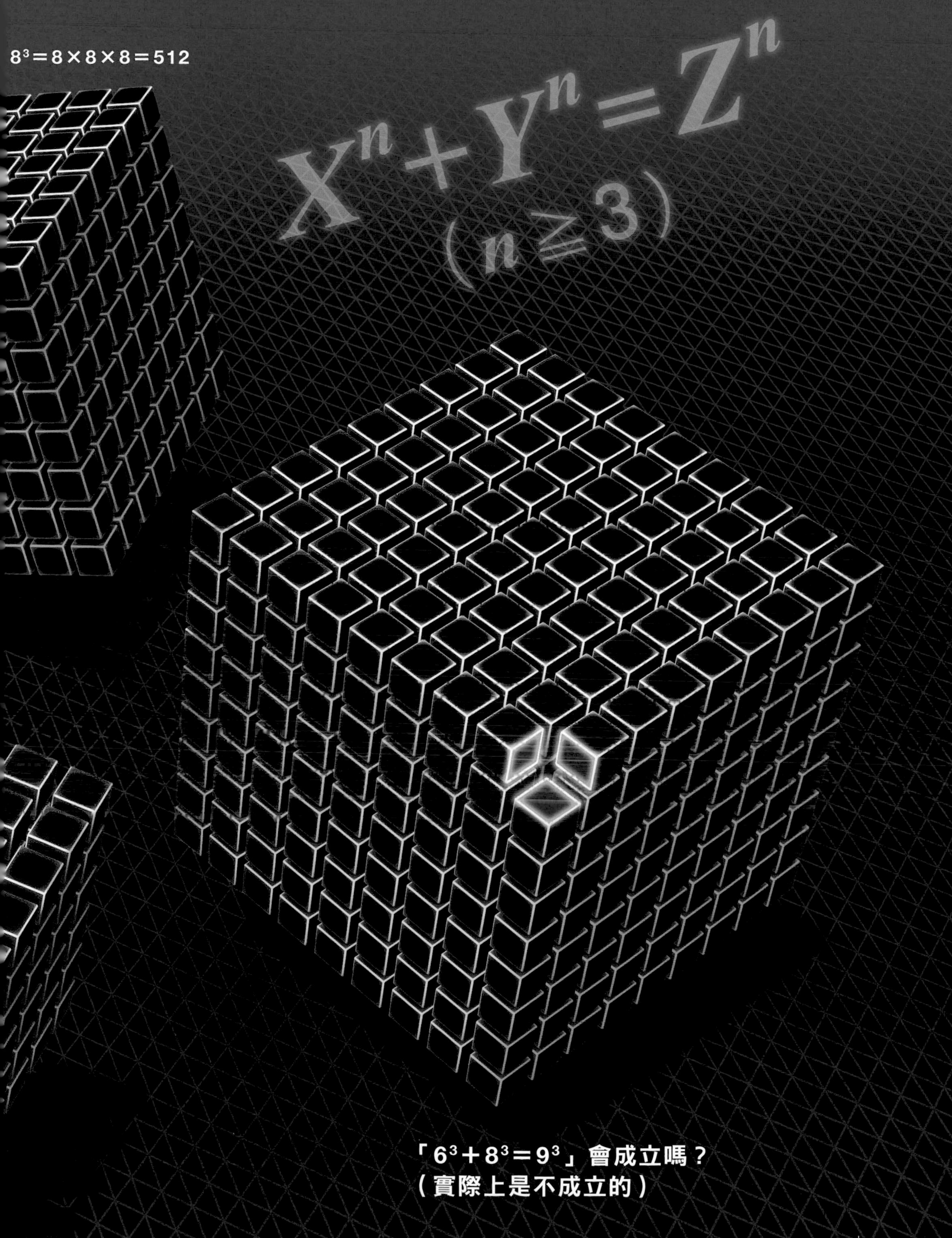

「$6^3+8^3=9^3$」會成立嗎？
（實際上是不成立的）

本世紀的難題源自「畢式定理」

如何證明「費馬最後定理」困擾了數學家360年。這道世紀難題其實是國中數學學過的「畢式定理」推廣公式。

令直角三角形的3邊長為X、Y、Z（Z為斜邊）。以X為邊長的正方形面積（X^2）與以Y為邊長的正方形面積（Y^2）相加，必定會等於以斜邊Z為邊長的正方形面積（Z^2），非常神奇。換句話說，$X^2+Y^2=Z^2$成立。這就是畢式定理，也稱為商高定理。另外，反之亦然，滿足$X^2+Y^2=Z^2$的X，Y，Z也必為直角三角形的3邊長。

傳言古希臘的數學家畢達

畢式定理是因為瓷磚圖樣而發現的？

橘色框和藍色框正方形的面積相加，會等於深粉紅色框正方形的面積。傳說「畢式定理」是畢達哥拉斯看見鋪於神殿地板上的瓷磚而發現的。但是那座神殿現已不存在，所以瓷磚的圖樣也不得而知。

哥拉斯看見鋪於神殿地板上的瓷磚因而發現這個定理（如左下示意圖）。但實際上並不能確定是畢達哥拉斯本人發現的，到底是誰發現、何時發現、如何發現的，至今仍是個謎。

畢式定理的證明

已知的畢式定理證明方法實際上多達數百種。這裡將會講解其中一種。

製作四個以 X、Y、Z（Z 為斜邊）為三邊的直角三角形，將斜邊置於內側排列正方形（如圖①）。於是，邊長為「$X+Y$」的正方形內側空間會形成另一個正方形。這個正方形的邊長為 Z，所以面積為 Z^2。接著，將三角形重新排列如圖②，同樣會形成邊長為「$X+Y$」的正方形，但剛才的內側空間會變成兩個正方形。這兩個正方形的面積分別為 X^2 和 Y^2，兩者相加便等於 Z^2。意即「$X^2+Y^2=Z^2$」，故得證畢式定理。

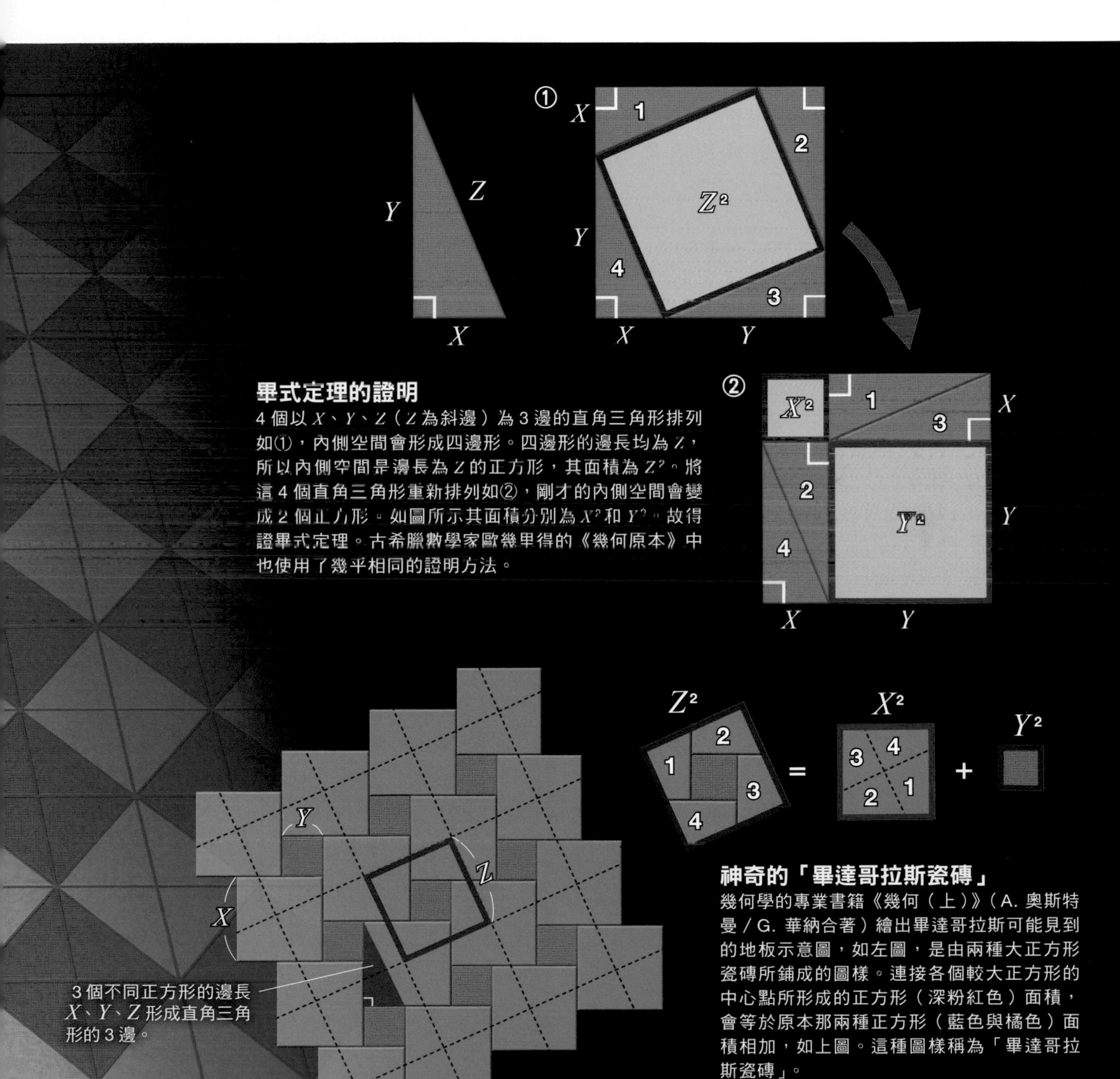

畢式定理的證明

4 個以 X、Y、Z（Z 為斜邊）為 3 邊的直角三角形排列如①，內側空間會形成四邊形。四邊形的邊長均為 Z，所以內側空間是邊長為 Z 的正方形，其面積為 Z^2。將這 4 個直角三角形重新排列如②，剛才的內側空間會變成 2 個正方形。如圖所示其面積分別為 X^2 和 Y^2，故得證畢式定理。古希臘數學家歐幾里得的《幾何原本》中也使用了幾乎相同的證明方法。

神奇的「畢達哥拉斯瓷磚」

幾何學的專業書籍《幾何（上）》（A. 奧斯特曼 / G. 華納合著）繪出畢達哥拉斯可能見到的地板示意圖，如左圖，是由兩種大正方形瓷磚所鋪成的圖樣。連接各個較大正方形的中心點所形成的正方形（深粉紅色）面積，會等於原本那兩種正方形（藍色與橘色）面積相加，如上圖。這種圖樣稱為「畢達哥拉斯瓷磚」。

滿足畢式定理的正整數共有幾組？

滿足畢式定理的3個正整數稱為1組「畢氏三元數」（Pythagorean triple）。正整數是指1以上的整數，如1、2、3……等。

「3、4、5」為畢氏三元數。因為$3^2=9$，$4^2=16$，$9+16=25=5^2$，所以滿足畢式定理。畢氏三元數還有很多，包括「5、12、13」、「7、24、25」等。以畢氏三元數為3邊長的三角形全都是直角三角形（如右圖）。

畢氏三元數誕生費馬最後定理

畢氏三元數有幾組呢？這裡以「平方數」來討論。平方數是指正整數平方後所得到的數。若將平方數依序排列，如$1^2=1$、$2^2=4$、$3^2=9$、$4^2=16$，……，則相鄰平方數的差為$4-1=3$、$9-4=5$、$16-9=7$，是由小排到大的奇數數列。

因此，3以上的奇數都可以用相鄰平方數的差（Z^2-Y^2）來表示。而且，當奇數本身為平方數X^2時，$X^2=Z^2-Y^2$，即$X^2+Y^2=Z^2$成立，所以「X、Y、Z」為畢氏三元數。同時為平方數和奇數的數有無限多個，所以畢氏三元數有無限多個。數學史上著名的難題「費馬最後定理」便源自畢氏三元數。

可產生無限多個畢氏三元數的數學式！

可使用兩個正整數m與n（$m>n$）決定以下的X、Y、Z來創造畢氏三元數。

$X=m^2-n^2$，$Y=2mn$，$Z=m^2+n^2$

例如$m=2$，$n=1$時，（X、Y、Z）＝（3、4、5）。當m和n的最大公因數為1（互質）時，X、Y、Z便稱為「原始畢氏三元數」。像這樣的m與n的組合有無限多個，故原始畢氏三元數也有無限多個。

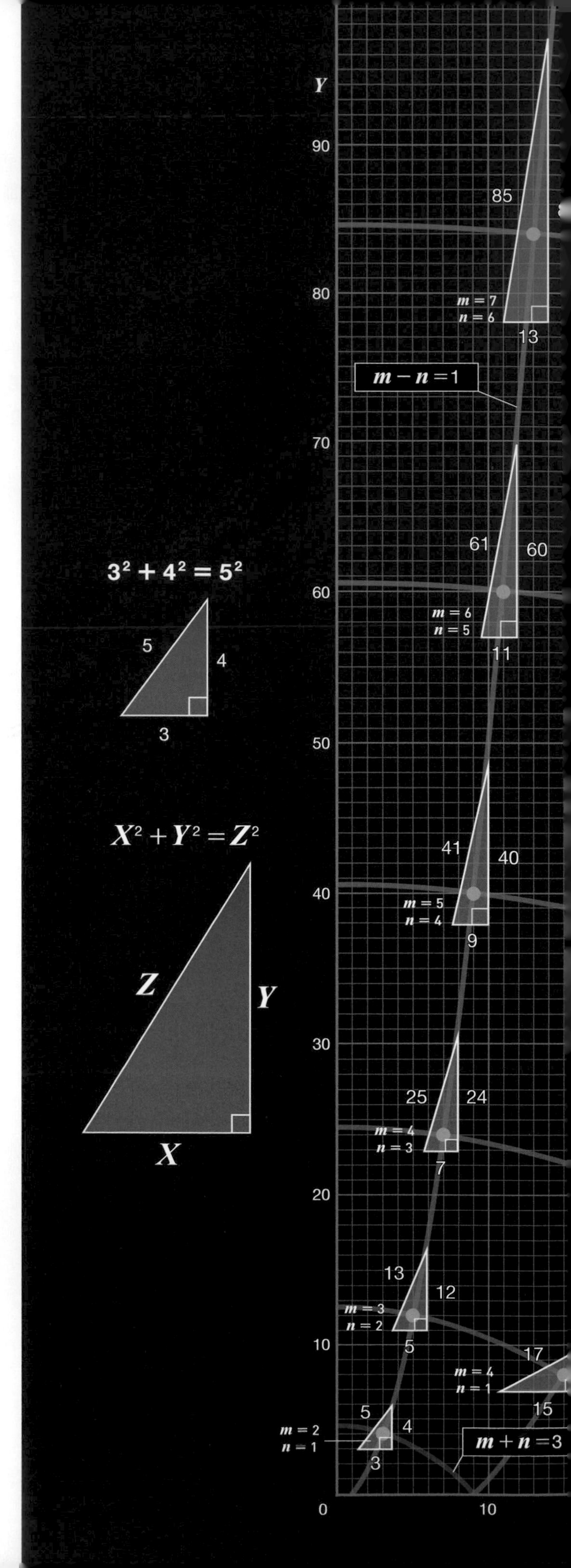

畢氏三元數的三角形作圖

畢氏三元數為3邊長繪出的直角三角形分布圖（比例尺各異）。畢氏三元數X、Y、Z由上頁方塊中的方法求出。以橫軸為X，縱軸為Y的座標上作圖時，會產生很有趣的現象。這些三角形剛好會位於拋物線的交點上。

費馬
最後定理

推廣自畢氏三元數的「費馬最後定理」

約3世紀的數學家丟番圖將當時已知的數學問題編纂成《數論》。這本書收藏於埃及亞歷山大港的圖書館，但圖書館經歷多次侵略和戰亂的焚燒，已遺失了許多藏書。但原本全套13冊的《數論》所僅存的6冊卻奇蹟般地保存下來。其被翻譯成拉丁文，1621年於歐洲出版。當時非常熱衷閱讀這本書的人，就是費馬。

費馬注意到《數論》中提及$X^2+Y^2=Z^2$有正整數解，也就是畢氏三元數。於是他就想：「如果將$X^2+Y^2=Z^2$當中的平方改成3次方或4次方會變成怎樣呢？」平常習慣在《數論》各頁空白處做筆記的費馬在這頁寫下了一段話。

「當n大於等於3時，$X^n+Y^n=Z^n$不存在任何一組正整數解。而且我發現了一個很厲害的證明方法，可惜旁邊的空白處太小寫不下。」

費馬去世後，他的兒子將這些筆記內容補充於《數論》中，並於1670年再度出版。這就是後來廣為人知，並困擾後世數學家多年的「費馬最後定理」。

費馬真的有發現證明方法嗎？

費馬誇口說「發現了一個很厲害的證明方法」，但實際上寫在《數論》中的筆記只證明到$n=4$而已。費馬真的已經完全證明所有的n皆成立了嗎？日本東洋大學專攻整數論的小山信也教授表示。

「後來有證據顯示費馬在研究$n=3$的情況。如果真的已完全證明，就沒有必要分別研究每個n了。自己大概也察覺到誇口已完全證明是錯誤的！」

費馬

何謂費馬最後定理？

費馬在《數論》頁面空白處寫下的筆記內容如右頁所示。筆記所提到的平方數和立方數如下圖。以現代的數學符號可將筆記改寫為：「$X^n+Y^n=Z^n$（n為大於等於3的整數）不存在任何一組正整數解。」這個定理就是「費馬最後定理」。所以稱為最後定理是因為它是費馬寫於《數論》的定理中，唯一直到最後仍未獲證明的定理。一般認為費馬於1637年左右寫下這段筆記。

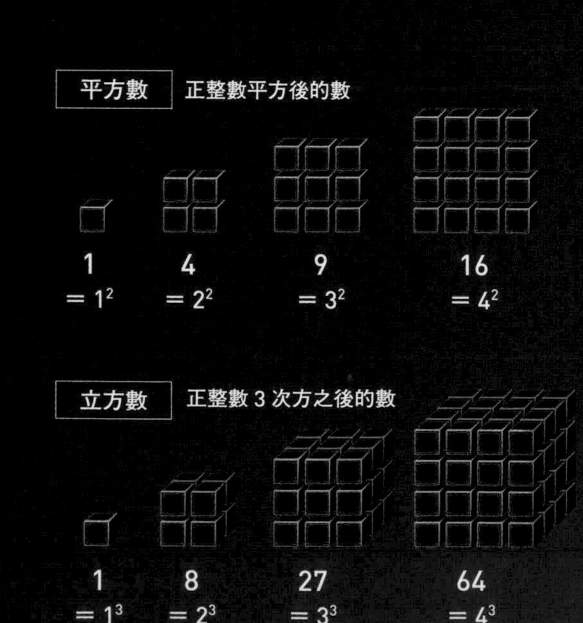

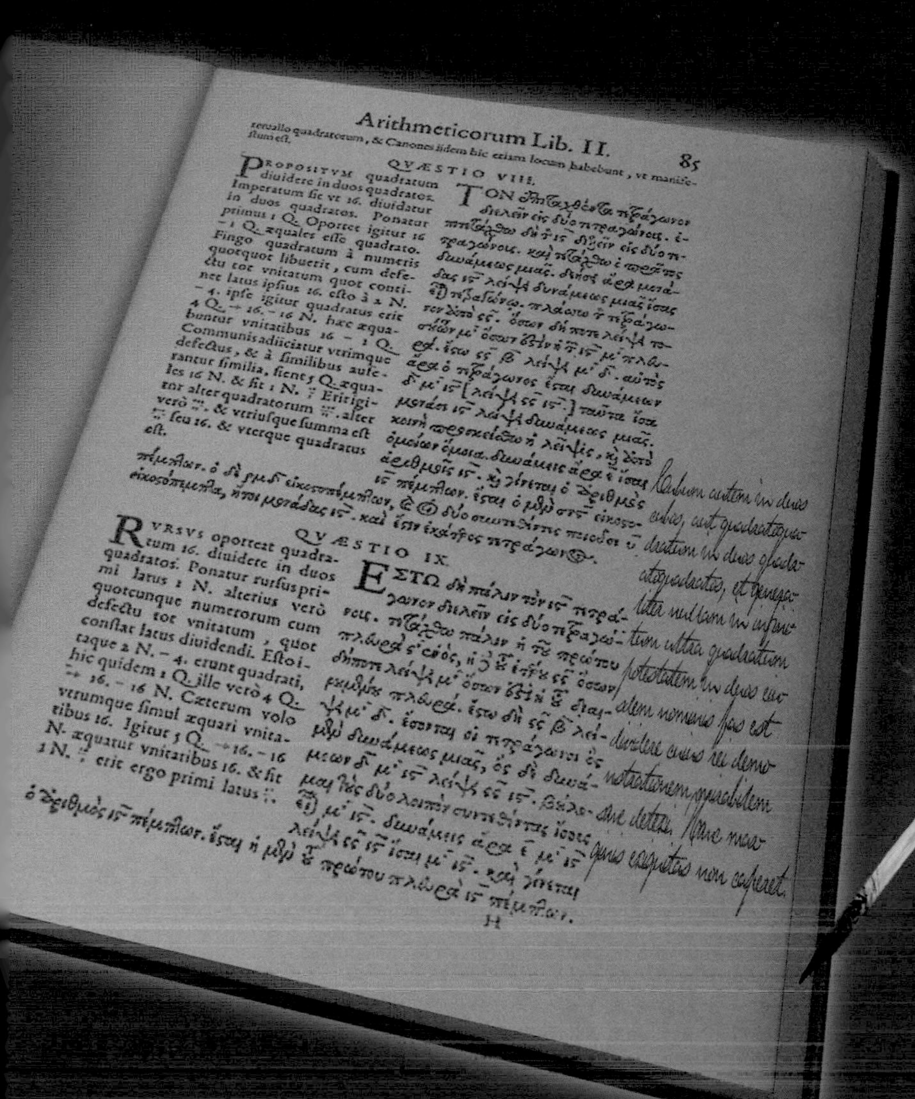

費馬於《數論》的空白處
寫下筆記的示意圖。

費馬筆記的原文（拉丁文）

Cubum autem in duos cubos, aut quadratoquadratum in duos quadratoquadratos, et generaliter nullam in infinitum ultra quadratum potestatem in duos eiusdem nominis fas est dividere cuius rei demonstrationem mirabilem sane detexi. Hanc marginis exiguitas non caperet.

（譯文）

立方數無法寫成兩個立方數的和。4 次方數無法寫成兩個 4 次方數的和。一般而言，一個指數大於 2 的次方數無法寫成兩個次方數的和。而且我發現了一個很厲害的證明方法，可惜旁邊的空白處太小寫不下。

費馬最後定理

當 n 大於等於 3 的整數時，$X^n+Y^n=Z^n$ 不存在任何一組正整數解。

$$X^n + Y^n = Z^n$$
$$(n \geqq 3)$$

眾多數學家都曾挑戰過費馬最後定理

費馬留下了數學之謎，而第一個打開破口的是被稱為數學巨人的歐拉。

歐拉證明了$n=3$的費馬最後定理成立，即「$X^3+Y^3=Z^3$不存在任何一組正整數解」。歐拉利用「虛數」來證明這個定理。虛數是平方後為負數的數，在費馬的時代曾被認為沒有用處。

到了19世紀，法國科學院為費馬最後定理懸賞3000法郎。於是，終於有數學家成功證明了$n=5$及$n=7$的情況成立。但最該證明的n次方仍懸而未決。

庫默爾挑戰「n為質數」的情況

其實$n=6$的情況不需要證明。因為正整數的6次方為「(正整數的2次方)的3次方」，所以可改寫成歐拉已證明的$n=3$的形式。這件事也意味著若能證明「n為質數」的情況成立就足以證明費馬最後定理了。質數是指只能被1和自己整除的正整數（1不為質數）。

德國數學家庫默爾（Ernst Eduard Kummer，1810～1893）於1850年證明了當n不為特殊的質數（非規則質數）時，不論n為多大的質數，費馬最後定理都會成立。所謂特殊的質數是質數中的「少數派」，例如100以下特殊的質數只有37、59、67這3個。

雖然庫默爾的證明稱不上完全證明，但比起只個別證明了幾個n的情況，已是一大進展。法國科學院認同這個證明的重要性，贈予庫默爾3000法郎的賞金。

$$X^3+Y^3=Z^3$$ 證明不存在任何X、Y、Z的正整數解

歐拉（1707～1783）

瑞士數學家。他貢獻很多偉大的數學成就，包括發明名為「歐拉公式」的關係式：$e^{ix}=\cos x+i\sin x$。於1760年證明了$n=3$的費馬最後定理成立。

$$X^5+Y^5=Z^5$$ 證明不存在任何X、Y、Z的正整數解

狄利克雷（Peter Dirichlet，1805～1859）

德國數學家。於1825年證明了$n=5$的費馬最後定理成立。但這個證明有一點瑕疵，後來由法國數學家勒壤德（Adrien-Marie Legendre，1752～1833）將其修正。勒壤德以一己之力成功修正了證明。

$X^4+Y^4=Z^4$ 證明不存在任何 X、Y、Z 的正整數解

費馬（1601～1665）

費馬的本業是行政官，興趣是研究數學，是位業餘數學家。費馬最後定理寫於1637年左右。他也寫出 $n=4$ 時的證明。以身為機率論、解析幾何學的創始人之一而聞名於世。

費馬巧妙利用154頁詳述「原始畢氏三元數」的特性，證明 $n=4$ 的費馬最後定理成立。

費馬假設 $X^4+Y^4=Z^4$ 有正整數解為 X、Y、Z，則可以創造出無限個比某個原始畢氏三元數更小的原始畢氏三元數。但因為不存在比3、4、5更小的原始畢氏三元數，所以與假設矛盾。

這表示原先的假設有誤，換句話說，證明 $n=4$ 的費馬最後定理成立。費馬使用的證明方法一般稱之為「無窮下降法」。

比起 $n=4$ 的證明，$n=3$、$n=5$、$n=7$ 的證明需要更複雜的步驟。

$X^7+Y^7=Z^7$ 證明不存在任何 X、Y、Z 的正整數解

拉梅（Gabriel Lamé，1795～1870）

法國數學家。於1839年證明 $n=7$ 的費馬最後定理成立。後來，又宣稱已完全證明所有 n 的情況，但由庫默爾指出其中的錯誤。

證明 n 為「正則質數」的費馬最後定理成立

庫默爾（1810～1893）

德國數學家。發現質數分為「規則質數」與「不規則質數」兩種，並於1850年證明 n 為規則質數的費馬最後定理成立。

由懷爾斯所解決的難題

歷經360年，終獲證明的費馬最後定理

眼看庫默爾的證明成果距離完全證明費馬最後定理只差臨門一腳。然而，那之後就再也沒有進展，一直到20世紀。1908年，德國資本家沃爾夫斯克爾（Paul Wolfskehl，1856～1906）為費馬最後定理懸賞10萬馬克（通稱「沃爾夫斯克爾獎」），期限設為100年後的2007年。之後，全世界便有無數業餘數學家投稿聲稱「已解決」費馬最後定理，但那些證明全都有誤。

深為費馬最後定理所吸引的少年

1963年，英國劍橋的圖書館裡有個十歲的少年正在閱讀貝爾（Eric Bell，1883～1960）的《最後的問題》（The Last Problem），他看見書中提到的未解數學問題。那就是只將畢式定理的平方推廣成三次方的「費馬最後定理」，這連十歲少年都看得懂。如此簡單的公式居然經歷300多年仍未解決，這件事深深吸引著少年。「我想當第一個解決它的人！」這位有志氣的少年就是在1995年完全解決費馬最後定理的懷爾斯。

大學畢業後的懷爾斯成為研究「橢圓曲線」（如下圖）問題的數學家。他於1980年移居美國，任教普林斯頓大學，他在1984年的一場研討會上獲得非常重要的靈感。德國數學家弗萊（Gerhard Frey，1944～）在研討會上表示：「若能證明『谷山－志村猜想』正確，就應該能證明費馬最後定理正確。」這個出乎意料的想法和庫默爾所揭示的思考方向完全無關。

日本數學家發明的猜想是實現夢想的橋樑

「谷山－志村猜想」是20世紀後半葉數學界的熱門題目。於1950年發表這個猜想的人，是日本的數學家谷山豐（1927～1958）與志村五郎（1930～2019）。谷山與志村原本研究的是名為「黎曼ζ函數」的特殊函數問題。

18世紀的歐拉以獨到的數學敏銳度發現了「歐拉乘積」，而黎曼ζ函數就是德國數學家黎曼以「歐拉乘積」的關係式為基礎所定義的函數（詳情請見173頁）。研究黎曼ζ函數的小山教授，說明谷山－志村猜想的重要性如下。

「黎曼ζ函數是根據橢圓曲線所定義而來的。所以推測這樣的黎曼ζ函數都應具有『我們所期望的特性』※。最早發表這個猜想的谷山與志村認為，在諸多曲線中，至少橢圓曲線會具有這項特性。」

對一直在研究「橢圓曲線」的懷爾斯而言，弗萊的想法無疑就是他實現十歲時所許下之夢想——解決費馬

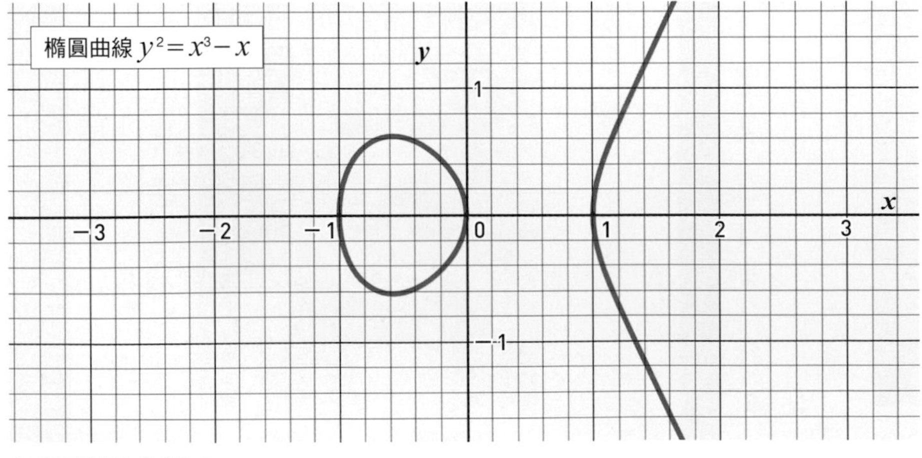

何謂橢圓曲線？

上圖為橢圓曲線的範例。一般定義為 $y^2=x^3+ax+b$，當等號右邊 =0時沒有重根，就稱為橢圓曲線。「橢圓」的名稱來自歷史緣由，與橢圓毫無關係。

※：這裡所說的「我們所期望的特性」，以專業術語來說是指「自守形式的黎曼ζ函數所具有的特性」。小山信也教授的《黎曼教授訪談錄》中有詳細的解釋。

剛宣布「證明完畢」的懷爾斯

1993年6月23日懷爾斯於英國劍橋的研討會上演講，宣布他證明了谷山－志村猜想，並因此證明費馬最後定理。照片攝於懷爾斯宣布已得證之際。

後來，懷爾斯的理論雖曾遭判定有誤，但他在1995年之前進行修正，並通過審核無誤。懷爾斯於1997年獲得德國資本家沃爾夫斯克爾提供的獎金。

最後定理的橋樑。

懷爾斯圓夢的心路歷程

懷爾斯決心要證明費馬最後定理，證明步驟如下：

一開始先假設「費馬最後定理不成立」。再藉由推導結果所產生的矛盾來表示當初的假設有誤。這種證明方法就是高中數學所學過的「反證法」。

假如費馬最後定理不成立，則「$A^n+B^n=C^n$（n≧3）有正整數解。而弗萊將費馬最後定理中的A^n和B^n定義成橢圓曲線（弗萊橢圓曲線），數學式為「$y^2=x(x-A^n)(x+B^n)$」。而谷山－志村猜想所認為的「定義自橢圓曲線的黎曼ζ函數應該會具有我們所期望的特性」正確，定義自弗萊橢圓曲線的黎曼ζ函數也應該具有同樣的特性。

但這裡產生了矛盾。因為美國數學家黎貝（Kenneth Ribet，1948～）已於1986年證明定義自弗萊橢圓曲線的黎曼ζ函數不具有「我們所期望的特性」。這和最初的假設，即「費馬最後定理不成立」互相矛盾，換句話說，就是代表「費馬最後定理成立」。

費馬最後定理終獲解決

要證明這個理論，就必須要證明「谷山－志村猜想正確」。懷爾斯自1986年停下手邊其他研究，一心一意地開始著手證明谷山－志村猜想。1990年代於普林斯頓大學工作，並且與懷爾斯共事的小山教授表示：「懷爾斯對於他在證明費馬最後定理一事保密到家。在大學裡幾乎碰不到他，他也沒有發表新的研究成果，大家都在想他到底怎麼了。」

孤軍奮戰的結果，懷爾斯終於證明了谷山－志村猜想。雖然只證明了部分的谷山－志村猜想，也已足夠推翻弗萊橢圓曲線的理論了。然後懷爾斯於1993年回到英國故鄉，並在劍橋的一場研討會上宣布他已完全證明費馬最後定理。雖然他最初的證明版本有誤，不過後來已經修正，並於1995年通過審核無誤。歷經360年的時間，費馬於17世紀所寫下的最後定理，至此宣告解決。

歷經百年的未解問題 龐加萊猜想

數學史上曾經耀眼的難題大揭密。它促進數學的研究創新，並影響眾多數學家的人生

1904年，有篇論文記述了一個和圖形密切相關的猜想。「基本群為平凡群的三維封閉流形與三維球面同胚。」這個猜想名為「龐加萊猜想」，以發明人的名字命名，吸引了後世眾多偉大的數學家投入研究，是百年來尚無人能證明的著名數學難題。於是，在挑戰這個問題的過程中，發展出與過往大相逕庭的圖形觀念。且一起來追溯這段大幅改變數學歷史的難題證明奮鬥史。

撰文 中村 亨

時值2002年，網路上刊登了一篇震撼性的論文。該論文宣稱已解決了由法國數學家龐加萊於1904年發表的數學難題「龐加萊猜想」。經過約3年的審核，數學界認為這篇論文正確無誤。投稿人是俄羅斯的裴瑞爾曼。

龐加萊猜想在發表後將近百年來，不斷有許多數學家前來挑戰。很多數學家投入了一輩子的心力來解決這個問題，但一直無人能予解決。2000年，龐加萊猜想獲選為美國克雷數學研究所（Clay Mathematics Institute）的「千禧年大獎難題」之一，懸賞獎金高達一百萬美元。

龐加萊在論文的結尾寫下他對龐加萊猜想的想法。「不過這個問題會帶領我們走向遙不可及的境界吧。」正如他所言，這道難題確實促進了數學研究的發展。

赫赫有名的「龐加萊猜想」究竟是什麼樣的難題呢？解決問題的過程中，究竟遇到了什麼樣的關卡呢？而裴瑞爾曼又是用什麼樣的手法解開這道難題的呢？

馬克杯和甜甜圈形狀相同？新興數學「拓樸學」

一言以蔽之，龐加萊猜想就是圖形（幾何學）的問題。在發表這個猜想的時候，龐加萊就已經在研究圖形。聽到研究圖形，會想到什麼呢？現在有三角形和立方體等圖形，如果說「請研究一下這些圖形的特性」，一般人都會拿尺或量角器來測量圖形的邊長或角度吧。

我們都想從大小來了解一個圖形。但是，龐加萊所探討的

⊙形狀相同的有哪些？

1.

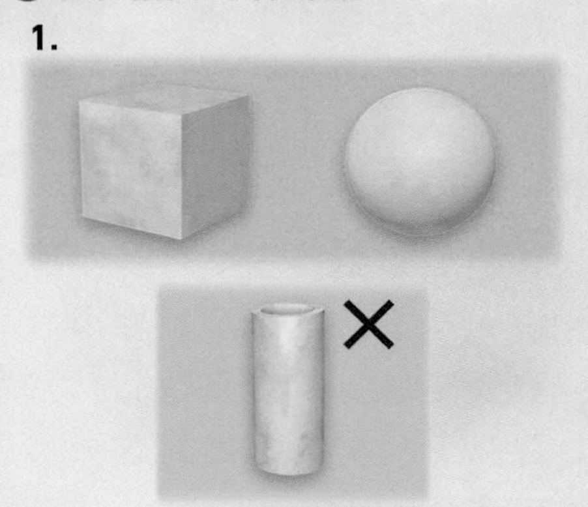

2.

拓樸學上形狀相同（同胚）的有哪些？判斷同胚或不同胚的關鍵在於孔洞的數量。**1.** 之立方體和球體的孔洞數都是零，所以視為相同圖形。另外，若為中間一個洞貫穿的筒狀，其孔洞數為 1，所以和上述兩個圖形不同胚。**2.** 為具有一個把手的馬克杯和甜甜圈，兩者的孔洞數為 1，所以視為相同形狀。另外，具有兩個把手的馬克杯，其孔洞數為 2，和一個把手的馬克杯視為不同形狀。點心扭結麵包和甜甜圈雖形狀類似，但因為孔洞數為 3，所以視為不同形狀。

⊙若進行連續變形，則馬克杯會變成甜甜圈，甜甜圈也會變成馬克杯？

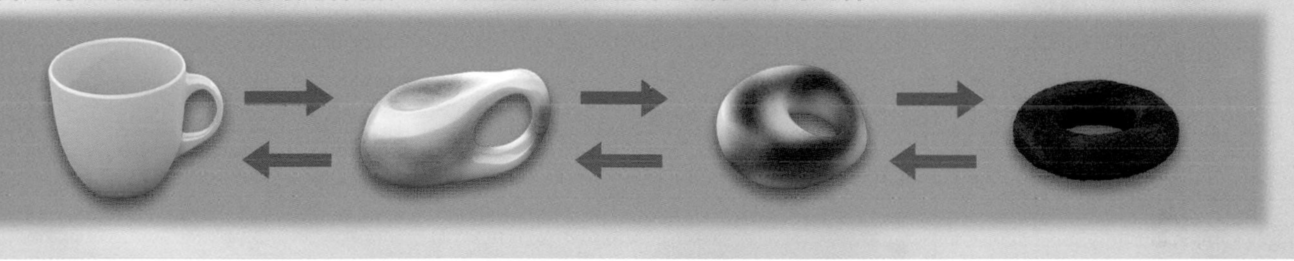

拓樸學對圖形的觀點和我們所學的歐幾里得幾何學的觀點不同。將馬克杯（一個把手）連續變形轉換成拓樸同胚的甜甜圈（或逆向），其過程如圖下半部所示。

不是大小的正確性，而是讓圖形連續變形時的圖形特性會是如何變化。所謂連續變形是像捏黏土一樣，將圖形拉長、縮短或扭轉。但是要注意的是，連續變形不包括切斷或連接等變形。

當然如果大膽嘗試改變形狀，甚至連原本圖形的痕跡都會消失得無影無蹤。不過，當圖形屬於連續變形後可再透過連續變形恢復原貌的圖形（互相變換）時，原本的圖形和變形後的圖形間有些特性是不隨變形而改變的。這類的圖形稱為「同胚」(homeomorphism)，而這些特性則稱為「不變量」(invariant)。

不變量包含了什麼樣的特性呢？其中一項是圖形所開的孔洞數。假設眼前有一個孔洞數為一的圖形。將這個圖形連續變形，把孔洞縮小或是擴大。雖然孔洞的大小已改變，但再將這個圖形連續變形還原，還是能恢復成原本的圖形，也就是變形前後的圖形之間可透過連續變形互相轉換，所以為同胚。而且，變形前後的孔洞數不變。

另一方面，若改變孔洞的數量，包括開出新的孔洞或是消除既有的孔洞時，則變形前後的圖形之間就不能透過連續變形互相轉換。也就是說，孔洞數相異的圖形不同胚。

拓樸學的宗旨就是要找出同胚圖形的不變量及其不變量所形成的圖形特徵。以前學校所學的「歐幾里得幾何學」，是從角度和邊長來探討圖形的學科。而拓樸學則是和歐幾里得幾何學大相逕庭的一門學問。

例如，球體和立方體乍看是完全不同的圖形，但在拓樸學上卻為同胚，故兩者形狀視為相同。另一方面，他們和有孔洞（貫通）的圓筒不同胚，所以分類成不同的形狀。孔洞數相同則同胚。以手邊的立體為例，具有一個把手的馬克杯和甜甜圈，其孔洞數都只有一個，所以視為相同形狀，但是卻和兩個把手的馬克杯視為不同的形狀。

龐加萊猜想完全就是拓樸學範疇的問題。拓樸學這門學問隨著龐加萊猜想的發表而誕生，並隨著一次次的證明挑戰而有所進展。所以龐加萊猜想的歷史也可以說是拓樸學的發展史。

無法想像的圖形出現於龐加萊猜想

前面提了這麼多，終於要來談龐加萊猜想。且讓我們詳細地解釋龐加萊猜想的內容。

龐加萊猜想討論的是兩個圖形之間的關係。要討論的圖形是「三維封閉流形」及其中的「三維球面」。感覺好像非常難懂。這些圖形雖然稱為三維，但其實都存在於比我們所居住的三維空間（由長、寬、高所形成的三維空間）更高維度的空間裡。為了方便理解，先以我們所在的三維空間中的某些圖形來說明。

存在於三維空間中的立方體、圓柱、三角錐等立體（看起來為三維）的表面稱為「二維封閉流形」，因為這些立體的表面為二維。其中，球形的表面稱為「二維球面」。龐加萊猜想所談的「三維封閉流形」與「三維球面」是在討論四維的事情。雖然難以想像，但可理解成包覆四維物體表面的是三維封閉流形。

圓圈是否能縮小至一點，為此核心觀念

龐加萊猜想認為，滿足某個不變量條件的三維封閉流形會與三維球面同胚。這裡所說的某個不變量條件指的究竟是什麼呢？

首先，我們來討論三維空間的立體表面（二維封閉流形）比較好理解。這裡要借助小橡皮筋來確認有哪些不變量。將橡皮筋放置於甜甜圈或游泳圈般的立體表面（圓環面），接著有兩種方法可將橡皮筋貼合於立體表面。第一個方法是沿著孔洞方向擴張橡皮筋。第二個方法是橡皮筋穿過孔洞並包覆圓環本體（如右頁圖）。這條橡皮筋可透過擴張或收縮從圓環面上拿下來嗎？要拿下來就必須將橡皮筋集中到一點。請您持續將這條橡皮筋變形，看看能否收縮成一小點，但過程中橡皮筋不可離開圓環面。

然而孔洞是會妨礙橡皮筋收縮成一點。這個現象也發生在孔洞數兩個以上的物體表面上。如同這個圓環面上的橡皮筋一樣，無法收縮成一點的圓圈（簡單的封閉曲線）的集合稱為「基本群」，是其中一種不變量。龐加萊猜想的不變量指的就是這個基本群。

如果改在沒有孔洞的球表面進行上述操作，那會如何呢？橡皮筋可以很完美地收縮成一點。像這樣，不論哪種圓圈都能透過連續變形收縮成一點的流形，我們說這個流形的「基本群為平凡」。

龐加萊認為在三維封閉流形中，基本群是了解整體形狀的重要訊息。特別是他認為基本群為平凡群的三維封閉流形與三維球面同胚。

將龐加萊猜想的中心思想以剛才的二維封閉流形來解釋，就是立體的表面和球面之間可透過連續變形來互相轉換，而且貼合於這個立體表面上的橡皮筋可透過連續變形縮小成一點。接下來自然就會關心一個問題，如何證明龐加萊猜想在所有維度都能夠成立，沒有任何例外？

高維度的龐加萊猜想先得到證明

由於龐加萊猜想簡單明瞭，所以很多人試圖證明它，經常有人宣稱已解決龐加萊猜想。

如同前文所述，龐加萊猜想是討論三維封閉流形的猜想。但是，數學家後來突破維度的限制，針對更高維度的流形討論同樣的問題。數學問題經常會忽略一些條件，例如維度，只探討一般情況是否成立，以便掌握問題的核心。

必須要注意的是，在高維度時，只有在「基本群為平凡

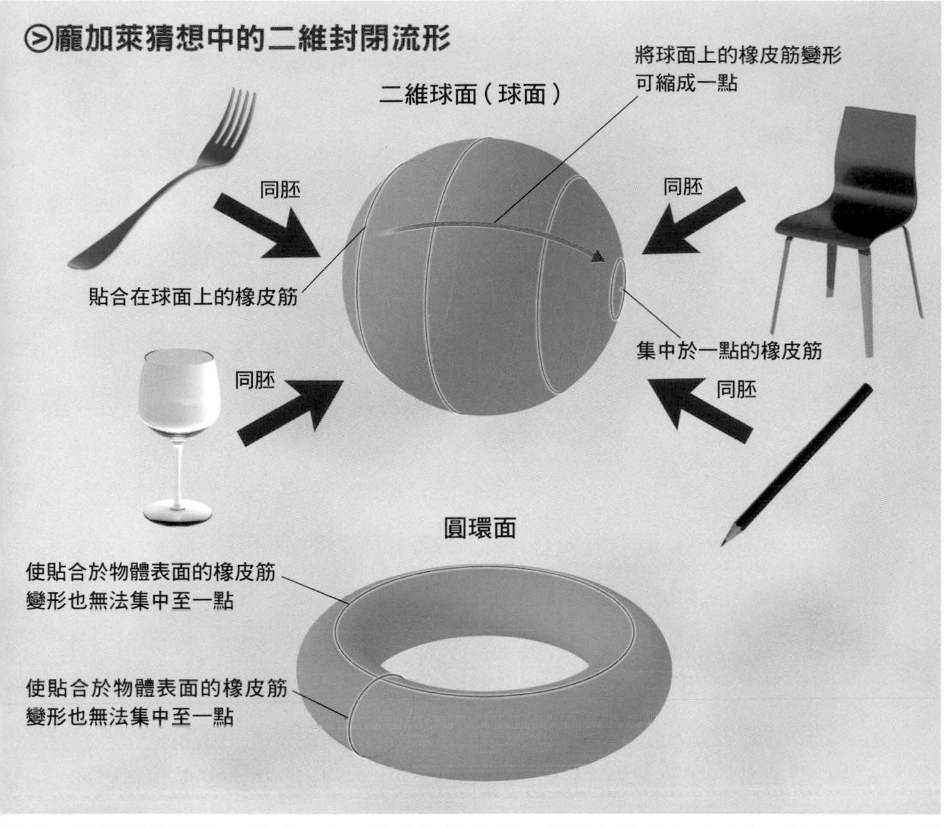

龐加萊
Jules-Henri Poincaré（1854～1912）

先以二維封閉流形與二維球面來思考龐加萊猜想。將橡皮筋套在球面上，並拉長或收縮這條橡皮筋使它連續變形。於是，不論什麼情況，橡皮筋都能縮小至一點。這件事在與球面相同形狀（同胚）的圖形上也辦得到。另一方面，套於圓環面（甜甜圈）的橡皮筋，如插圖，不論如何變形都會遭孔洞妨礙，無法縮小成一點。因此，圓環面和球面不同胚。所謂龐加萊猜想就是一個要證明它在所有維度皆成立，而且沒有任何例外。

群」的條件下，才會存在與該維度的球面不同胚的封閉流形。因此，高維度的龐加萊猜想認為要增加其他的不變量。

高維度龐加萊猜想的研究於1950年代末至1960年代初快速發展。1960年，美國數學家斯梅爾證明了五維以上的龐加萊猜想正確。

五維以上的龐加萊猜想獲得證明後，很多人就嘗試用同樣的方法來證明四維。但這個方法只適用於五維以上，不適用於四維的情況。後來，四維的情況是美國數學家弗里德曼（Michael Freedman，1951～）於1982年以嶄新的方法得證的。

許多人覺得，討論高維度的龐加萊猜想不會比討論原本維度的更困難嗎？但是，隨著研究的進行，人們發現高維度的流形其實比三維的情況更容易證明。

流形可「質因數分解」

高維度的龐加萊猜想逐漸獲得解決，只剩最初原本的三維龐加萊猜想懸而未決。不過當時三維封閉流形的研究已有了進展。其中特別重要的發現，是三維封閉流形可像整數質因數分解一般，分割成數個基本流形。

定義這些相當於「質數」的基本流形者，是美國數學家瑟斯頓（William Thurston，1946～2012）。他於1983年所發表的幾何化猜想，認為三維封閉流形是由 8 種基本流形所組成的。

這 8 種基本流形是什麼樣的形狀呢？我們先降低一個維度，以世界上所見的二維封閉流形

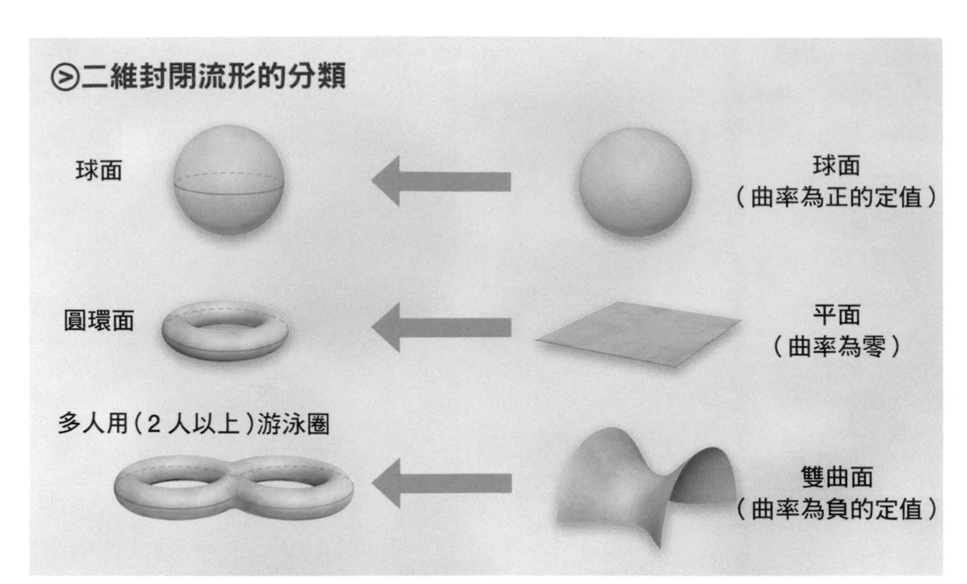

所有二維封閉流形都必定會和球面、圓環面、多人用（2人以上）游泳圈的其中一項拓樸同胚。球面具有正的定值曲率，圓環面則是由曲面為零的平面所構成，而多人座（兩人以上）游泳圈的表面是由具有負的定值曲率的雙曲線所構成。意即基於曲率變化會形成3種不同的二維封閉流形（此外還包括「克萊因瓶」等曲面，但和龐加萊猜想無關，故不在此討論）。

來解釋三維的基本流形。

二維封閉流形有3種形狀為拓樸同胚。包括球面、圓環面（甜甜圈的表面）及多人用（2人以上）游泳圈等3種（如上圖）。已知這3種形狀（曲面）是由不同彎曲程度的「曲率」，包括球面（曲率為正的定值）、平面（曲率為零）、馬鞍形雙曲面（曲率為負的定值）所形成的。圓環面看似彎曲，但切開來看就會發現它是由平面所構成的。多人用游泳圈的表面是將雙曲面以某種方法切開再連接而成。意即二維封閉流形是由球面、平面、雙曲面等3種流形所組成。

構成三維封閉流形的8種基本流形也包含這3種曲率類型。而且，三維球面所構成的流形也屬於其中一種。

如果瑟斯頓的幾何化猜想成立，則三維封閉流形就是由8種基本流形所構成的。此時，若要三維封閉流形中所有的圓圈都能縮小至一點（基本群為平凡群），則其組成結構就不能含有和三維球面同胚以外的流形，故得知基本群為平凡群的三維封閉流形於三維球面同胚。如此一來，只要證明幾何化猜想正確，自然也會證明龐加萊猜想正確。

利用里奇流來證明幾何化猜想與龐加萊猜想

照這樣說來，只要證明幾何化猜想就行了。美國數學家漢彌頓（Richard Hamilton，1922～2011）想到一個方法。他利用名為「里奇流」（Ricci flow）的方程式讓三維封閉流形的曲率逐漸變化，並觀察其變化情形來證明幾何化猜想。在複雜的流形中，不同地方的表面曲率各異，有些地方突出來，有些地方凹下去，凹凸不平。若將這些曲率平均並簡化，最後就會發現流形是由8種基本流形所構成。

里奇流方程式和描述熱或物質擴散現象的「擴散方程式」很類似。在寒冷的房間開暖氣時，一開始只有暖氣的周圍會變溫暖，之後熱才會傳導至整個房間。就像這股熱流（流動）一樣，為了將各地相異的曲率平均，所以要使用里奇流。

使用里奇流時，具有負曲率的方向會膨脹，而具有正曲率的方向會收縮。隨著時間的變化，流形會彎彎曲曲地逐漸變形，所以推測在這過程中會觀察到流形被分割成8種基本流形的現象。若這件事成立，就能證明幾何化猜想。

舉例來說，原本為三維球面的流形透過里奇流變形時，會漸漸變為小圓球，最後就變成一點。若能證明包含這種情況下的幾何化猜想，就能證明龐加萊猜想。

漢彌頓自1990年起發表的一系列論文已經快要可以證明幾何化猜想了。但是，最困難的部分還沒解決。使用里奇流一直計算下去，有些地方可能會

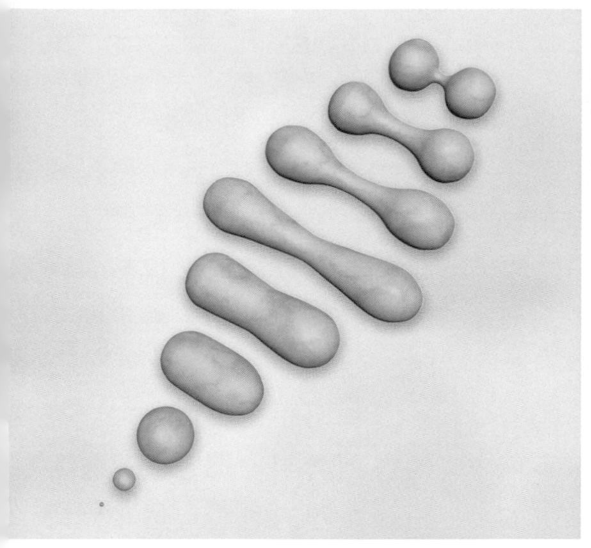

左圖顯示基本群為平凡群的曲面（二維封閉流形）透過里奇流計算而變形，由球面逐漸變成點的過程。右圖為2003年４月裴瑞爾曼於紐約大學演講龐加萊猜想的解法。

變成曲率無限大。這些地方稱為「奇點」（singular point）。這些奇點要怎麼辦？漢彌頓始終無法突破這道關卡。

裴瑞爾曼解決奇點問題，並成功證明龐加萊猜想

解決這個奇點問題的，是在文章開頭登場的裴瑞爾曼。他找到正在產生的奇點，並在它快要完全變成奇點的前一個階段就將它切割出來，切割出來的各個流形便能繼續用里奇流來變化。於是他重複上述操作，破解了最先遇到的流形結構。於是，每遇到一個就有可能知道其原本的流形結構。接著，過程中他也破解了會變成一點的流形的原本流形結構。特別是他證明了當基本群為平凡群時，基本群都會包含於基本群內。如此一來，便證明了三維封閉流形是由８種流形所構成的。至此終於證明了幾何化猜想與龐加萊猜想。

在證明的過程中，裴瑞爾曼發展出他獨創的方法。其中一些方法也用到統計力學的思維。所謂統計力學是研究由許多原子或分子組成的物質之性質，屬於物理學的範疇。

翻轉數學未來發展與數學家人生的難題

裴瑞爾曼的論文於2002至2003年間發表於網路上。通常之後會將論文投稿至學術期刊，但裴瑞爾曼的論文卻沒發表在學術期刊上。不過，2006年國際數學家大會確認龐加萊猜想已獲解決，並決定授予裴瑞爾曼數學界的諾貝爾獎：菲爾茲獎，但他卻謝絕受獎。此外，2010年克雷數學研究發表千禧年大獎難題龐加萊猜想已獲解決，要贈予裴瑞爾曼100萬元美金，但據說裴瑞爾曼也拒絕了。在他發表論文及公開演講之後，裴瑞爾曼就不再接觸數學界了。

文章開頭有提到龐加萊的一番話：「然而，這個問題會帶領我們走向遙不可及的境界吧。」照這樣看來，龐加萊猜想開創了異於過往的全新數學領域。不僅如此，它帶給數學大師一個難以企及的目標，讓他們體驗別人體驗不到的人生經驗。如果沒有龐加萊猜想，他們應該會過完全不一樣的人生吧。

龐加萊猜想雖已經裴瑞爾曼所解決，但數學界仍有一些難題尚待解決。而且未來可能還會產生新的難題。未來這些難題將會上演什麼樣的好戲，令人熱切期待。

數學超級難題 何謂「ABC猜想」？

撰文 小山信也
日本東洋大學理工學系院生體醫學工程系教授

許多數學史上的超級難題都被冠上「○○猜想」之名。這些問題代表「就是這個道理」的「猜想」。於是，數學家尋求這些問題的解答，要證明這個猜想是對是錯。

「ABC猜想」是法國巴黎第六大學的奧斯特萊（Joseph Oesterlé，1954～）與瑞士巴塞爾大學的馬瑟（David Masser，1948～）這兩位數學家於1985年所提出的數學超級難題。

30多年來，全世界的數學家試圖證明這個問題，但都無功而返。打破僵局的是日本京都大學數理分析研究所（數研所）的望月新一教授。望月教授於2012年 8 月在自己的官網上發表了一篇題為《跨宇宙泰希米勒理論》（IUT理論）的論文，長達500多頁。這篇論文討論到ABC猜想，震撼了整個數學界。

但是，這裡卻有一個大問題。小山信也教授表示，「這個IUT理論是望月教授從無到有、一手建構起來的理論。因此非常難以讀懂，很難判斷他的證明是對是錯，目前還不能下定論。」

話雖如此，如果ABC猜想真的得到證明，那它就是繼數學超級難題的「費馬最後定理」和「龐加萊猜想」證明之後的偉大成就。望月教授的這項理論，很可能成為目前數學史上最重要的未解難題「黎曼猜想」的突破點，因此許多人都

所謂「ABC猜想」，大致上來說，是和正整數的加法與乘法相關的問題。2012年，日本京都大學數理分析研究所的望月新一教授發表了一篇證明ABC猜想的論文。這篇論文題為《跨宇宙泰希米勒理論》（IUT理論），篇幅超過500頁。跨宇宙泰希米勒理論是指「跨宇宙討論」所謂的「泰希米勒空間」理論之意。跨宇宙所指的「宇宙」並非一般的宇宙，而是指在數學範疇內的計算，「跨」則有「橫跨」之意。

在關心ABC猜想的證明結果。

ABC猜想跟正整數的和與積有關

所謂的ABC猜想究竟是什麼呢？因為它是30年來都人沒能解決的超級難題，想必非常特殊，一般人可能連問題敘述都看不懂呢。

不過，大致上來說，ABC猜想是和國小學過的最基礎的正整數加法和乘法相關的問題。我們以為加法和乘法是各自獨立計算的算術，但其實「加法有時候會侷限乘法」，這種情況就是ABC猜想所要討論的問題。以下會依序逐一解釋其代表的意義。ABC猜想的內容和其單純的名稱正好相反，隱約可窺見它是個相當深奧的數學問題。

ABC猜想的內容如下。一起來認識一下吧。

雖然會用到不熟悉的代號，但不會有看不懂的描述，所以請放心閱讀。

首先考慮3個互質的正整數a、b、c。「互質」是指除了1以外沒有其他公約數。假設這3個正整數之間的關係式成立，即$a+b=c$。例如，當$a=4$，$b=9$時，$c=4+9=13$。然後，求出這三個正整數的乘積，即abc的乘積。接著，將abc進行「質因數分解」。質因數分解是指以質數的乘積來表示正整數。所謂「質數」是指不被1和自己本身以外的數所整除的正整數。這裡的例子，$abc=4\times9\times13=2^2\times3^2\times13$。接著，將重複出現的質數去除，即去除次方的部分，僅計算每個數只乘1次的乘積值。計算這樣的函數稱為「rad」。這裡的rad（abc）＝rad（$2^2\times3^2\times13$）$=2\times3\times13=78$。

到這裡大致已讀懂下列不等式（1）。那最後所留下的ε（epsilon）是什麼呢？ε在此是指「極小」的意思。若次方稍大於1，則不等式（1）會成立。

以$a=4$，b＝9，c＝13為例，13＜78，所以$c<$rad（abc）會成立。rad（abc）＜{rad（ab$c$）}$^{1+\varepsilon}$，故不等式（1）也一定成立。此外，a、b、c中任一個數的因數非質數的次方數時，rad（abc）

ABC 猜想

設a、b、c為互質的正整數（除了1以外沒有其他公約數），且$a+b=c$。

此時，對任意正整數ε而言，不滿足以下不等式（1）的a、b、c組合頂多只有幾組。

$$c<\{\text{rad}(abc)\}^{1+\varepsilon}\cdots\cdots(1)$$

ABC猜想是討論正整數a、b、c的猜想，如上述，因此命名。$rad(x)$為函數，x為質因數分解後，去除重複的數（次方的部分）所得的乘積。

例如當$a=4$（$=2^2$），$b=9$（$=3^2$），$c=13$時，rad（abc）＝rad（$2^2\times3^2\times13$）$=2\times3\times13=78$。

另外ε不限為整數，所以（1）右邊的次方部分也不限為整數。若次方不為整數時，例如，2的$\frac{1}{2}$次方（0.5次方）為$\sqrt{2}$。2的$\frac{1}{m}$次方為$\sqrt[m]{2}$（2的m次方根。m次方後會等於2的數），2的$\frac{n}{m}$次方為$(\sqrt[m]{2})^n$（m跟n為正整數）。若為有理數，則必能寫成$\frac{n}{m}$的形式，所以非整數的次方可用此方法來計算。

$=abc$，所以很明顯 $c<\mathrm{rad}(abc)$。

然而，這項不等式也有不成立的時候。來看看 $c>\mathrm{rad}(abc)$ 的情況。將 a、b、c 質因數分解後，式中含有許多次方時，去除次方的 $\mathrm{rad}(abc)$ 會遠小於 abc 值。例如設 $a=1$，$b=8=2^3$，則 $c=9=3^2$ 時，$\mathrm{rad}(abc)=\mathrm{rad}(1\times2^3\times3^2)=1\times2\times3=6$，故 $c>\mathrm{rad}(abc)$。

當 $c>\mathrm{rad}(abc)$ 時的 a、b、c 組合雖然相當罕見，但卻存在有無限多組。令 a、b、c 的組合寫作 (a,b,c)，當3個整數的組合為 $(1,3^{2^n}-1,3^{2^n})$ 時，如 (1,8,9)，(1,80,81)，(1,6560,6561)，……，已證明不論 n 為多少，必定 $c>\mathrm{rad}(abc)$。

下一步要來認識 $c>\{\mathrm{rad}(abc)\}^{1+\varepsilon}$ 的情況。先將 ε 設為大一點的值，設 $\varepsilon=1$ 來考慮 $\{\mathrm{rad}(abc)\}^2$。於是，會發現完全沒有 $c<\{\mathrm{rad}(abc)\}^2$ 的例外（但是不是真的沒有例外尚不明）。那麼，將次方從 2 漸漸往下降，會變成怎麼樣呢？以結論而言，只會發現「數量有限的例外」。從這裡才開始正要進入ABC猜想的主題。

「和」限制了「積」的特性

那麼，ABC猜想真正想表達的意義究竟是什麼呢？其實ABC猜想可以寫成別的形式如下。且讓我們一起來解讀。

下列不等式（2）有一個 K，其功能是吸收前頁不等式（1）的「數量有限的例外」，意即，不等式（2）的 K 若取得夠大時，就能將有限個例外全部涵蓋在 K 倍的範圍裡。這裡 K 的下限（最小值）由 ε 決定。ε 若較大，K 雖會變小，但不等式（2）的右邊還是相對較大，所以不等式（2）容易成立，但 ε 接近於 0 時，為了要使不等式（2）成立，K 就必須變大。一般來說，ε 愈小則 K 的底線就愈大。

這裡再度值得注意的是 $a+b=c$ 的關係性。不等式（1）（不等式（2）也是）左邊的 c 為 a、b 的和，右邊為 a、b、c 的質因數分解並去除次方後的乘積。這個乘積即為 3 個數 a、b、c 的質因數各乘 1 次的結果。因此，不等式（1）代表的意思是「只有在 a、b 具有較

ABC 猜想

設 a、b、c 為互質的正整數，且 $a+b=c$。此時，對任意正整數 ε 而言，存在某個正值的常數 K，以下不等式便會成立。

$$c<K\cdot\{\mathrm{rad}(abc)\}^{1+\varepsilon}\cdots\cdots(2)$$

ABC猜想可改寫成如上之關係式。K 是為了排除某些例外造成前頁不等式（1）不成立的常數。K 值完全由 ε 決定，若 K 夠大，則所有例外都能被排除。也就是沒例外時（2）即會成立。

$727=727$
$728=2^3\times7\times13$
$729=3^6$
$730=2\times5\times73$
$731=17\times43$

$1022=2\times7\times73$
$1023=3\times11\times31$
$1024=2^{10}$
$1025=5^2\times41$
$1026=2\times3^3\times19$

$729+1024=1753$（質數）

$a=1024$，$b=729$，兩者各與前後數字以及 c 的比較表。可知 a、b 質因數分解時，其質因數含有較高的次方，但其前後數字以及 c 都不具這樣的特性。

小的質因數時，c 才必須具有較大的質因數作為補償（若非如此，左邊的 c 有可能會大於右邊 a、b、c 的質因數各乘一次的乘積）」。

實際上真是如此嗎？請看實例。假設 a、b 皆由高次方的小質因數所組成，則會發現 a 跟 b 與其前後的數字比起來算是很特殊的數字。

例如，設 $a=1024=2^{10}$，$b=729=3^{6}$，並各與其前後數字比較看看（請參考上頁下圖）。可知 a、b 各與前後數字做質因數分解時並不會產生高次方的質因數。

另一方面，$a+b=c=1024+729=1753$。1753是相當大的質數。意即 c 為不含高次方質因數的數（這裡為相當大的質數）。

如此一來，ABC猜想所討論的核心思想就是「質因數分解時，兩個具有高次方質因數的特殊數字相加的和很難會再維持其原本的特殊性」。

整數會具有「加法的特性」與「乘法的特性」。「a 跟 b 的和是 c」為加法的特性，而「a 跟 b 只具有較小的質因數」則為乘法的特性。ABC猜想指的就是「乘法的特性很難在進行加法運算後被繼承下來」。a 跟 b 相加所得到整數 c，恐怕已經不再擁有 a 跟 b 具有的乘法特性，所以就乘法面的結果來說，它的特性已受到限制。

加法的特性與乘法的特性乍看毫無關係。意即進行加法運算後，會保留乘法的特性，還是失去乘法的特性，看似沒有什麼決定因素。但實際上，現在認為的確有隱藏的限制。

橢圓曲線

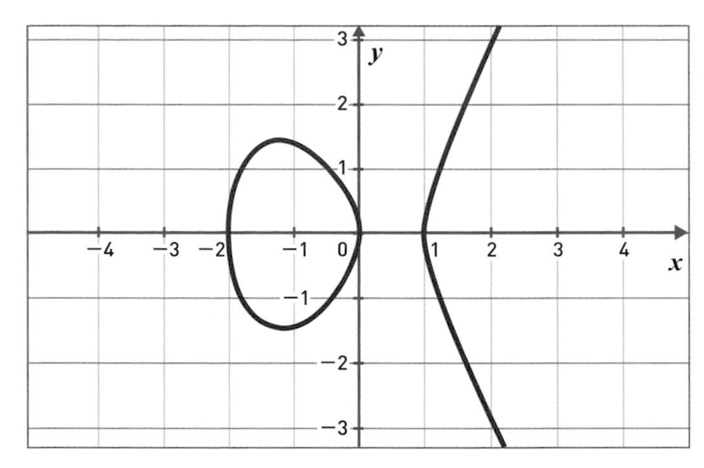

懷爾斯在證明費馬最後定理時所使用的「橢圓曲線」，已知為 $y^2=x(x-a^n)(x+b^n)$ 的方程式。繪於 xy 平面上會得到如左之曲線。請注意這個曲線異於一般所謂的橢圓。

邁向解決費馬最後定理的「橢圓曲線」與ABC猜想的證明

討論整數的數學領域稱為「整數論」或「數論」。其中，自古就已在研究整數的和與積的關係，類似ABC猜想這樣。最具代表性的例子就是費馬最後定理。自費馬發表猜想以來，於360年後的1994年才由懷爾斯成功證明。

小山教授說道：「望月教授也如同懷爾斯證明費馬最後定理時一般，利用了『橢圓曲線』。然後還加上獨創的IUT理論來證明ABC猜想。」

懷爾斯能證明費馬最後定理是因為利用了現代數學的工具，包括「橢圓曲線」和「自守形式」等。順帶一提，橢圓曲線指的是由 x 的一元三次方程式 $y^2=x(x-a^n)(x+b^n)$ 所繪出的曲線。

橢圓曲線和自守形式都屬於「數論幾何學」的範疇。數論幾何學是希望透過幾何學方法來解決整數方面問題的學問。若給予一個方程式，就能根據這個方程式畫出曲線。所謂方程式是代表變數（值會變動的數。數論幾何定義變數為整數值）之間的關係，而曲線也是幾何學的一環。而方程式的求解只能從曲線上特定的點座標位置求解。懷爾斯也使用同樣的方法證明了費馬最後定理。

望月教授的IUT理論中橢圓曲線也發揮了很重要的功能。日後，若IUT理論獲得承認，可預期現在以黎曼猜想為首的諸多未解難題將會有很大的進展。希望有機會看到未來數學的發展。

（撰文：山田久美）

還有許多「未解問題」尚待解決

長年來，費馬最後定理、龐加萊猜想等留名數學史上的難題深深吸引眾多數學家。然後，經歷漫長的歲月，終於走到解決難題這一步。

但是，數學上仍還有很多懸宕至今的「未解問題」。這裡要帶您認識幾個未解問題。

身為丟番圖《數論》讀者的費馬，寫下了360年來解不開的問題。而十歲讀到費馬最後定理的懷爾斯，最終破解了難題，留名數學史。

或許，正在讀這本書的你，很可能就是解開這些未解問題的數學家。

畢達哥拉斯數的立體化？ 完美長方體

費馬最後定理是將畢達哥拉斯數問題的三次方以上推展而成。另外，畢達哥拉斯數也衍生出別的問題，至今仍未解決。那就是「是否存在完美長方體」的問題。

18世紀歐拉研究過每一個面（長方形）的邊與對角線都為自然數（畢達哥拉斯數）的長方體。這些長方體稱為「歐拉長方體」，已知其最小的3邊長為「44，117，240」。

那麼，在歐拉長方體中，「通過長方體中心的對角線」（如下圖D）也會是自然數嗎？這種歐拉長方體稱為「完美長方體」。根據電腦計算結果，已知到一兆為止，沒有自然數能形成完美長方體。但是，更大的自然數就能形成完美長方體嗎？抑或根本就不存在完美長方體？至今仍不清楚。

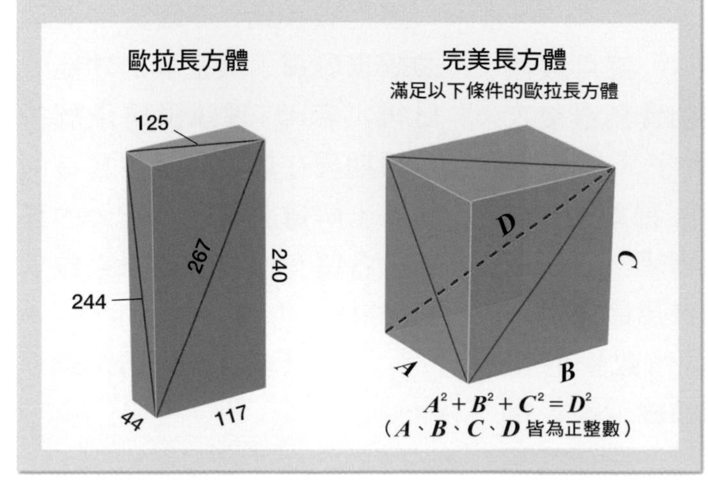

質數之謎 哥德巴赫猜想

著名的質數未解問題之一，「哥德巴赫猜想」（Goldbach's conjecture）。它是指「大於等於四的偶數，都可以寫成兩個質數的和」。由18世紀的數學家哥德巴赫（Christian Goldbach，1690～1764）於1742年與歐拉的書信往來中所提到的問題。

例如 4＝2＋2，6＝3＋3，8＝3＋5，不論哪個偶數寫出來看似符合這個猜想。經電腦計算也確定至 4×10^{18}之前的偶數都符合猜想。愈大的數，其和會有愈多種組合來表示，所以一般認為這個猜想在愈大的偶數上愈容易成立。因此，許多數學家認為哥德巴赫猜想幾乎算是確立了。然而，「無窮多的偶數中沒有任何一個例外嗎？」自哥德巴赫的書信至今將近280年，這個問題還沒得到證明。

4 ＝2＋2
6 ＝3＋3
8 ＝3＋5
10 ＝3＋7，5＋5
12 ＝5＋7
14 ＝3＋11，7＋7
16 ＝3＋13，5＋11
18 ＝5＋13，7＋11
20 ＝3＋17，7＋13
22 ＝3＋19，5＋17，11＋11
⋮

解決就能獲得100萬美元！ 黎曼猜想

最著名的ζ函數未解問題就是被喻為現代數學中最大難題的「黎曼猜想」。命名自黎曼的ζ函數，自1859年發表以來，已經懸宕將近160年而未能解決。

費馬最後定理要問的問題，連10歲少年都能讀懂，但黎曼猜想卻不一樣，它需要高階的數學知識才能理解。ζ函數是用來處理普通「實數」加上虛數所組合成的「複質數」。而且黎曼猜想是指「使ζ函數值為0的複質數S（但不為負的偶數），其實數部分恆為$\frac{1}{2}$。」ζ函數值為0的複質數至今為止大約已找到10兆個，而且全都符合黎曼猜想。

據說若證明這個猜想正確，即將可了解看似神出鬼沒的質數，實際上是遵循什麼樣的規則而來。懷爾斯對這件事表示，「解決黎曼猜想是研究迷霧中遼闊數海的開端，以獲得可預見未來的航海圖。」

黎曼猜想是美國克雷數學研究所於2000年公布的七題「千禧年大獎難題」之一，破解者也能獲得100萬美元的懸賞獎金。2018年9月，有研究者宣稱「已解決黎曼猜想」，但其真偽尚不明。

ζ函數

$$\zeta(s)=\frac{1}{1^s}+\frac{1}{2^s}+\frac{1}{3^s}+\frac{1}{4^s}+\cdots=\frac{1}{1-\frac{1}{2^s}}\times\frac{1}{1-\frac{1}{3^s}}\times\frac{1}{1-\frac{1}{5^s}}\times\frac{1}{1-\frac{1}{7^s}}\times\cdots$$

包括所有正整數的分數和（狄利克雷級數）

包括所有質數的分數乘積（歐拉乘積）

左式中透過等號將包括所有正整數的分數和（狄利克雷級數）及包括所有質數的分數乘積（歐拉乘積）連在一起（s是實部大於1的複質數）。將這些擴大為複質數的ζ（s）即為黎曼ζ函數。

終由日本數學家所解決？ ABC猜想

「ABC猜想」是和黎曼猜想齊名的重要現代數學未解問題。正整數A、B、C具有「$A+B=C$」之關係時，推測其乘積（ABC）會滿足某些條件（如右）。

1985年發表的ABC猜想若經證明為真，據說將會是數學中數論領域的劃時代成果。小山教授認為，「若ABC猜想獲致證明，有可能會是解決黎曼猜想的突破點」。

日本京都大學數理分析研究所的望月新一教授，於2012年發表論文宣稱已「證明ABC猜想」時，掀起一陣「世紀難題可能已被解決」的熱議。但由於望月教授獨創了一個全新的數學理論基礎，所以其他專業人士的審核要花不少時間。

ABC猜想

假設有正整數A、B、C會滿足「$A+B=C$」。且能同時整除A、B、C的正整數只有1（互質）。

A、B、C的乘積經ABC以質數的乘積表示（質因數分解）後，將得到的質數相乘得到D。

【例】$A=8$（$=2^3$），$B=12$（$=2^2\times3$），$C=20$（$=2^2\times5$）時，$ABC=2^3\times2^2\times3\times2^2\times5=2^7\times3\times5$，得到的質數為2、3、5。將這些質數相乘得到$D=2\times3\times5=30$。

此時，A、B、C猜想認為，滿足「不等式$C>D^{1+\varepsilon}$」的A、B、C組合頂多只有有限的幾組而已。而ε為任意正值的數。

人人伽利略系列好評熱賣中！　日本Newton Press授權出版

人人伽利略 科學叢書 10

用數學了解宇宙

只需高中數學就能
計算整個宇宙！

售價：350元

每當我們看到美麗的天文圖片時，都會被宇宙和天體的美麗所感動！遼闊的宇宙還有許多深奧的問題等待我們去了解。

本書對各種天文現象就它的物理性質做淺顯易懂的說明。再舉出具體的例子，說明這些現象的物理量要如何測量與計算。計算方法絕大部分只有乘法和除法，偶爾會出現微積分等等。但是，只須大致了解它的涵義即可，儘管繼續往前閱讀下去瞭解天文的奧祕。

★台北市立天文協會監事　陶蕃麟 審訂／推薦

人人伽利略 科學叢書 04

國中・高中化學

讓人愛上化學的視覺讀本

售價：420元

「化學」就是研究物質性質、反應的學問。所有的物質、生活中的各種現象都是化學的對象，而我們的生活充滿了化學的成果，了解化學，對我們了解、處理所面臨的各種狀況，應該都能有所幫助。

本書從了解物質的根源「原子」的本質開始，再詳盡介紹化學的導覽地圖「週期表」、化學鍵結、生活中的化學反應、以碳為主角的有機化學等等。希望對正在學習化學的學生、想要重溫學生生涯的大人們，都能因本書而受益。

人人伽利略 科學叢書 11

國中・高中物理

徹底了解萬物運行的規則！

售價：380元

物理學是探究潛藏於自然界之「規則」（律）的一門學問。人類驅使著發現的「規則」，讓探測器飛到太空，也藉著「規則」讓汽車行駛，也能利用智慧手機進行各種資訊的傳遞。倘若有人對這種貌似「非常困難」的物理學敬而遠之的話，就要錯失了解轉動這個世界之「規則」的機會。這是多麼可惜的事啊！

★國立臺灣大學物理系終身特聘教授　陳義裕 審訂／推薦

55 頁歐幾里得問題的詳解

如右圖，設初始的直線為AB。直線AB分成不等長的兩段，分別設為 a 跟 b。如問題所述，以較長的線段 a 為邊長繪成一個正方形（藍色），並且以較短的線段 b 與原本的直線繪成一個長方形（粉紅色），如右圖。

此時若要正方形與長方形的面積相等，a、b 的長度應該如何分配？

將問題寫成數學式時，

$$a^2=b(a+b)$$

展開式子，

$$a^2=ab+b^2$$

式子兩邊皆除以 b^2，

$$\left(\frac{a}{b}\right)^2=\frac{a}{b}+1$$

經計算得到

$$\frac{a}{b}=\frac{1+\sqrt{5}}{2}$$

因此，直線AB分為 $a=\frac{1+\sqrt{5}}{2}$，$b=1$ 即為所求。

由此證實，a 跟 b 呈現黃金比例。

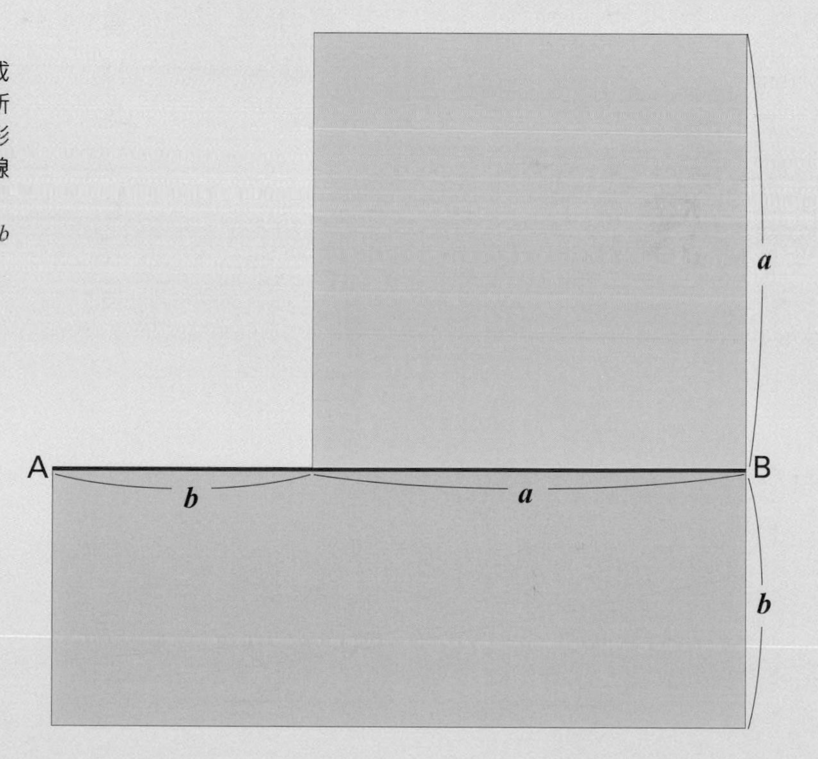

【人人伽利略系列 20】

數學的世界

從快樂學習中增強科學與數學實力

作者／日本Newton Press
執行副總編輯／陳育仁
編輯顧問／吳家恆
審訂／洪萬生
翻譯／林筑茵
編輯／曾沛琳
商標設計／吉松薛爾
發行人／周元白
出版者／人人出版股份有限公司
地址／231028 新北市新店區寶橋路235巷6弄6號7樓
電話／（02）2918-3366（代表號）
傳真／（02）2914-0000
網址／www.jjp.com.tw
郵政劃撥帳號／16402311 人人出版股份有限公司
製版印刷／長城製版印刷股份有限公司
電話／（02）2918-3366（代表號）
經銷商／聯合發行股份有限公司
電話／（02）2917-8022
第一版第一刷／2020年12月
定價／新台幣450元
港幣150元

國家圖書館出版品預行編目（CIP）資料

數學的世界：從快樂學習中增強科學與數學實力／日本Newton Press作；林筑茵翻譯. -- 第一版. -- 新北市：人人, 2020.12
面；公分. —（人人伽利略系列；20）
譯自：数学の世界 第3版
ISBN 978-986-461-224-6（平裝）
1.數學 2.通俗作品

310　　109010581

Staff

Editorial Management　木村直之
Editorial Staff　遠津早紀子

Photograph

54　The Bridgeman Art Library / アフロ
74　Granger/PPS通信社
86　Science&Society Picture Library/ アフロ
90　AISA/ アフロ
94　Granger/PPS通信社
96　Science Photo Library/ アフロ，Bridgeman Images/ アフロ
98　Science Photo Library/ アフロ
100　akg-images/ アフロ
101　アフロ
102　Science Source/ アフロ
104　Science Photo Library/ アフロ
110　NASA
140　玉川大学教育博物館
141　和算研究所
143～144　国立国会図書館所蔵
145　東北大学附属図書館蔵
146　一関市博物館
147　和算研究所
158～159　Alamy/PPS通信社
161　SPL/PPS通信社
165　Science Photo Library/ アフロ
167　Photoshot/ アフロ
168　toshy091/stock.adobe.com

Illustration

Cover Design　米倉英弘（細山田デザイン事務所）
（イラスト：Newton Press，矢田 明）
2　Newton Press，矢田 明
3　Newton Press，小﨑哲太郎，Newton Press
5～11　Newton Press
13～18　Newton Press
19　青木 隆・Newton Press
20～22　Newton Press
24～29　Newton Press
34～35　Newton Press
37～38　Newton Press
39　奥本裕志
40～41　青木 隆・Newton Press
42～47　Newton Press
48～49　浅野 仁，Newton Press
50～54　Newton Press
55　高橋悦子
56～63　Newton Press
65　Newton Press
67　小﨑哲太郎，Newton Press
68　小﨑哲太郎，Newton Press
69～70　Newton Press
71　藤丸恵美子
72～73　Newton Press
75～76　Newton Press
77～78　小﨑哲太郎
79～80　Newton Press
81　小﨑哲太郎
82～87　Newton Press
88　小﨑哲太郎
89　Newton Press
91　Newton Press
93　小﨑哲太郎
95　Newton Press
99　Newton Press
106～107　小﨑哲太郎，Newton Press
109～110　矢田 明
111～114　Newton Press
116～119　Newton Press
120　矢田 明
121～125　Newton Press
127～129　Newton Press
130　中西立太
131～132　Newton Press
135～138　Newton Press
138　矢田 明
139　Newton Press
149～151　Newton Press
152　【ピタゴラス】小﨑哲太郎
152-153　吉原成行
154-155　佐藤蘭名・Newton Press
156　【フェルマー】小﨑哲太郎
156-157　Newton Press
（作画資料：Diophantus “Arithmetica” 1621 edition）
158～159　【オイラー，フェルマー】小﨑哲太郎
160　Newton Press
163　デザイン室 吉増麻里子・Newton Press
165　Newton Press
166～167　デザイン室 吉増麻里子
169～171　デザイン室 吉増麻里子
172　Newton Press
175　矢田 明
表4　Newton Press